混凝土工艺学

李国新　主　编

史　琛　陈　畅　张　歌　副主编

中国建材工业出版社

图书在版编目（CIP）数据

混凝土工艺学/李国新主编 . --北京：中国建材
工业出版社，2021.9
ISBN 978-7-5160-3228-2

Ⅰ. ①混… Ⅱ. ①李… Ⅲ. ①混凝土—生产工艺—高
等学校—教材 Ⅳ. ①TU528.06

中国版本图书馆 CIP 数据核字（2021）第 109644 号

内 容 提 要

本教材介绍了混凝土模板、钢筋、搅拌、输送、密实成型及养护等工艺的相关理论知识、工艺及设备，并举例讲解了常见的四种混凝土制品的生产工艺流程。

本书力求理论联系实际，内容丰富翔实，可供材料科学与工程专业、土木工程专业及无机非金属材料专业的本科生作为教材使用，也可供从事相关研究的专业人员参考阅读。

混凝土工艺学

Hunningtu Gongyixue

李国新　主编

出版发行：中国建材工业出版社
地　　址：北京市海淀区三里河路 1 号
邮　　编：100044
经　　销：全国各地新华书店
印　　刷：北京雁林吉兆印刷有限公司
开　　本：787mm×1092mm　1/16
印　　张：16
字　　数：370 千字
版　　次：2021 年 9 月第 1 版
印　　次：2021 年 9 月第 1 次
定　　价：**65.00 元**

前　　言

　　混凝土是世界上使用量最大、使用范围最广的土木工程材料之一，是人类文明建设中不可或缺的物质基础。随着社会的发展和进步，人民的物质文化水平不断提高，带动了国家基础建设项目的空前发展，人们对混凝土的质量和经济性也提出了更高的要求。而混凝土材料是由水泥、砂、石、水、外加剂及矿物掺合料等多组分组成的一种复合材料，其使用性能除了取决于混凝土的组成配比以外，也取决于混凝土的制备工艺过程。

　　"混凝土工艺学"课程是材料科学与工程专业的主要专业方向课之一。本书围绕混凝土制备过程中的各工序，系统地阐述了混凝土的模板工艺、钢筋工艺、搅拌工艺、输送工艺、密实成型工艺、养护工艺的原理、工艺过程及设备，并举例讲解了四种常见的混凝土制品生产工艺。全书共八章，包括绪论、混凝土的模板工艺、混凝土的钢筋工艺、混凝土的搅拌工艺、混凝土的输送工艺、混凝土的密实成型工艺、混凝土的养护工艺及常见混凝土制品生产工艺举例。

　　本书由李国新主编，李国新、张歌统稿。参编人员及编写分工如下：李国新编写第一章、第六章、第七章第一节至第四节，史琛编写第二章和第五章，陈畅编写第三章和第八章，张歌编写第四章和第七章第五节。

　　本书在编写过程中得到了国家一流专业建设资金的资助，并得到中国建材工业出版社的大力支持和帮助，在此致以衷心的感谢。

　　由于编者水平有限，书中不当之处在所难免，敬请广大读者批评指正。

编　者

2021 年 3 月于西安建筑科技大学

目　　录

第一章 绪 论

第一节 混凝土科学技术的发展

混凝土是由水泥、粗骨料、细骨料、矿物掺合料、水、外加剂按一定比例配料，经均匀搅拌、输送、密实成型，并经过一定时间养护后硬化而制成的人造石材，是当代最大宗使用的土木工程结构材料，在我国社会与经济发展中占据着重要的位置。与其他常用土木工程材料（如钢铁、木材、塑料等）相比，混凝土除具有原材料易得、来源广、使用面广、生产能耗低、制作工艺简便、生产成本低廉等特点外，还具有耐久性好、耐火性好、相容性强、应用方便等特点。混凝土在工程领域发挥着其他材料无法替代的作用，已经成为现代社会文明的基石，也是人类社会文明发展的见证。混凝土工艺的发展是在混凝土科学技术发展的基础上实现的。

1. 硅酸盐水泥的发明

混凝土中主要的胶凝材料——硅酸盐水泥最早出现于 1824 年，由英国利兹的约瑟夫·阿斯普丁取得"波特兰"水泥专利，因为硬化后的水泥酷似英国波特兰石场天然建筑石料，因此被命名为波特兰水泥。我国于 1889 年开始创建水泥工业，从此，水泥在我国开始大量应用于混凝土工程。

2. 钢筋混凝土理论的提出

19 世纪中叶，法国人约瑟夫·莫尼哀制造出钢筋混凝土花盆，并于 1867 年获得了专利权。在 1867 年巴黎世界博览会上，莫尼哀展出了钢筋混凝土制作的花盆和枕木，另一名法国人兰特姆展出了钢筋混凝土制造的小瓶和小船。1887 年，英国的科伦首次发表了钢筋混凝土结构计算方法，标志着钢筋混凝土时代的开始。19 世纪末 20 世纪初，我国也开始有了钢筋混凝土建筑物，如上海市的外滩、广州市的沙面等。1949 年以后，我国在落后的国民经济基础上进行了大规模的社会主义建设，混凝土结构在我国各项工程建设中得到了迅速的发展和广泛的应用。

3. 混凝土外加剂的使用

1937 年，美国的斯克里彻取得了用亚硫酸盐纸浆废液改善混凝土和易性、提高强度和耐久性的专利，昭示着外加剂和流动性混凝土时期的萌动。20 世纪 60 年代，日本和德国相继成功研制出了萘系高效减水剂和三聚氰胺树脂系高效减水剂。1970年，中国建材院、清华大学、江西水泥制品研究所推出了萘系高效减水剂和三聚氰胺系高效减水剂。在相同水胶比的条件下，掺入高效减水剂可以使混凝土的坍落度显著提高。

4. 高强混凝土和高性能混凝土的发展

随着混凝土科学技术的发展，混凝土的强度逐渐提高，国际上高强混凝土（High

strength concrete，HSC）的标准由 20 世纪 30 年代的 30MPa，到 20 世纪 50 年代的 35MPa，增长到 20 世纪 90 年代的 80MPa。我国《普通混凝土配合比设计规程》（JGJ 55—2011）和《建筑材料术语标准》（JGJ/T 191—2009）将高强混凝土定义为强度等级不低于 C60 的混凝土。

然而，在混凝土强度不断提高的进程中，混凝土的耐久性并非全部得到了提高，甚至还有降低的情况。为提高混凝土的耐久性，1968 年以来，日本、美国、加拿大、法国、德国等国家大力投入开发和研究高性能混凝土（High Performance Concrete，HPC）。美国学者认为：HPC 是一种易于浇筑、捣实、不离析，能长期保持高强度、高韧性和体积稳定性，在严酷条件下使用寿命很长的混凝土。我国学者和专家认为：高性能应体现在工程力学特性、新拌混凝土施工特性、使用寿命和节能利废（经济学特性）的综合能力，其技术特性是高密实与自密实性、高抗渗性、体积（或尺寸）稳定性和较高抗压强度。

目前，高强混凝土是混凝土技术的高科技开发项目，已经在工程中大量采用；高性能混凝土（HPC）是混凝土科学技术的前沿领域，既有大量应用的工程实例，又在继续深入研究和开发之中。

第二节　混凝土工艺的发展

混凝土技术经历了从干硬性到流动性直至大流动性混凝土的发展过程，生产方式经历了现场加工到工厂化的预拌商品混凝土的转变，混凝土工艺也随着混凝土科学技术的发展不断地进行变革。

混凝土是一种混合材料，其中任何一种组分材料的变化，都会给混凝土带来历史性的变革，最为典型的是胶凝材料的变化以及外加剂和矿物掺合料的加入。随着外加剂的功能越来越强大，将不断带来高性能混凝土的技术革命。例如在减水剂被发明以前，高强混凝土的制备主要依靠降低水灰比、振动加压及高温养护，而高效减水剂和矿物掺合料的应用令高强混凝土的制备仅需使用普通工艺。免振捣自密实高性能混凝土技术的研发也大大增强了混凝土的可泵性，简化了混凝土的密实成型工艺。

20 世纪 60 年代以后，以大流动性混凝土技术为支撑，以建筑现代化为目标，各国纷纷成立了预拌商品混凝土行业，以取代现场加工混凝土的做法，取得了技术上、经济上及环保上的巨大效益，我国在 20 世纪 80 年代以后也开始出现该行业。至今，预拌商品混凝土行业在发达国家和我国的大、中城市已经成为土木建筑工程的重要支柱。我国预拌商品混凝土的远距离泵送、大体积、大方量、冬季和炎热条件下的施工技术已经成熟并普及，一些标志性工程达到了世界领先水平。

第二次世界大战后以干硬性混凝土技术为依托，以建筑工业化为引导，各国成立了预制混凝土构件工业，在建筑中大量使用预制的梁、板、柱等构件；20 世纪 50 年代预制混凝土构件工业在我国国内形成了独立的建筑行业。20 世纪 70 年代我国受东欧各国"房屋工厂"的启发，进行预制构件的配套生产，并达到了组合整体建筑的水平。20 世纪 80 年代为发展的巅峰期，三板一梁（预应力大型屋面板、长向板、短向板、吊车梁）几乎覆盖全国，并推出了整间大楼板、叠合板、复合外墙板、GRC 板、预应力桥梁和转枕等新型制品。我国发达地区混凝土制备和制品成型采用强制式搅拌机、微机控制、高频振捣、钢模成型、干湿热蒸汽养护，其工艺理论与技术能力已经接近或达到国外先进水平。20 世纪 80 年代中期以来，大中型国有企业由于内受乡镇企业灵活机制的挑战，外受预拌商品混凝土现浇浪潮的冲击而陷入了困境。进入 20 世纪 90 年代，由于主导产品未能跟上现代建筑功能发展步伐，混凝土构件工业逐渐跌入低谷。但是，随着我国现代化建设的深入发展，预制混凝土构件工业在高层建筑、地下工程、特殊工程方面又找到了新的切入点。例如混凝土强度达 100MPa 以上的高压管桩、地下铁道及隧道工程中应用的预应力管片、新型墙体材料和各种新型建筑砌块、市政建设中的各种新型构件和特殊输排水管道等，给构件工业带来了新的机遇与挑战。

第三节 混凝土工艺学的主要内容

1. 混凝土工艺学简介

经过混凝土原材料的选择与配合比设计后，混凝土生产的主要环节为：混凝土拌和物制备及其质量检验与控制、混凝土的运输与输送、混凝土结构与构件的成型、混凝土的养护、混凝土工程质量检验与验收，其中涉及的工艺有模板工艺、钢筋工艺、搅拌工艺、输送工艺、密实成型工艺及养护工艺。

混凝土拌和物的制备有现场制备和预拌制备两种方法，现场制备基本被预拌制备所取代。预拌混凝土工艺是一种工厂化的集中的生产方式，具有工艺合理、设备先进、计量精确、控制较严的优势，有条件生产高技术混凝土，生产效率较高，可以把对环境的影响降至较低。

混凝土拌和物从搅拌站到工地的运输可以采用多种运输车辆，但目前主要是采用具有搅拌功能的搅拌运输车。搅拌运输车具有一边行走一边搅拌和可倾斜卸料的功能，也可以将干料装进筒内，边行走边加水，以代替搅拌机。在工地上，混凝土可以通过皮带运输机、吊斗、机动翻斗车或泵送设备输送到浇筑点。

施工现场或预制车间在混凝土浇筑之前已经用模板做好结构或构件的模型，对钢筋混凝土还需绑扎好钢筋，做好一切准备工作。混凝土浇筑进模型后，采用各种振捣设备对混凝土进行捣实密实作业，使混凝土内气泡排出，分布均匀，并填充模板。生产混凝土制品时还可能采用其他成型方法，如离心法、压制法等工艺方法。

混凝土必须在一定温度和湿度条件下养护，才能成为合格的产品。工程混凝土的养护分为标准养护和自然养护两种方式。标准养护只是对留样试件进行养护，用于评定混凝土的强度等级和耐久性指标；自然养护是在工地温、湿度条件下进行潮湿养护或保水养护，也可以在潮湿养护后，再进行一段时间暴露在空气中的养护，或者是进行密闭的加温养护。对于预制混凝土，主要采用热养护，包括养护池、蒸汽室、蒸压釜或太阳能等进行一定养护制度下的常压加热或高压加热养护。

2. 本课程的主要内容和学习方法

本课程是材料科学与工程专业的专业方向课，主要内容为混凝土生产工艺中的模板工艺、钢筋工艺、搅拌工艺、输送工艺、密实成型工艺及养护工艺的工艺原理和主要设备工作原理，在此基础上介绍常见的几种混凝土制品生产工艺。

学习本课程须着重掌握工艺过程、主要设备与混凝土质量之间的关系。通过基本理论和工程实际的有机结合，学习如何合理选择混凝土制备工艺和设备，正确控制工艺参数，并进行实验方案设计；通过典型案例分析，获得理论联系实际的能力和解决复杂工程问题的能力。

第二章　混凝土的模板工艺

模板是保证混凝土结构形状、尺寸及相对位置的模型，其结构一般包括面板、支撑系统、连接系统及锚固件等。混凝土的模板工艺即模板的制备、安装、监护、移置和拆除等工艺的技术构成和工艺流程。在混凝土施工中，模板的安装、拆除、提升或滑升需要的施工时段一般较长，模板施工往往是控制工期的重要工序之一。

第一节　模板的重要性、组成及分类

一、模板的重要性

模板工艺在现浇混凝土结构施工和预制混凝土构件制备中均具有非常重要的地位，主要体现在以下几个方面：

（1）对混凝土结构和制品的成型尺寸和外观质量起主导作用

模板按混凝土结构或构件的设计位置和构造尺寸支设，不仅在支设时要达到轴线和构造尺寸准确、支撑和固定牢靠的要求，而且在浇筑过程中必须能够承受可能出现的最大荷载作用（包括混凝土拌和物的自重、侧压力、浇筑时的冲击力及振动荷载等），确保不会出现超过规定的沉降、变形、开模、跑浆及其他问题，在拆模之后达到混凝土结构的成型尺寸和外观质量要求。当模板支设不牢时，将会影响浇筑作业的执行，也会出现因振捣不足而影响结构密实等问题。当过早拆除模板支撑时，混凝土会出现结构裂缝等问题。

现浇混凝土的外观质量不允许出现严重缺陷，包括：纵向受力钢筋露筋；构件的主要受力部位出现蜂窝、孔洞、夹渣、疏松及裂缝；清水混凝土构件中出现影响使用功能或装饰效果的外形缺陷。这些问题或多或少都与模板工艺有关。

因此，模板工艺不仅决定和主导着混凝土结构的成型尺寸和外观质量，而且也是实现混凝土浇筑质量要求的重要前提和基础条件。

（2）是确保混凝土结构施工安全的重点

模板工艺是混凝土结构工程，甚至是整个建筑施工中出现事故较多的领域。在模板工程施工中出现的或者与模板工程相关的安全意外事故，比如模板整体坍塌、模板安装和拆除过程中落物、高空坠落等都会造成十分严重的人员伤亡和财产损失，是现场施工中安全保证设计和安全防范工作的重点。

（3）体现企业施工能力和综合水平

模板工艺在混凝土结构施工费用和劳动量中均占有较大的比重，其主要施工方案和措施常是整个工程施工的关键；模板工艺过程在混凝土结构工程中是重要的分项工程，是体现企业施工能力和综合水平的重要方面。

在一般的梁板、框架及板墙结构中，模板工艺过程所占费用为 30％左右；在大坝等大体积构筑物中比重有所降低，但在隧涵、洞室、大跨、异形等施工工艺复杂的工程中所占比重则有所增加。

模板工艺过程的主要施工方案和措施常是整个工程施工中的关键技术，决定着工程的顺利施工和目标的圆满实现。模板工艺中各种结构的连接方式、施工设备、施工方法的优选和改进都随着科学技术的进步在持续发展之中，与之相关的设计计算、施工组织与管理的方法也在发展之中，是新材料、新结构、新技术、新工艺不断出现、应用及发展的重要领域。

二、模板的组成

模板一般由面板、支撑结构、连接件等组成，也包括可自行移置或滑动的模板，以及液压提升系统。

混凝土施工对模板结构的基本要求为：保证结构和构件各部分的尺寸和相互位置的准确；具有足够的强度、刚度及稳定性，能可靠地承受各项荷载，且在荷载作用下，模板结构的变形值不超过规定的允许值；结构简单、安拆方便、便于钢筋安装和混凝土浇筑；模板面平整、光洁、易于脱模；模板的接缝严密、不漏浆；模板周转次数多、损耗少、成本较低、技术先进。

三、模板的分类

1. 按模板或模板面板的材料分类

模板按材料划分，可分为木模板、钢模板、覆面胶合板模板、预制混凝土模板等。

（1）木模板

木模板的材料一般采用松木和杉木。木模板需承受的应力包括：受弯纤维应力、顺纹受剪应力、横纹及顺纹承压应力。木材能够承受应力的大小，由木材品种、木材等级、荷载持续时间及木材含水率等确定。普通木模板的木材耗用量大，重复使用率低，现在混凝土模板已经尽量减少木模板的使用，但在钢筋密集的施工缝、楼梯踏步、管路埋件穿过模板处以及一些特殊结构部位，木模板仍起着不可或缺的作用。

（2）钢模板

钢模板可分为两大类：一类是组合钢模板，另一类是大钢模。

钢模板的优点是：有足够的刚度和强度，可用连接构件拼装成较多的形状和尺寸，适用于多种结构形式，在混凝土施工中被广泛使用；如果有适当的搬运设备，则钢模板的安装、拆除、移动及重新安装都能迅速进行；使用钢模板成型后的混凝土表面光滑。

钢模板也有一些缺点：钢模板投资量大，如果重复使用次数不多，则费用昂贵；在寒冷气候下浇筑混凝土时，钢模板如不采用专门的预防措施，其保温性能很差。

（3）覆面胶合板模板

覆面胶合板模板是以角钢为边框、以竹胶合板或复合木胶合板作为面板的定型模板，具有重量轻、刚度大、操作方便、板幅大、拼缝少的优点，因而在混凝土施工中被大量使用。对胶合板技术性能的要求主要有三项：胶合强度、弹性模量及静曲强度。

（4）预制混凝土模板

预制混凝土模板是采用混凝土或钢筋混凝土预制成的薄板或特定形状的模板，预制混凝土模板往往作为结构混凝土的一部分。

2. 按受力方式分类

模板按受力方式可分为侧面模板和承重模板。侧面模板按受力方式不同又分为简支模板、悬臂模板及半悬臂模板。

3. 按移位方式分类

模板按移位方式可分为固定式模板、拆卸式模板、移动式模板（移置模板）及滑动模板。

4. 按模板的功能分类

模板按功能可分为：

普通模板，即普通成型要求的模板；

清水模板，即清水混凝土成型要求的模板；

装饰模板，具备装饰混凝土成型要求的模板，有装饰条纹、花纹的清水模板；

永久性模板，即不拆除的、作为结构组成部分的混凝土模板和压型钢模板等；

带内保温层模板，模板的内保温层黏结于混凝土外墙面上，成为外保温墙体的组成部分，不随模板拆除；

带外保温层模板，用于冬期施工要求的保温模板。

第二节　脱模剂

为了保证混凝土构件或制品具有设计所要求的表面质量，减轻拆模工作的劳动量，提高劳动生产率及减少模板的损耗，除了改进模板材料和结构之外，常采用脱模剂（亦称为隔离剂）来降低模板与混凝土之间的黏结，这对形状复杂的制品或构件尤为重要。

一、脱模剂的技术要求

脱模剂应能有效减小混凝土与模板间的黏结力，并应有一定的成膜强度，且不应影响脱模后混凝土表面的后期装饰。脱模剂在使用过程中不应对操作者和周围环境造成危害，也不应对混凝土表面和混凝土性能造成危害，应无毒、无刺激性气味。脱模剂的技术要求包括匀质性和施工性能。

脱模剂应能有效减小混凝土与模板间的吸附力，并应有一定的成膜强度，且不影响脱模后混凝土表面的后期装饰。为了保证混凝土脱模剂的质量，《混凝土制品用脱模剂》（JC/T 949—2005）对混凝土脱模剂性能提出了技术要求。

1. 基本要求

产品的安全性非常重要，脱模剂在使用过程中不应对操作者和周围环境造成危害，也不应对混凝土表面及混凝土性能造成危害，应无毒、无刺激性气味。

2. 匀质性

匀质性包括密度、黏度、pH、固体含量及稳定性等指标。

（1）密度

多数脱模剂的密度在 1g/cm³ 以下，同一产品的密度与固体含量有一定的对应关系，在进行检测时测试密度比测试固体含量更简便。

（2）黏度

黏度指标表示脱模剂的可涂刷性能，通常有两种测定方法。一般采用《涂料粘度测定法》（GB/T 1723—1993）中使用的涂-4 黏度计法，也可采用《胶黏剂黏度的测定 单圆筒旋转黏度计法》（GB/T 2794—2013）中规定的回转黏度来测试黏度，该方法比较复杂，一般单位不具备试验条件。

（3）pH

脱模剂 pH 一般在 7～9 之间，金属皂类的 pH 稍低些，在 6～7 之间。脱模剂原料一般都不含强碱或强酸，pH 适中；皂化油类用碱皂化，pH 稍高些，如果 pH 太高，则可能是皂化不完全或碱超标，将影响稳定性和脱模效果。标准规定 pH 在生产厂控制值的 ±1 以内，以防止质量波动。

（4）固体含量

固体或液体产品都含有一定的水分，可以按含固量指标来表示水分的多少，称为固体含量。控制该指标是为了保证产品的均匀稳定。

（5）稳定性

固体脱模剂比较稳定，液体脱模剂如"乳化油类"在一定条件下会破乳。无论固体还是液体脱模剂稀释至使用浓度后均匀性都将有所下降，为保证使用时脱模剂的质量，要求原液脱模剂在 5～40℃ 下稀释至使用浓度的固体或液体脱模剂，在 24h 内无分层离析，能保持均匀状态，以此作为稳定性指标。

3. 施工性能

施工性能包括干燥成膜时间、脱模性能、耐水性能、对钢模板的锈蚀作用及极限使用温度等指标。

（1）干燥成膜时间

脱模剂涂刷在模板上，经过一定时间后在模板表面干燥成膜，成膜后再浇筑混凝土才能保证脱模效果。乳化油类、石蜡类及金属皂类脱模剂干燥成膜时间都不相同，但基本都在 10～50min 范围内。

（2）脱模性能

脱模性能是脱模剂施工性能的重要指标。脱模剂质量通过脱模效果的好坏来体现，仅以能顺利脱模、保持混凝土棱角完整无损、表面光滑还不够，应有定量指标，标准规定以混凝土黏附量指标评定。

（3）耐水性能

混凝土制品大多在室内生产，但也有些在露天生产。如果模板涂刷脱模剂后，被雨水浸湿，有可能影响脱模效果。"耐水性能"表示成膜后的耐水性，是混凝土制品露天生产时所使用脱模剂的必检指标。室内生产混凝土制品使用的脱模剂可不对"耐水性能"进行检验。

（4）对钢模板的锈蚀作用

用于钢模的脱模剂应对钢模板无锈蚀危害。

（5）极限使用温度

脱模剂有一定的使用温度范围，比如乳化油类脱模剂在负温下会结冰，使脱模剂破乳。混凝土制品大多使用蒸汽养护，温度高达 90℃以上，有些脱模剂在这么高的温度下性能会发生变化，影响混凝土的质量。

二、脱模剂的脱模机理

混凝土的脱模是克服模板和混凝土之间的黏结力或自身内聚力的结果，脱模剂一般通过下列三种作用机理达到良好的脱模效果。

1. 机械润滑作用

如纯油类脱模剂涂于模板后，在模板与混凝土之间起机械润滑作用，从而克服混凝土与模板之间的黏结力而达到脱模效果。

2. 隔离膜作用

如含成膜剂的乳化油脱模剂、溶剂类脱模剂及树脂类脱模剂等，涂于模板后，迅速干燥成膜，在混凝土和模板之间起隔离作用而达到脱模效果。

3. 化学作用

如含脂肪酸等化学活性成分的脱模剂，涂于模板上后，首先使模板具有憎水性，然后与模内新拌混凝土中的游离 $Ca(OH)_2$ 或氢氧化铝等起皂化反应，生成具有物理隔离作用的非水溶性皂，既起到润滑作用，又能阻碍或延缓模板接触面上很薄一层混凝土凝固。拆模时混凝土和脱模剂之间的黏结力往往大于表面混凝土内聚力，从而达到脱模效果。

三、脱模剂的分类与性能

脱模剂种类较多，总体可分为油类、水类及树脂类三种。

1. 油类脱模剂

油类脱模剂脱模性能好，使用方便，对钢模无锈蚀作用，适用于各种材料制成的模板，但过量后会渗入混凝土内污染钢筋，影响混凝土对钢筋的握裹力，同时会与游离碱起皂化反应而使混凝土表面粉化，降低混凝土的耐久性。常用的纯油类脱模有柴油、机油、乳化机油、机油皂化油及食用油。

2. 水类脱模剂

水类脱模剂配制简单、使用方便、成本低，普遍应用于预制构件的底模、胎模等模板，有较好的脱模性能。脱模后构件表面平整光洁无油污，不影响装饰效果。水类脱模剂主要是用滑石粉、脂肪酸钠皂、海藻酸钠等原料制成。

3. 树脂类脱模剂

树脂类脱模剂是长效脱模剂，涂一次可连续脱模 3～5 次，如果成膜好更可用到 10 次，但其价格相对较贵，而且清理模板较为困难。常见的树脂类脱模剂是采用甲基硅树脂、不饱和聚酯树脂、环氧树脂加上固化剂制成。

第三节　模板的施工

混凝土模板工程必须满足施工要求并确保施工安全，而要实现这两项要求则需一靠设计，二靠管理，设计是基础，施工管理是保障。模板的设计主要是使其能可靠地承受模板施工规范规定的各项施工荷载，模板的施工管理主要是模板安装和拆除时的技术方案制定与执行。

一、作用于模板体系上的荷载

对作用于模板支架上荷载的研究是模板支架设计的基础，模板支架是否稳定在很大程度上取决于所承受的荷载，国内对模板支架设计荷载的依据是《混凝土结构工程施工规范》（GB 50666—2011），它规定了模板支架设计时应考虑的荷载类型、荷载分项系数、大小以及荷载组合原则，在设计模板及其支架时应考虑下列各项荷载：

① 模板及其支架自重；

② 新浇混凝土自重；

③ 钢筋自重；

④ 新浇混凝土对模板侧面产生的压力；

⑤ 施工人员及设备自重；

⑥ 混凝土下料产生的水平荷载；

⑦ 泵送混凝土或不均匀堆载等因素产生的附加水平荷载；

⑧ 风荷载。

模板及支架承载力计算的各项荷载可按表 2-1 确定，并应采用最不利的荷载组合进行设计。

表 2-1　参与模板及支架承载力计算的各项荷载

	计算内容	参与荷载项
模板	底面模板的承载力	①②③⑤
	侧面模板的承载力	④⑥
支架	支架水平杆及节点的承载力	①②③⑤
	立杆的承载力	①②③⑤⑧
	支架结构的整体稳定	①②③⑤⑦ ①②③⑤⑧

二、混凝土对模板的侧压力

1. 侧压力

新浇混凝土对模板侧面的压力（简称"混凝土侧压力"），是入模后具有一定流动性的新浇混凝土在浇筑、振捣及自重的共同作用下，对限制其流动的侧模板所产生的压力。

20 世纪 60 年代，我国水利部门首次在大坝混凝土施工中对混凝土侧压力进行了大量的试验研究，提出了大体积混凝土侧压力的计算公式；20 世纪 70 年代至 80 年代初期，相继进行了滑模、大模板、泵送混凝土等情况下的混凝土侧压力测试，获得了大量试验数据，也分别提出了相应的计算公式。

2. 混凝土侧压力与影响因素的关系

混凝土由拌和物到硬化体是混凝土内部两种作用的结果。第一种作用是水泥凝结硬化的结果，在良好条件下水泥可以在混凝土拌制后 30min 内开始凝结，这一作用可以延续数小时。第二种作用是混凝土骨料之间内摩擦力的发展，这种内摩擦力限制骨料彼此自由移动。干混凝土的内摩擦力较湿混凝土大，内摩擦力随着混凝土中的水分减少而增加。混凝土从塑性状态变为固体状态的速度，将明显地影响混凝土对模板的侧压力。

混凝土对模板的侧压力，主要由以下几个因素确定：

① 侧压力随着混凝土浇筑速度的加快而增大。大多数研究者认为：混凝土的最大侧压力 F 与浇筑速度 v 之间呈幂函数关系，即 $F=kv^n$，但对 n 的取值则有 1、½、⅓ 及 ¼ 等多种，如图 2-1 所示。

② 侧压力随混凝土温度的降低而增大。在一定的浇筑速度下，混凝土的侧压力与其温度成反比关系，见图 2-2。这是因为混凝土的凝结时间随温度的降低而延长，从混凝土浇筑层面至最大压力处的高度（h）加大，h 称为有效压头，并且 $h=F/\gamma$，F 为最大侧压力，γ 为混凝土的重力密度（kN/m^3）。

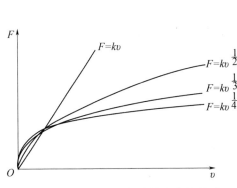

图 2-1 最大侧压力与浇筑速度的关系

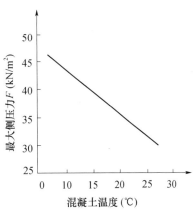

图 2-2 最大侧压力与温度的关系

③ 机械振捣比手工捣实的侧压力大。试验表明，机械振捣的混凝土侧压力比手工捣实增大约 56%。

④ 侧压力随坍落度的增大而增大。当坍落度从 70mm 增大到 120mm 时，其最大侧压力增加约 13%。

⑤ 侧压力受外加剂的影响明显。混凝土外加剂多对混凝土的凝结速度和稠度有调整作用，从而影响到混凝土的侧压力。

⑥ 侧压力随混凝土自重的增大而增大。除以上几个方面的影响以外，模板表面的粗糙程度、结构件尺寸，即是否产生内部拱效应也会影响其侧压力。但因工程中多采用表面较为光滑的钢模板、覆（复）面胶合板模板，并且在机械振捣作用下其拱效应难以形成或者作用甚小，因而可以忽略。

虽然不同水泥的初凝时间相差显著（1~4h），但在温度、配合比基本相同时，其配制的混凝土的初凝时间差别却并不大，故水泥品种对混凝土侧压力的影响也可忽略。

3. 混凝土侧压力的计算公式

侧压力是模板设计荷载中必须充分计算而又难以在施工中准确控制的参数，因此，需要了解有关试验的情况和不同计算公式之间的差异，在遵守我国现行相关标准规定的基础上，根据工程的具体情况和需要适当提高其侧压力的设计值，可确保施工的质量和安全要求。

（1）混凝土侧压力的分布

混凝土侧压力的测试一般采用压力盒，按每隔 150～300mm 的间距设于侧模板上，并与模板表面齐平。虽结构类型、一次浇筑的高度及浇筑速度有所不同甚至差别较大，但侧压力分布曲线的走势基本相同：即从浇筑面向下至最大侧压力处，基本遵循流体静压力的分布规律；达到最大值后，侧压力就随即逐渐减小或维持一段稳压高度后逐渐减小，压力图形对浇筑高度轴呈如图 2-3 所示的山形或梯台形分布。当将其图形简化为侧三角形或侧梯台形后（图 2-4），将从浇筑层面至最大压力处的高度 h 称为有效压头，计算公式为 $h = F/\gamma$。

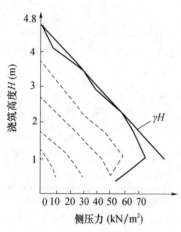

图 2-3　泵送混凝土侧压力分布

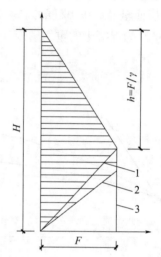

图 2-4　混凝土侧压力分布图示的简化曲线

（2）我国标准对混凝土侧压力的计算公式

《混凝土结构工程施工质量验收规范》（GB 50204—2015）中对混凝土侧压力的计算是以流体静压力原理为基础，并综合考虑泵送和初凝时间等有关因素而建立的，其计算公式见式（2-1）。

$$F = 0.22\gamma t_0 K_S K_W v^{\frac{1}{2}} \qquad (2\text{-}1)$$

式中　γ——新浇混凝土的表观密度，kN/m^3。

　　　t_0——根据有关资料用回归方程得到的混凝土初凝时间，h；当缺乏试验资料时，可采用 $t_0 = \dfrac{200}{T+15}$（T 为混凝土的浇筑温度）。

　　　K_S——外加剂影响修正系数，不掺外加剂时取 1.0，掺具有缓凝作用的外加剂时取 1.2。

　　　K_W——混凝土坍落度影响修正系数，当坍落度小于 30mm 时，取 0.85；当坍落度为 30～90mm 时，取 1.0；当坍落度大于 90mm 时，取 1.15。

　　　v——混凝土的浇筑上升速度，℃。

由于式（2-1）考虑了混凝土重力密度 γ 的影响，不仅适用于普通混凝土，而且重混凝土和轻骨料也可参照使用。按式（2-1）计算的新浇普通混凝土的最大侧压力值列于表 2-2 中。从施工和经济性综合考虑，混凝土的最大侧压力不宜超过 $90kN/m^2$，超过此限值时，则应改变施工工艺。

表 2-2　新浇普通混凝土的最大侧压力值

浇筑速度 v (m/s)	混凝土温度 T（℃）						
	5	10	15	20	25	30	35
0.3	28.92	23.14	19.28	16.52	14.46	12.86	11.57
0.6	40.90	32.72	27.27	23.37	20.45	18.18	16.36
0.9	50.09	40.07	33.39	28.62	25.05	22.67	20.40
1.2	57.84	46.27	38.56	33.05	28.92	25.71	23.14
1.5	64.67	51.73	43.11	36.95	32.33	28.75	25.87
1.8	70.84	56.67	47.23	40.48	35.42	31.49	28.34
2.1	76.51	62.21	51.01	43.72	38.26	34.01	30.61
2.4	81.80	65.44	54.53	46.74	40.90	36.36	32.72
2.7	86.76	69.41	57.84	49.57	43.38	38.57	34.70
3.0	91.45	73.16	60.97	52.26	45.73	40.65	36.58
3.5	98.79	79.03	65.90	56.41	49.39	43.86	39.52
4.0	105.60	84.48	70.40	60.34	52.80	46.94	42.24
4.5	111.99	89.59	74.70	63.95	55.99	49.72	44.80
5.0	118.05	94.45	78.71	67.46	59.03	52.48	47.23
5.5	123.82	99.05	82.59	70.70	61.91	54.97	49.53
6.0	129.33	103.47	86.22	73.90	64.67	57.49	51.73

注：本表按坍落度 50～90mm（$K_S=1.0$）和不掺外加剂（$K_W=1.0$）计算，使用时应另乘 $\gamma/24$ 和 K_S、K_W。

三、模板的安装与拆除

在浇筑混凝土之前，应对模板工艺进行验收。进行模板安装和浇筑混凝土时，应对模板进行视察和维护，当发生异常情况时，应按施工技术方案及时进行处理。浇筑后，模板应当尽快拆除，以达到使用次数最多的目的，但拆模要等混凝土获得足够的强度后才能进行，以保证结构的稳定性并能承受静荷载和其他施工荷载。

1. 模板的安装

根据《混凝土结构工程施工质量验收规范》（GB 50204—2015）的规定，模板安装应满足以下要求：

① 模板的接缝处不应漏浆；在浇筑混凝土前，木模板应浇水润湿，但模板内不应有积水。

② 模板与混凝土的接触面应清理干净并涂刷脱模剂，但不得采用影响结构性能或

妨碍装饰工程施工的脱模剂。

③ 浇筑混凝土前，模板内的杂物应清理干净。

④ 对清水混凝土工程及装饰混凝土工程，应使用能达到设计效果的模板。

⑤ 对跨度不小于 4m 的现浇钢筋混凝土梁、板，其模板应按设计要求起拱；当设计无具体要求时，起拱高度宜为跨度的 0.1%～0.3%。

⑥ 固定在模板上的预埋件、预留孔及预留洞（管、模）均不得遗漏，且应安装牢固，其偏差应符合表 2-3 的规定。

表 2-3 预埋件和预留孔洞的允许偏差

项目		允许偏差（mm）
预埋钢板中心线位置		3
预埋管、预留孔中心线位置		3
插筋	中心线位置	5
	外露长度	+10，0
预埋螺栓	中心线位置	2
	外露长度	+10，0
预留洞	中心线位置	10
	尺寸	+10，0

⑦ 现浇混凝土结构板安装的偏差应符合表 2-4 的规定。

表 2-4 现浇结构模板安装的允许偏差及检验方法

项目		允许偏差（mm）	检验方法
轴线位置		5	钢尺检查
底模上表面标高		±5	水准仪或拉线、钢尺检查
截面内部尺寸	基础	±10	钢尺检查
	柱、墙、梁	+4，−5	钢尺检查
垂直度，当层高为	不大于 5m	6	经纬仪或吊线、钢尺检查
	大于 5m	8	经纬仪或吊线、钢尺检查
相邻两板表面高低差		2	钢尺检查
表面平整度		5	2cm 靠尺和塞尺检查

⑧ 预制模板安装的偏差应符合表 2-5 的规定。

表 2-5 预制构件模板安装的允许偏差及检验方法

项目		允许偏差（mm）	检验方法
长度	板、梁	±5	钢尺量两角边，取其中较大值
	薄腹梁、桁架	±10	
	柱	0，−10	
	墙板	0，−5	
宽度	板、墙板	0，−5	钢尺量一端及中部，取其中较大值
	梁、薄腹梁、桁架、柱	+2，−5	

续表

项目		允许偏差（mm）	检验方法
高（厚）度	板	+2，−3	钢尺量一端及中部，取其中较大值
	墙板	0，−5	
	梁、薄腹梁、桁架、柱	+2，−5	
侧向弯曲	梁、板、柱	$l/1000$，且≤15	拉线，钢尺量最大弯曲处
	墙板、薄腹梁、桁架	$l/1500$，且≤15	
板的表面平整度		3	2m靠尺和塞尺检查
相邻两板表面高度差		1	钢尺检查
对角线差	板	7	钢尺量两个对角线
	墙板	5	
翘曲	板、墙板	$l/1500$	调平尺在两端量测
设计起拱	薄腹梁、桁架、梁	±3	拉线，钢尺量跨中

2. 模板的拆除

模板拆除时要保证混凝土已获得足够的强度，模板拆除时需满足的要求如下：

① 侧模拆除时的混凝土强度应能保证其表面及棱角不受损伤。

② 底模及其支架拆除时的混凝土强度应符合模板设计要求，当设计无具体要求时，混凝土强度应符合表 2-6 的规定。

表 2-6　底模拆除时的混凝土强度要求

构件类型	构件跨度（m）	达到设计的混凝土立方体抗压强度标准值的百分率（%）
板	≤2	≥50
	>2，≤8	≥75
	>8	≥100
梁、拱、壳	≤8	≥75
	>8	≥100
悬臂构件	—	≥100

③ 对后张法预应力混凝土结构构件，侧模宜在预应力张拉前拆除；底模支架的拆除应按施工技术方案执行，当无具体要求时，不应在结构构件建立预应力前拆除。

④ 后浇带模板的拆除和支顶应按施工技术方案执行。

⑤ 侧模拆除时的混凝土强度应能保证其表面及棱角不受损伤。

⑥ 模板拆除时，不应对楼层形成冲击荷载。拆除的模板和支架宜分散堆放并及时清运。

第四节　常见的模板工艺

一、普通大钢模板

大钢模板通常用于各类混凝土墙体的施工，材料有普通碳钢和低合金钢，通常面板采用 4～6mm 厚的钢板拼焊而成，这种面板具有良好的强度和刚度，能承受较大的混凝土侧压力及其他施工荷载，重复利用率高，一般周转次数在 200 次以上。另外，由于钢板面平整光洁、耐磨性好、易于清理，有利于提高混凝土表面的质量。其缺点是耗钢量大、重量大（40kg/m²）、易生锈、不保温、损坏后不易修复。大钢模板如图 2-5 和图 2-6 所示。

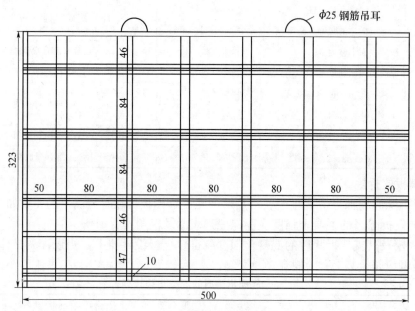

图 2-5　大钢模板正视图（单位：cm）

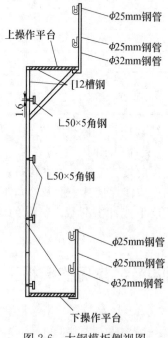

图 2-6　大钢模板侧视图

大模板施工具有速度快、机械化程度高、劳动强度低等显著优点，确保大模板具有足够的刚度（保证在周转使用中不变形）、接缝平整、紧密是其技术关键。但因其结构体型大、重量大，必须依靠外界起升机构才能支立，对在一些结构复杂、空间狭小不能采用悬臂模板的施工部位具有广泛的应用价值。

二、组合钢模板

组合钢模板自 20 世纪 70 年代引入我国并大力推广应用以来，获得了迅速而巨大的发展，其优点是通用性强、组装灵活、装拆方便、周转次数多，浇筑的构件尺寸准确、棱角整齐、表面光滑。

组合钢模也有如下一些较为明显的缺点：①钢模板的面板和背肋较薄，刚度较差、易变形损坏；②一般采用人工拆装方式，难以控制和避免因扔、摔、磕碰等造成的变形、开焊和其他损伤；③使用新模板（或周转次数较少的模板）成型的混凝土表面过于光滑；而使用旧模板（即周转次数较多的模板）时，因其侧边和板面多有程度不同的变形，又会出现拼缝不严和板面不平，以致造成漏浆、跑浆及板面出楞等问题；④内外连杆一般都采用 $\phi48\times3.5$ 钢管，当其设置间距过大或支架的承载能力与刚度不足时，会出现模板鼓胀、拼缝裂开等问题。

组合钢模板包括定型组合钢模板和大型组合模板。

1. 定型组合钢模板

定型组合钢模板用于梁、柱、墙、楼板，可整体吊装就位，也可采用散装散拆。

定型组合钢模板由钢模板和配件两大部分组成。钢模板包括平面模板、阴角模板、阳角模板、连接角模等通用模板（图 2-7）和倒棱模板、梁腋模板、柔性模板、搭接模板、可调模板、嵌补模板等专用模板；配件的连接件包括 U 形卡、L 形插销、钩头螺栓、紧固螺栓、对拉螺栓、扣件等（图 2-8），配件的支撑件包括钢楞、柱箍、钢支柱、早拆柱头、斜撑、组合支架、扣件式钢管支架、门式支架、碗扣式支架、方塔式支架、梁卡具、圈梁卡及桁架等。图 2-9 和图 2-10 分别示出了墙柱节点模板和梁模板及支架的构造。

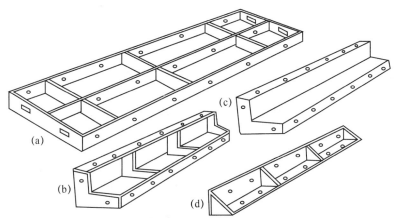

图 2-7　组合钢模板的模板类型

（a）平模；（b）阴角模；（c）阳角模；（d）连接角模

17

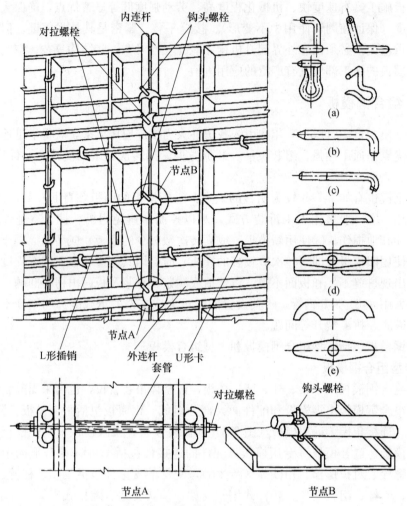

图 2-8　组合钢模的组合构造和连接件

（a）U 形卡；（b）L 形插销；（c）钩头螺栓；（d）碟形扣件；（e）弓形扣件

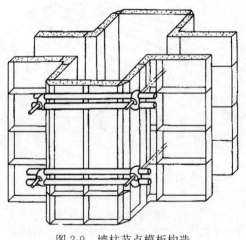

图 2-9　墙柱节点模板构造

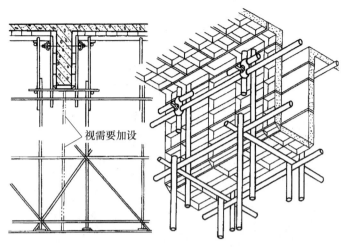

图 2-10　梁板模板及支架构造

2. 大型组合模板

大型组合模板用于浇筑大体积混凝土，如大坝、闸墩、厂房边墙等部位的混凝土施工。大型组合模板由模板、平台、主背楞桁架、斜撑、后移装置、受力三脚架、埋件等部件组成。

三、木模板

常用的定型木模板规格有：宽度 50cm、80cm、100cm，长度 150cm、225cm、325cm 等，定型平面木模板如图 2-11 所示，木模板的施工如图 2-12 所示。

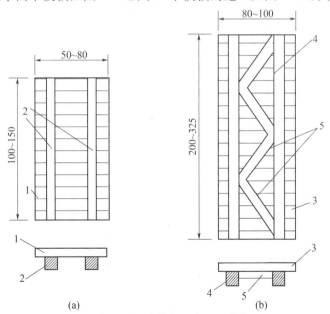

图 2-11　定型平面木模板示意图（单位：cm）

（a）80×150cm 以下模板背面及剖面　（b）80×200cm 以上模板背面及剖面

1—面板（厚 2.5～3.0cm）；2—板肋（厚 5×15cm）；3—面板（厚 2.5～4.0cm）；

4—板肋（6×14cm～8×15cm）；5—斜撑（5×7cm～5×10cm）

图 2-12　木模板基础施工

木模板可在施工现场加工并制作、组拼。模板安装时，必须严格按模板设计平面布置图施工，所有立柱应垂直模板，相邻板面高差不得超过 2mm。

四、覆面胶合板模板

用于混凝土模板的木胶合板采用具有高耐气候、耐水性的一类胶合板，采用桦木、马尾松、落叶松等树种的 5～11 层单板，按邻层板纹理方向相互垂直、以酚醛树脂胶粘剂或改性酚醛树脂胶粘剂胶合并经热压固化而成。

成品覆面胶合板模板、楞木材料现场裁装和用脚手架杆件组装模板支架工艺，是在传统木模板的构造和工艺的基础上，以覆面胶合板模板替代需要刨光和涂、贴脱模材料的木模板。使用覆面胶合板和规格方木材料可以配置除曲面形状以外的各种形状和设置要求的模板，其中用于基础、柱、墙及梁板工程的部分构造形式如图 2-13 所示。覆面胶合板裁装模板和脚手杆件组合支架工艺，具有因工程、支模（结构件类别）及施工要求而异和灵活的特点，并且常需由直接施工管理人员依实际情况确定模板的配置和支架的设置。

五、提模、爬模及滑模模板工艺

提模、爬模与滑模一起，并称为高层建筑和高耸构筑物施工中的三大"整体自升模板体系"，以下主要介绍它们的上升原理和装置。

1. 提模原理和提模装置

提模为使用自身提升设备（升板机或液压千斤顶等），将已先行与混凝土面脱离的模板同承力杆、提升架、作业平台等一起提升，实现连续循环升高施工作业要求的整体自升模板体系。采用升板机的提模，一般可分为超高层建筑墙、柱、梁模整体提升工艺和升板带墙、柱模提升工艺。使用具有很大负载能力升板机的整体自升降模板装置，配

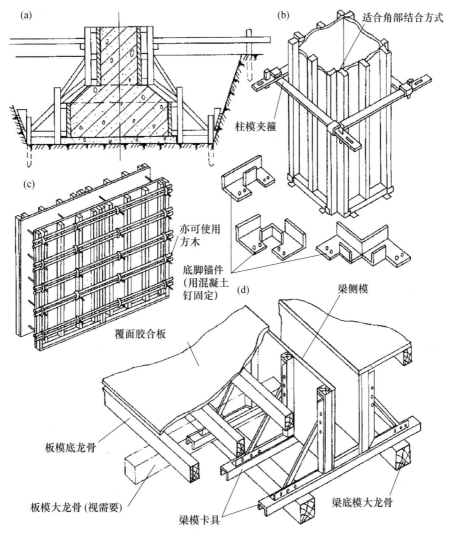

图 2-13　覆面胶合板裁装模板的基本构造

（a）独立柱基模板；（b）柱子模板；（c）墙体模板；（d）梁板模板

合混凝土泵送浇筑设备，使超高层结构的施工不再困难，已成为超高层结构施工方法的主要选择之一。

提模的装置由劲性钢柱、升板机、承力架（提升架）、作业平台、模板、控制系统及吊脚手架等组成。劲性钢柱为整个系统的承力结构兼导向构造，在其上悬挂升板机，升板机吊住承力架，承力架下悬挂作业平台，平台又悬挂模板和吊脚手架，形成整体提升系统。

提模中的墙模一般采用钢大模或其他类型的大模板平模加上角模，模板的分块依架间距离、初装或拆除时的起吊重量、自身刚度要求以及脱离和靠紧墙壁作业的装拆要求而定。梁模一般采用组合钢模，在不设梁模提升架时，可用钢丝绳将梁侧模吊挂在作业平台之下。提模装置的主要构造情况如图 2-14 和图 2-15 所示。

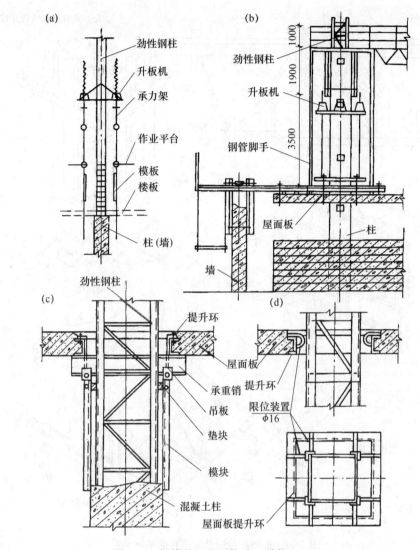

图 2-14 提模装置主要构造（单位：cm）

（a）超高层结构提模装置示意；（b）柱模在屋面板之上的升板提模装置；

（c）柱模挂在屋面板之下的升板提模装置；（d）劲性柱限位装置

2. 爬模原理和爬模装置

爬升模板是利用自身爬升设备、在模板或支架交替附着（于墙体结构）的情况下实现自下而上逐层爬升的模板体系，一般用于外墙施工，在采取一些相应措施后，也可用于内墙、电梯井及天井施工，既能用于垂直墙体，也能用于倾斜墙体，是高层、超高层建筑及高耸构筑物模板工程的常用工艺之一。

爬升模板的爬升方式有三种：①模板爬架子和架子爬模板；②模板互爬，也称为"模板爬模板"；③爬升架子带模板，也称"架子爬架子"。

模板爬架子和架子爬模板是爬升模板的主要方式，它是利用自身爬升设备，在附着固定支架时爬升模板，其过程可大致分为两段：①拆除固定墙体大模板的穿墙螺栓，利用设于支架顶部的爬升设备，将大模板由 $n-1$ 层提升至 n 层；②固定大模板、浇筑 n

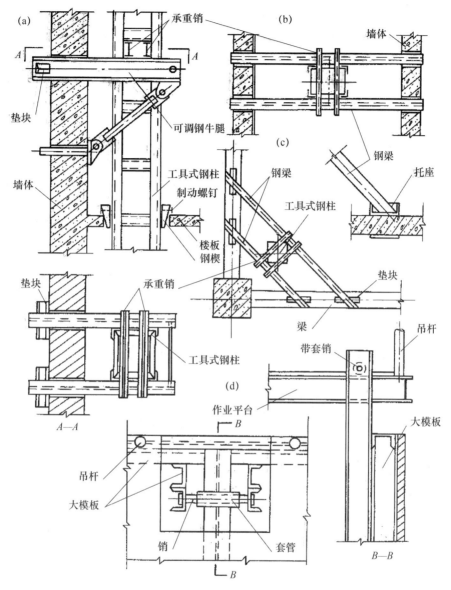

图 2-15　提模中工具式钢柱的设置和模板平移机构
（a）工具柱的钢牛腿传载构造；（b）工具柱使用钢梁传载给剪力墙；
（c）工具柱用钢梁传载给框架梁或梁与墙；（d）大模板平移装置

层墙体混凝土并将其养护至可承受支架爬升荷载的强度后，将爬升设备固定在模板上，松开支架的附着固定，以模板为支承点，将支架下部的附墙架由 $n-2$ 层提升到 $n-1$ 层，用穿墙螺栓将其与墙体附着固定。重复①、②过程，即可将模板和支架分别升至 $n+1$ 层和 n 层，以此循环上升。

　　模板互爬方式是采用 A 型和 B 型两种模板互为支承、交替爬升的方式。其爬升过程为：①A、B 型模板就位、校正，紧固穿墙螺栓后，浇筑混凝土；②混凝土达到拆模强度后，拆除 A 型模板的穿墙螺栓，松动后用 B 型模板上口的提升设备将 A 型模板提升一个楼层高度；③校正和固定 A 型模板后，拆除 B 型模板的穿墙螺栓，利用设于 A

型模板中部的提升设备，将 B 型模板提升至与 A 型模板上口齐平，校正和固定后，浇筑混凝土。重复②、③过程，实现交替循环上升。

爬升架子带模板是采用附着升降脚手架带升模板的方式。在多种类型的爬架中，可带模板形成这种爬模形式的脚手架，有套框式附着升降脚手架和挑轨式附着升降脚手架。套框附着方式爬模的爬升过程为：①将固定框架和滑动框架通过其上的固定支座和穿墙螺栓连接，固定于 $n-2$ 层至 $n-1$ 层的墙体上，将大模板安装在 n 层上，浇筑 n 层混凝土墙体；②n 层墙体达到拆模强度后，拆去墙体内模（外模仍用穿墙螺栓固定在墙体上）。支 $n+1$ 层楼板的模板、绑扎钢筋及浇筑混凝土后，绑扎 $n+1$ 层墙体钢筋；③拆除外模固定螺栓，将其临时搁置在小爬架上，用大爬架顶部的提升设备将小爬架连同其上的外模一起，分别由 $n-1$ 层和 n 层提升到 n 层和 $n+1$ 层并固定（外模同内模一起固定）；④将提升设备移至小爬架上，将大爬架由 $n-2$ 层至 $n-1$ 层提升到 $n-1$ 层至 n 层固定。重复上述过程，实现小爬架和大爬架的交替爬升。

以上三种爬升方式的情况如图 2-16 所示。

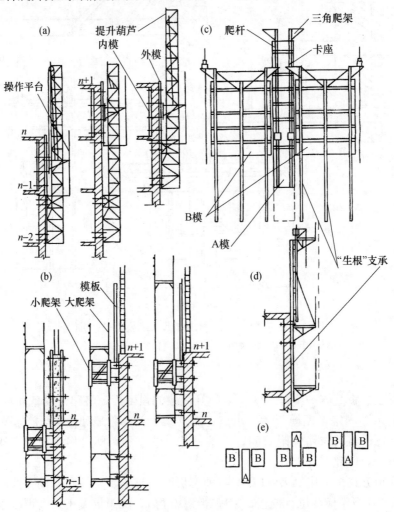

图 2-16　三种爬模的爬升方式

（a）一般爬模（模板爬架子、架子爬模板）；（b）爬升架子带模（架子爬架子）之一种形式；

（c）、（d）、（e）模板互爬（模板爬模板）

24

一般爬模的装置由大模板、爬升支架、爬升设备及脚手架四个部分组成。大模板用型钢做骨架，面板可用薄钢板、组合钢模或覆面胶合板模板。大模板的分块不宜过大，应与爬升和拆除用设备的负载能力相适应。用于爬升的动力设备，可视爬升单元设置、施工流水及其他施工要求，选用电葫芦、液压千斤顶及轮滑等适合的爬升设备，以及采用多机同步爬升时的控制系统。

3. 滑模原理和滑模装置

滑动模板是在混凝土连续浇筑过程中随之滑动上升的模板，滑模工艺是一种机械化程度较高的混凝土结构工程连续成型工艺，不仅适用于筒仓、水塔、烟囱、桥墩、竖井等连续型高耸实壁结构工程，而且也已在框架、板墙等主要结构的工业建筑和高层建筑中得到广泛的应用，并取得了良好的效果。

模板滑动方式有两种类型：一种是由液压穿心式千斤顶带动模板沿着爬杆向上滑升；另一种是由卷扬机或千斤顶——钢绞线牵引模板沿着导轨滑动。前者多用于高度较大的等截面或截面变化不大的钢筋混凝土建筑物，如闸墩、桥墩、井筒等。其混凝土浇筑方向，即模板滑动方向一般为由低向上垂直上升；后者多用于混凝土面板、斜井等部位。

滑动模板由模板结构和液压提升系统两部分组成。其工作原理以建筑物为基础，每隔一定距离埋设一根金属爬杆，将液压千斤顶套在每根爬杆上，通过螺栓把液压千斤顶底座与提升架的顶部连在一起，在提升架的立柱内侧装配围圈，并在围圈上悬挂模板。为了便于施工，在提升架立柱外侧连接操作平台和内外吊架。为使所有液压千斤顶能同步工作，用输油管路将它们与液压操作机相连。这样，随着模板底部混凝土的凝结硬化，液压操作机驱动所有液压千斤顶，就可带着提升架、围圈、模板、操作平台及内外吊架等沿着爬杆向上滑动。如此反复连续进行，一直爬升到建筑物顶部为止。建筑物越高，滑动模板的优越性越大。楼板滑模施工工艺的主要构造情况如图 2-17 所示。

这三种整体自升模板体系的整体作业平台、模板和提升架（爬架）、承力架、提升设备及控制系统等都基本类似，所不同的只有以下四点：

① 自升方式：分别为提升、爬升、滑升。

② 模面状态（模板与混凝土表面的相对状态）：提模和爬模为脱离；滑模为接触。

③ 板面斜度：滑模的板面安装形成一定的"下宽上窄"斜度，提模和爬模则不需要。

④ 提升设备：提模以升板机为主；滑模以液压千斤顶为主；而爬模则可根据爬升的构造和荷载情况选用合适的提升设备，包括液压千斤顶、电葫芦及其他液压或卷扬提升设备。

六、免拆模板工艺

免拆模板指在施工中不用拆除模板。免拆模板不仅可以作为底模为混凝土成型提供光滑平整的底面，而且可以作为结构的配筋或者配筋的一部分，具有方便施工和缩短工期等显著优点。免拆模板有免拆模板网和预制混凝土薄板两种。

1. 免拆模板网

免拆模板网也称为快易收口网，采用热浸镀锌钢板制成，其网眼和 U 形断面是采

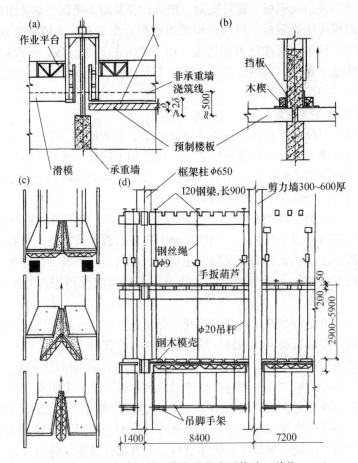

图 2-17　滑模中楼板施工作业法的主要构造（单位：cm）
（a）并进工艺中预制楼板的安装；（b）空滑的墙体段补模背楔；
c）跟进工艺中采用铰接模板的支模、折叠及吊至上层的情形；（d）降模工艺中的吊挂装置

用自动化机器切割而制成，板面整体完全无接点，抗张力特别强。免拆模板网在保证工程质量和结构安全、降低施工成本等方面起着良好的作用，适用于结构复杂、空间狭小、钢筋密集等模板不易成型和拆除的部位，其特点是自成毛面可免拆除，但其抗弯强度低，必须依靠其他构件形成密集支承方能受力。

免拆模板网在欧美等国家已被大量应用在大型建筑和土木工程中，如隧道、桥梁、筏板、地下铁道、挡土墙、核能电厂、海洋工程以及不规则或曲面造型等重大工程。

2. 预制混凝土薄板

根据叠合楼板的构造，预应力混凝土薄板分为无结合筋和有结合筋两种。薄板的厚度依叠合板的轴线跨度和混凝土保护层应满足防火厚度的要求而定，宽度一般为 1.2～2.0m，在运输和吊装条件许可时，宜尽量做大些以减少板缝。预应力筋可采用冷拔低碳钢丝和刻痕碳素钢丝，薄板混凝土的强度等级依采用何种预应力钢丝而定。混凝土薄板免拆模板的基本构造和做法如图 2-18 所示。

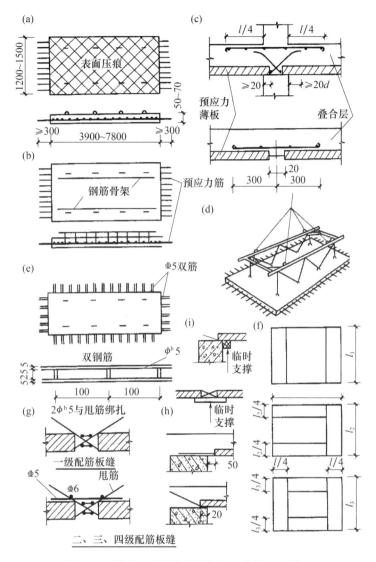

图 2-18　混凝土薄板免拆模板的基本构造和做法

（a）无结合筋预应力混凝土薄板；（b）有结合筋预应力混凝土薄板；
（c）预应力薄板之间的连接构造；（d）框式吊装薄板；（e）双钢筋混凝土薄板和双钢筋构造；
（f）三拼、四拼、五拼双钢筋薄板形成的双向板；（g）双钢筋薄板板缝加筋构造；
（h）双钢筋薄板的搁置长度；（i）双钢筋薄板端部和拼缝设置支撑示意

七、清水混凝土模板工艺

清水混凝土属于一次浇筑成型、不做任何外装饰、直接采用现浇混凝土的自然表面效果作为饰面，表面平整光滑、色泽均匀、棱角分明、无碰损和污染，只是在表面涂一层或两层透明的保护剂，显得十分天然、庄重。

清水混凝土墙面最终的装饰效果，60％取决于混凝土浇筑的质量，40％取决于后期的透明保护喷涂施工。清水混凝土对建筑施工水平是一种极大的挑战。清水混凝土施工在模板选用、设计、制作时，应考虑模板的选材问题。不仅要考虑模板在拼装和拆除方面的方便性、支撑结构的牢固性和简便性以及模板的强度、刚度、稳定性、整体拼装后的平整度，而且还要考虑混凝土的浇筑速度、建筑物的结构形式、模板重复使用次数、模板拼接方式、脱模剂使用等因素。对于清水混凝土的施工模板，绝不可选用易造成混凝土表面染色，或影响混凝土凝结硬化的均匀性而使颜色不一，或拆板时木质纤维容易粘在混凝土表面上的模板。

模板设计、选型的合理与否，直接影响清水混凝土的质量。为实现清水混凝土的目标，在模板方案设计时，既要严格针对不同部位的结构特点，设计不同类型模板，又要针对典型结构充分考虑模板的通用性和互换性，尽可能选用通用模板进行组合安装，减少模板数量和资金的投入。考虑到清水混凝土的各方面因素，清水混凝土模板的主要选择有：维萨建筑模板（WISA模板）、清水模板、定型钢模板、高强度双面覆膜胶合板等。

第五节　模板工艺的经济性

混凝土结构的模板费用，可能大于混凝土或钢筋的费用；在某些情况下，还可能大于混凝土和钢筋费用总和。因此，必须寻求一切实用的方法，以减少模板费用。模板工艺的经济性应当从结构设计就开始考虑，并贯穿于模板选材、设计、安装、拆除、保管及重复使用等环节。

一、模板工艺的经济性

模板工艺中所用的材料，有标准尺寸可供选用，如果在选择各种结构构件尺寸时能够采用材料的标准尺寸而无须重新加工，则会降低模板费用。

在设计时，应当考虑下列降低模板工艺费用的方法：

① 在结构设计时，要考虑模板材料及模板制作、安装、拆除方法。设计人员能轻而易举地绘出复杂的表面、结构构件的连接及其他详图，但对模板工艺的制作、安装、拆除可能是浪费的。

② 柱子从基础到屋顶采用同一尺寸，如果这点做不到的话，则柱子应尽量在几个楼层上保留同一尺寸。这可使梁模板和柱模板重复使用而无须变动。

③ 整个建筑物内柱子的间距在可能的情况下保持一致，如果不能，则使柱子在各楼层保持同一位置可以降低模板费用。

④ 为了减少或消除将大梁模板重新加工并装进柱模板的情况，应保证柱子与柱支撑的大梁取同一宽度。

⑤ 每个楼层上的梁取同一高度，选择梁高时要使梁的侧模板能采用标准尺寸的木材或胶合板而无须锯开。

混凝土结构设计首先要满足使用要求，其次才应考虑模板工艺的经济性。但是，对于这类结构，为了取得经济效果，稍微修改设计而无损于结构用途也是可行的。

二、制作、安装及拆除模板时的经济性

模板费用包括下列三项：材料费、人工费、制作和搬运模板所需的设备使用费。减

少上述项目总费用的任何措施，都会降低成本。由于购买商品混凝土，混凝土费用一般不变，即使有节约，数额也很小，而模板工艺却能够影响实际的经济效果。因为模板往往包含复杂的受力情况，模板应当按工程结构所要求的设计方法进行设计。如果模板设计得过于保守，则会造成不必要的浪费；反过来，如果模板设计得不足，则可能造成模板施工的重大事故，也会造成很大的浪费。

使模板工艺达到经济的方法如下：

① 以最少的材料用量满足所需的强度。

② 应考虑拆模次序和方法。

③ 如果使用木模板，考虑采用能满足强度和刚度要求的最低等级木材；当木材与混凝土接触时，其表面状况也应满足要求。

④ 只要有可能，优先采用预拼板。

⑤ 采用最大的预制拼板，但以在工地上能用人工或设备搬动为限。

⑥ 采用胶合板代替模板作为侧板和面板，这种大尺寸的板装拆快，重复使用率高。

⑦ 制作、安装及拆除模板时最大限度地推广标准化方法。

⑧ 当模板和其他部件例如基础、柱、墙及楼板模板用的部件要多次重复使用时，为了便于辨认，可在其上作出明显的标记或编号。

⑨ 使用木模板和胶合板时，采用能满足强度和刚度要求的最细和最少的钉子。例如，楼板模板或墙侧板采用胶合板时，需用的钉子比采用木板时少。

⑩ 采用双头钉作为临时连接，以方便拆模时拔掉。

⑪ 模板拼接如需清理、上油，可在重复使用的间隙进行。模板要小心存放，以防变形或损伤。

⑫ 如果木材的外伸部分不造成妨碍的话，可将长度大的、未经锯割的木材用于墙、纵梁及其他部位。例如，墙模板的衬档超过侧板通常是可以的。

⑬ 当模板需要重复使用时，为了使重复使用次数最多，只要模板有可能安全地拆除，就立即进行拆模。

⑭ 对制作和安装模板所需的时间和动作进行研究，可能会找出增加生产率和减少费用的方法。

三、模板工艺的经济性与结构总经济之间的关系

有些工程的施工说明中要求混凝土表面光滑，对于这些工程如果采用木模时可采用模板内衬（如薄胶合板、热处理硬质纤维板），可以得到良好的经济效果。虽然这会增加模板费用，但可减少或免除表面的修饰费用，在浇筑混凝土之间用一些油灰或其他适当的混合物嵌缝，可以减少或消除在内衬接头处的混凝土表面上有时出现的细棱。

四、施工安排与模板工艺经济性的关系

在进行建筑物施工安排前应当进行模板工艺的设计，包括：模板装置的结构和构造设计，模板装置的设置和装拆设计，模板装置的使用和周转设计。周密安排建筑物施工作业进度和模板供应计划，能保证模板工艺的经济效果最好，也能使人工效率最高，两

者都会减少模板工艺费用。对于相同的结构构件，一旦养护时间已满足拆模要求，其模板就应迅速地拆除并转移。

复习思考题

1. 常见模板材料有哪几种？它们的优缺点各是什么。

2. 试述组合钢模及大模板的特点。

3. 试述模板拆除时间的确定及拆模顺序。

4. 高层建筑物施工中的整体自升模板体系有哪几种？它们在哪些方面存在不同？

第三章　混凝土的钢筋工艺

钢筋与混凝土配合使用，即制成钢筋混凝土。混凝土尽管有很高的抗压性能，但是它的抗拉能力却很差；钢筋的抗拉强度虽高，但抗压能力却很低。为了合理利用混凝土的高抗压性能，同时节约用钢量，将钢筋和混凝土配合起来，使混凝土在构件中主要承受压力，而钢筋主要承受拉力，两者搭配起来使用是比较理想的。此外，钢筋与混凝土的线膨胀系数相近（钢筋为 $1.2 \times 10^{-6} \mathrm{K}^{-1}$，混凝土为 $1.0 \sim 1.4 \times 10^{-6} \mathrm{K}^{-1}$），不会因温度变化引起胀缩不均而破坏两者之间的黏结。

钢筋的质量、品种、大小、数量、位置等配置是否恰当，关系着整个工程的成败。钢筋混凝土中钢筋工艺主要包括钢筋冷加工工艺、钢筋连接工艺、钢筋张拉工艺等。其中钢筋冷加工工艺的任务是生产自用钢筋半成品，有的还生产钢筋制品，主要包括钢筋的冷拉和冷拔；钢筋连接是指在保证钢筋受力的连续性和力的可靠传递前提下钢筋的连接方式，主要包括绑扎连接、焊接及机械连接；预应力混凝土钢筋张拉工艺是通过对钢筋施加预应力，可改善混凝土构件在正常使用条件下的工作性能和提高强度，主要包括机械张拉（先张法、后张法）和电热张拉等工艺方法。

第一节　钢筋冷加工工艺

钢材的冷、热加工是以再结晶温度为分界，可分为冷加工和热加工两大类。在再结晶温度以下的加工称为冷加工，再结晶温度是使冷变形金属在规定时间内发生规定程度再结晶的最低温度。通常钢筋的冷加工是在低于再结晶温度的常温下进行的，如冷拉、冷拔、冷轧、冷扭、刻痕等。冷加工后的钢筋，由于塑性变形致使强度和硬度相应提高，而塑性和韧性下降，即发生了冷加工强化。

为了提高钢筋的强度和节约钢筋，预制构件厂和工程中常采用冷拉、冷拔及冷轧等方法对钢筋进行冷加工处理。

一、钢筋冷加工原理

1. 钢筋冷加工对晶体组织的影响

以钢筋冷拉为例，若将钢筋先拉至超过屈服强度（如图 3-1 中的 K 点），然后卸掉载荷，应力-应变曲线沿 KO' 回到 O' 点，则产生塑性变形（或残余变形）OO'。再立即拉伸时，应力-应变曲线则沿着 $O'KDE$ 变化，其屈服点 K 高于冷拉前的屈服点（B 点），此即冷拉强化。将冷处理后的钢筋在常温下存放 $15 \sim 20d$ 或在一定温度（$100 \sim 200℃$）下存放很短时间，则其强度会得到进一步提高，这一现象称为时效，前者为自然时效，后者为人工时效，将此过程称为时效处理。若卸掉荷载后经过时效处理后再张拉时，则曲线沿 $O'K'D'E'$ 上升，屈服点提高到 K' 点。钢筋获得新的屈服强度，弹性极限也相应提高，屈服阶段较前缩短，伸长率减小，塑性降低，即为时效现象。时效产生的原因是钢筋内部存在残余应力，晶格产生滑移，而畸变的晶面又不稳定，钢筋强度随晶面滑移的稳定而提高。

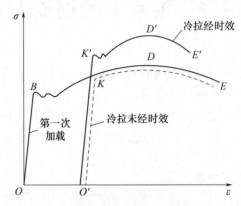

图 3-1 钢筋的冷加工原理（冷拉）

钢筋经冷加工处理后力学性能的变化可解释如下：

钢筋宏观力学性能与其晶体结构有密切关系。钢筋在外力作用下，晶格易沿原子密集面产生相对滑移，尤其是 α-铁晶格中导致滑移的面是较多的，这是钢筋塑性变形能力较大的原因。但晶格中存在许多缺陷，如点缺陷的"空位"和"间隙原子"，线缺陷的"刃型位错"和晶粒间的面缺陷"晶界面"（图 3-2）等。这些缺陷的存在使晶格在受力滑移时，不是整个滑移面上全部原子一起移动，而是缺陷处局部移动（图 3-3 所示的位错移动），这是钢筋实际强度远比理论强度低的原因。另一方面，缺陷造成晶格畸变，对滑移起阻碍的作用，故晶格在滑移以后，由于缺陷增多使继续滑移较为困难，因而提高了强度，但塑性和韧性则降低。

此外，嵌溶于 α-铁晶格中的氮原子有向晶格缺陷处移动、集中甚至呈氮化物析出的倾向。当钢筋在使用中受到反复振动，或在冷加工变形后，使氮原子的移动和集中加快，造成缺陷处氮原子富集，使晶格畸变加剧，因而强度提高，塑性和韧性降低，这也是时效现象产生的主要原因之一。

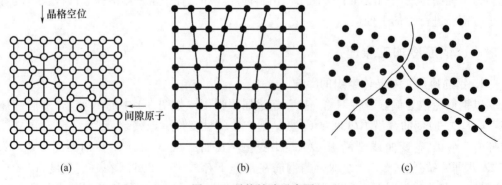

图 3-2 晶格缺陷示意图

（a）点缺陷空位和间隙原子；（b）线缺陷刃型位错；（c）面缺陷晶界面

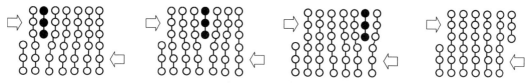

图 3-3　晶体的位错移动及滑移现象

2. 加热对冷加工钢筋组织和性能的影响

钢筋经过冷加工后，因其内部晶粒破碎，晶格扭曲，并吸收了一部分变形能，使内部能量增加，所以其内部组织处于一种不稳定状态。凡是经过塑性变形后的钢筋，均有恢复到变形前组织状态的倾向。在室温下，由于钢的原子扩散能力不足，这种不稳定状态能维持相当长时间而不发生明显的变化；但加热可增强原子扩散能力，故使冷加工后的金属发生下列的组织和性能变化。

（1）回复

当温度不高时（一般在 400℃ 以下），原子扩散能力比较低，不能引起显微组织的变化，但晶格的畸变大大减小，从而使内应力明显下降。同时，钢筋的某些性能有一定程度的恢复，例如强度、硬度略有下降，塑性略有提高。所以，常利用回复现象将冷加工钢筋在较低温度下加热，进行"消除应力退火"处理。

（2）再结晶

当温度继续升高时，由于原子活动能力增加，钢筋的显微组织发生明显变化，由破碎、拉长或压扁的晶粒变为均匀细小的等轴晶粒，这一变化也是形核及长大过程。冷加工金属在加热过程中出现形核及长大并重新改组为新晶粒的过程称为"再结晶"。再结晶后，钢筋的强度和硬度显著下降，塑性明显提高，所有机械及物理性能均恢复到变形前的数值。

经多次冷加工的钢筋需要通过中间退火处理，以消除加工硬化后形状组织上的变化。如果在再结晶退火时加热温度过高或加热时间过长，则再结晶后的晶粒继续长大，此时不仅其强度下降，而且塑性和韧性也降低，应予以避免。

二、冷拉工艺

1. 冷拉控制

钢筋冷拉控制可用控制应力或控制冷拉率两种方法。控制应力时，其控制值见表 3-1。冷拉后检查钢筋冷拉率，如果超过表 3-1 规定的数值时，则应进行力学性能测试。冷拉钢筋作预应力筋时，则宜采用控制应力的方法。

表 3-1　钢筋冷拉控制应力和最大冷拉率

钢筋级别		冷拉控制应力（MPa）	最大冷拉率（%）
HPB300 级（$d \leqslant 12$mm）		280	10.0
HRB335 级	（$d \leqslant 25$mm）	450	5.5
	d 为 28～40mm	430	
HRB400 级（d 为 8～40mm）		500	5.0
HRB500 级（d 为 10～28mm）		700	4.0

控制冷拉率时，冷拉率控制值必须由试验确定。如钢筋强度偏高，平均冷拉率低于1‰时，仍按1‰进行冷拉。考虑到按平均冷拉率冷拉后的抗拉强度标准偏差，应按控制应力增加30MPa，测定冷拉率时钢筋的冷拉应力应符合表3-2的规定。

表3-2　测定冷拉率时钢筋的冷拉应力

钢筋级别		冷拉应力（MPa）
HPB300 级（$d \leqslant 12$mm）		310
HRB335 级	（$d \leqslant 25$mm）	480
	d 为 28～40mm	460
HRB400 级（d 为 8～40mm）		530
HRB500 级（d 为 10～28mm）		730

不同炉批的钢筋，不宜用控制冷拉率的方法进行冷拉。多根连接的钢筋，用控制应力的方法进行冷拉时，其控制应力和每根的冷拉率均应符合表3-1的规定；当采用控制冷拉率方法进行冷拉时，实际冷拉率按总长计，但多根钢筋中每根钢筋冷拉率不得超过表3-1的规定。

2. 冷拉设备

钢筋冷拉设备有两种：一种是采用卷扬机带动滑轮组作为冷拉动力的机械式冷拉工艺，如图3-4所示；另一种是采用长行程（1500mm以上）的专用液压千斤顶和高压油泵的液压冷拉工艺。

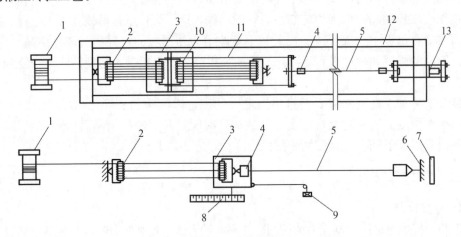

图 3-4　冷拉设备

1—卷扬机；2—滑轮组；3—冷拉小车；4—夹具；
5—被冷拉的钢筋；6—地锚；7—防护壁；8—标尺；9—回程荷重架；
10—回程滑轮组；11—传力架；12—冷拉槽；13—液压千斤顶

机械式冷拉工艺的冷拉设备，主要由拉力设备、承力结构、回程装置、测量设备及钢筋夹具等组成。拉力设备为卷扬机和滑轮组，多采用30～50kN的慢速卷扬机，通过滑轮组增加牵引力。设备的冷拉能力要大于所需的最大拉力，所需的最大拉力等于进行冷拉的最大直径钢筋截面积乘以冷拉控制应力，同时还要考虑滑轮与地面的摩擦阻力和回程装置的阻力。设备的冷拉能力按式（3-1）计算：

$$Q = \frac{S}{K'} - F \tag{3-1}$$

式中 K' 的计算，如式（3-2）所示：

$$K' = \frac{f^{n-1}(f-1)}{f^n - 1} \tag{3-2}$$

式中 Q——设备冷拉能力，kN；

  S——卷扬机拉力，kN；

  F——设备阻力，包括冷拉小车与地面的摩擦力和回程装置的阻力等，可实测确定，kN；

  K'——滑轮组的省力系数，见表3-3；

  f——单个滑轮的阻力系数，如对青铜轴承的滑轮，$f = 1.04$；

  n——滑轮组的工作线数。

表3-3 滑轮组省力系数 K'

滑轮门数	3		4		5	
工作线数 n	6	7	8	9	10	11
省力系数 K'	0.184	0.160	0.142	0.129	0.119	0.110
滑轮门数	6		7		8	
工作线数 n	12	13	14	15	16	17
省力系数 K'	0.103	0.096	0.091	0.087	0.082	0.080

承力结构可采用地锚，冷拉力大时宜采用钢筋混凝土冷拉槽，回程装置可用荷重架回程或卷扬机滑轮组回程。测力设备常用液压千斤顶或用装有传感器和示力仪的电子秤。电子秤或液压千斤顶设备在张拉端定滑轮组，如图3-5所示。

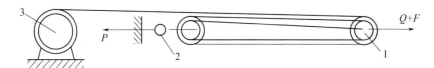

图 3-5 设备能力计算简图

1—滑轮组；2—电子秤传感器；3—卷扬机；

3. 钢筋冷拉工艺过程及注意事项

① 钢筋冷拉前，应对测力器和各项冷拉数据进行检验和复核，以确保冷拉钢筋质量。

② 钢筋冷拉速度不宜过快，待拉到规定控制应力或冷拉率后，须静停2~3min，然后再放松，以免造成钢筋回缩值过大。

③ 钢筋应先拉直（约为冷拉应力的10%），然后量其长度，再行冷拉。

④ 预应力钢筋如需焊接，则应先对焊后冷拉，以免因焊接而降低冷拉后的强度。如焊接接头被拉断，可重新焊接后再冷拉，但一般不超过2次。

⑤ 钢筋在负温下进行冷拉时，其环境温度不得低于−20℃。当采用冷拉率控制法进行钢筋冷拉时，冷拉率的确定与常温条件相同，当采用应力控制法进行钢筋冷拉时，冷拉应力应较常温提高30MPa。

⑥ 冷拉线两端必须装置防护设施。冷拉时严禁在冷拉线两端站人，或跨越、触动正在冷拉的钢筋。

⑦ 钢筋冷拉后，宜进行时效处理后再使用。

三、冷拔工艺

冷拔是使直径为 6~10mm 的光圆钢筋强力通过钨合金的拔丝模进行强力冷拔。钢筋通过拔丝模时，受到拉伸-压缩兼有的作用（图 3-6），使钢筋内部晶格变形而产生塑性变形，因而抗拉强度可提高 50%~70%，而塑性降低，呈现硬钢性质。光圆钢筋经冷拔后称为"冷拔低碳钢丝"。

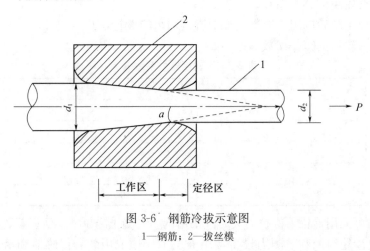

图 3-6 钢筋冷拔示意图

1—钢筋；2—拔丝模

钢筋冷拔的工艺过程是：轧头→剥壳→通过润滑剂进入拔丝模。如钢筋需连接则应冷拔前用对焊连接。

钢筋表面常有一硬渣层，易损坏拔丝模，并使钢筋表面产生沟纹，因而冷拔前要剥除渣壳，方法是使钢筋通过 3~6 个上下排列的辊子以剥除渣壳。润滑剂常用石灰、动植物油、肥皂、白蜡及水按一定配比制成。

钢筋冷拔所用的拔丝机有立式（图 3-7）和卧式两种。立式拔丝机的鼓筒直径一般为 500mm，冷拔速度为 0.2~0.3m/s，如速度过大则易导致钢筋断裂。

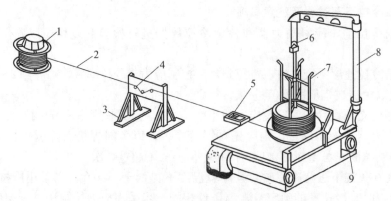

图 3-7 立式单鼓筒冷拔机

1—盘圆架；2—钢筋；3—剥壳装置；4—槽轮；5—拔丝模；6—滑轮；7—绕丝筒；8—支架；9—电动机

影响冷拔低碳钢丝质量的主要因素是原材料的质量和冷拔总压缩率。总压缩率越大，则抗拉强度提高越多，但塑性降低幅度也越大。总压缩率不宜过大，直径 5mm 的冷拔低碳钢丝宜用 8mm 的光圆钢筋拔制；直径 4mm 和 4mm 以下者，宜采用 6mm 光圆钢筋拔制。

冷拔低碳钢丝有时是经过多次冷拔而成，不一定是一次冷拔就达到总压缩率。每次冷拔的压缩率不宜过大，否则拔丝机的功率要大，拔丝模容易损坏，且钢丝容易断裂。一般后道钢丝和前道的直径之比以 1∶1.5 为宜。如由直径为 8mm 拔成 5mm，拔丝过程可为 $\phi 8 \rightarrow \phi 7 \rightarrow \phi 6.3 \rightarrow \phi 5.7 \rightarrow \phi 5$。拔丝次数亦不应过多，否则易使钢丝变脆。

冷拔总压缩率可按式（3-3）计算：

$$\beta = \frac{d_0^2 - d^2}{d_0^2} \times 100\% \tag{3-3}$$

式中　β——钢筋总压缩率；

　　　d_0——原材料钢筋直径，mm；

　　　d——成品钢丝直径，mm。

第二节　钢筋连接工艺

常用的钢筋连接工艺包括绑扎连接、焊接连接及机械连接。其中绑扎连接仅起连接和固定钢筋位置的作用，当钢筋较粗时，需要增加接头钢筋长度，且绑扎接头的刚度不如焊接接头和机械连接接头，所以在本书中仅介绍焊接连接和机械连接两种工艺。

一、钢筋焊接的种类与质量检验

采用焊接代替绑扎连接，可节约钢材，改善结构受力性能，提高工效，降低成本。钢筋常用的焊接工艺有：闪光对焊、电弧焊、电渣压力焊及电阻点焊等，此外还有预埋件钢筋和钢板的埋弧压力焊及钢筋气压焊等。

钢筋的焊接效果与钢材的可焊性有关。在相同的焊接工艺条件下，能获得良好焊接质量的钢材，称之为在这种工艺条件下的可焊性好，相反则称为在这种工艺条件下可焊性差，钢筋的可焊性与其含碳量和合金元素的含量有关。含碳量增加则可焊性降低，含锰量增加也会影响其焊接性能，而含适量的钛则可改善焊接性能。

钢筋的焊接性能还与焊接工艺有关，即使较难焊接的钢材，若能采用适宜的焊接工艺，也可获得良好的焊接质量。因此改善焊接工艺是提高焊接质量的有效措施之一。

1. 闪光对焊

闪光对焊被广泛应用于钢筋接长及预应力钢筋与螺丝端杆的焊接。热轧钢筋的接长宜优先采用闪光对焊，如不可能采用闪光对焊时才采用电弧焊。钢筋闪光对焊的原理如图 3-8 所示，是利用对焊机使两段钢筋接触，通过低电压的强电流，使钢筋加热到一定温度变软后，进行轴向加压顶锻，形成对焊接头。钢筋闪光对焊工艺可分为：连续闪光焊、预热闪光焊、闪光-预热-闪光焊三种。

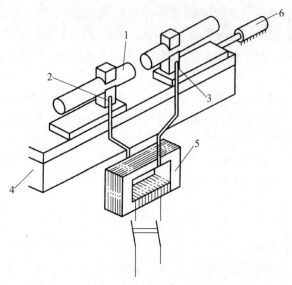

图 3-8　钢筋闪光对焊原理

1—焊接的钢筋；2—固定电极；3—可动电极；4—机座；5—变压器；6—手动顶压机构

（1）连续闪光焊

连续闪光焊焊接工艺过程如图 3-9（a）所示。钢筋夹紧在电机钳口上后，闭合电源，使两根钢筋面轻微接触。由于钢筋端部不平，开始只有一点或数点接触，接触面小而电流密度和接触电阻很大，接触点很快熔化并产生金属飞溅，形成闪光现象。闪光开始后徐徐移动钢筋，使之形成连续闪光过程，同时接头也被加热。待接头烧平，闪去杂质和钢筋表面的氧化膜，经白热熔化后，随即施加轴向压力进行顶锻，再进行无电顶锻，使两根钢筋焊接牢固。连续闪光焊宜焊接直径 22mm 以内的 HPB300、HRB335、HRB400 级钢筋和直径 16mm 以内的 HRB500 级钢筋。

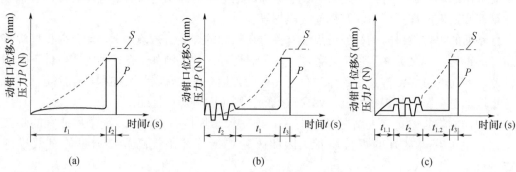

图 3-9　钢筋闪光对焊工艺过程

t_1—闪光时间；$t_{1.1}$—一次闪光时间；$t_{1.2}$—二次闪光时间；t_2—预热时间；t_3—顶锻时间

（2）预热闪光焊

预热闪光焊是在连续闪光焊前增加一次预热过程，以扩大焊接热影响区，其工艺过程包括：预热、闪光及顶锻过程，如图 3-9（b）所示。施焊时先闭合电源，然后使两钢筋端面交替地接触和分开，这时钢筋端面的间隙中即发出连续的闪光，从而形成预热过程。当钢筋达到预热温度后进入闪光阶段，随后顶锻而成。预热闪光焊宜焊接直径大于25mm且端面较平整的钢筋。

（3）闪光-预热-闪光焊

闪光-预热-闪光焊是在预热闪光焊前再增加一次闪光过程，如图3-9（c）所示。目的是使不平整的钢筋端面熔化变得平整，并使预热均匀。该工艺适宜焊接直径大于25mm且端面不平整的钢筋。

钢筋进行闪光焊后，除对接头进行外观检查外，还应按照国家现行标准《钢筋焊接及验收规程》（JGJ 18—2012）进行验收。

2. 电弧焊

电弧焊是利用弧焊机与焊件之间发生高温电弧，使焊条和电弧燃烧范围内的焊件熔化，待其凝固后便形成焊缝或接头。电弧焊被广泛用于钢筋焊接、钢筋骨架焊接、装配式结构接头的焊接、钢筋与钢板的焊接及各种钢结构焊接等。

钢筋电弧焊的形式如图3-10所示，其类型有搭接焊接头（双面焊缝和单面焊缝）、帮条焊接头（双面焊缝和单面焊缝）、坡口焊接头（立焊和平焊）等。

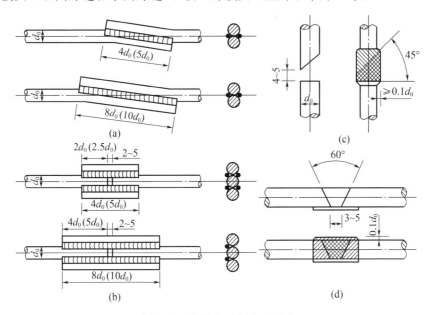

图 3-10　钢筋电弧焊接头形式

（a）搭接焊接头（双面、单面）；（b）帮条焊接头（双面、单面）；

（c）坡口焊接头（平焊）；（d）坡口焊接头（立焊）

电弧焊机有直流与交流之分，常见的为交流电弧焊机。焊条的种类很多，钢筋焊接应根据钢材等级和焊接接头形式选择焊条。焊条表面涂有药皮，它可保证电弧稳定，使焊缝避免氧化，并产生熔渣覆盖焊缝以减缓冷却速度。焊接电流和焊条直径应根据钢筋级别、直径、接头形式及焊接位置进行选择。

3. 电渣压力焊

电渣压力焊在建筑施工中多用于现浇混凝土结构构件内竖向或斜向（倾斜度在4∶1

范围内）钢筋的焊接接长，有自动与手工电渣压力焊之分。与电弧焊比较，该焊接工艺工效高、成本低。

如图 3-11 所示，焊接时先将钢筋端部约 120mm 范围内的锈迹除尽，将夹具夹牢在下部钢筋上，并将上部钢筋扶直夹牢于活动电极中，自动电渣压力焊还在上下钢筋间放引弧用的钢丝圈等。再装上焊剂盒（直径 90～100mm）并装满焊剂，接通电路，用手柄使电弧引燃（引弧）。然后稳定一段时间，使之形成渣池并使钢筋熔化（稳弧），随着钢筋的熔化，手柄使上部钢筋缓缓下送。当稳弧达到规定时间后，在断电的同时用手进行加压顶锻，以排除夹渣和气泡，形成接头。待冷却一定时间后，即拆除药盒，回收焊药，拆除夹具和清除焊渣。引弧、稳弧、顶锻三个过程连续进行，时间约为 1min。

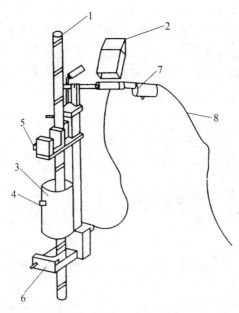

图 3-11　电渣压力焊示意图

1—钢筋；2—监控仪表；3—焊剂盒；4—焊剂盒扣环；
5—活动夹具；6—固定夹具；7—手柄；8—控制电缆

4. 电阻点焊

电阻点焊主要用于钢筋交叉连接，如用来焊接钢筋网片、钢筋骨架等。其生产效率高，节约材料，应用广泛。

电阻点焊的工作原理是：当钢筋交叉点焊时，接触点处的接触电阻较大，在接触的瞬间，电流产生的全部热量都集中在一点上，因而使钢筋受热而熔化，同时在电极加压下使焊点钢筋得到熔合。点焊机的工作原理如图 3-12 所示。

常用的点焊机有单点点焊机、多点点焊机（一次可焊数点，用于焊接宽大的钢筋网片）、悬挂式点焊机（可焊钢筋骨架或钢筋网片）、手提式点焊机（用于施工现场）。

电阻点焊的主要焊接参数为电流强度、通电时间、电极压力及焊点压入深度等，应根据钢筋级别、直径及焊机性能合理选择。

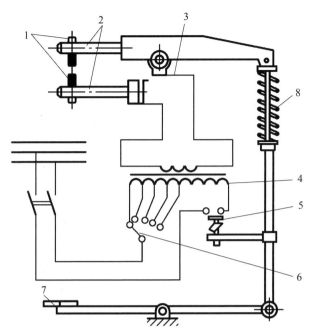

图 3-12　点焊机工作原理图

1—电极；2—电极臂；3—变压器的次级线圈；4—变压器的初级线圈；

5—断路器；6—变压器的调节开关；7—踏板；8—压紧机构

5. 气压焊

钢筋气压焊是以乙炔和氧气燃烧的高温火焰加热钢筋的结合端部，不待钢筋熔融使其在塑性状态下加压结合。钢筋气压焊设备轻巧，操作比较简便，施工效率高，耗费材料少，价格便宜。焊接后的接头可以达到与母材相同的强度。适合于 HPB300 和HRB335 级热轧钢筋，直径相差不大于 7mm 的不同直径钢筋及各种方向布置钢筋的现场焊接。气压焊的设备包括供汽装置、加热器、加压器及压接器等，如图 3-13 所示。

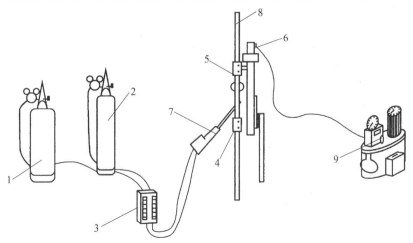

图 3-13　气压焊装置示意图

1—乙炔；2—氧气；3—流量计；4—固定卡具；5—活动卡具；

6—压接器；7—加热器和焊枪；8—被焊钢筋；9—加压油泵

气压焊用气是氧气和乙炔的混合气体，氧气的纯度在99.5％以上，乙炔气体纯度在98％以上。氧气的工作压力为0.6～0.7MPa，乙炔的工作压力为0.05～0.1MPa，氧气和乙炔分别储存在氧气瓶和乙炔瓶内。

6. 焊接接头质量检验

钢筋焊接接头质量检验应按现行行业标准《钢筋焊接及验收规程》（JGJ 18—2012）、《钢筋焊接接头试验方法标准》（JGJ/T 27—2014）的有关规定抽取钢筋焊接接头试件作拉伸试验和弯曲试验的检验。

（1）拉伸试验

钢筋闪光对焊、电弧焊、电渣压力焊、气压焊等接头的拉伸试验，应从每一检验批接头中随机切取3个接头进行试验，并应按下列规定对试验结果进行评定：

① 符合下列条件之一，应评定该检验批接头拉伸试验合格：a.3个试件均断于钢筋母材，呈延性断裂，其抗拉强度大于或等于钢筋母材抗拉强度标准值；b.2个试件断于钢筋母材，呈延性断裂，其抗拉强度大于或等于钢筋母材抗拉强度标准值；另一试件断于焊缝，呈脆性断裂，其抗拉强度大于或等于钢筋母材抗拉强度标准值的1.0倍。

② 符合下列条件之一，应进行复检：a.2个试件断于母材，呈延性断裂，其抗拉强度大于或等于钢筋母材抗拉强度标准值；另1试件断于焊缝，或热影响区，呈脆性断裂，其抗拉强度小于钢筋母材抗拉强度标准值的1.0倍；b.1个试件断于母材，呈延性断裂，其抗拉强度大于或等于钢筋母材抗拉强度标准值；另2个试件断于焊缝或热影响区，呈脆性断裂。

③ 3个试件均断于焊缝，呈脆性断裂，其抗拉强度均大于或等于钢筋母材抗拉强度标准值的1.0倍，应进行复验。当3个试件中有1个试件抗拉强度小于钢筋母材抗拉强度标准值的1.0倍，应评定该批接头拉伸试验不合格。

④ 复验时，应切取6个试件进行试验。试验结果，若有4个或4个以上试件断于钢筋母材，呈延性断裂，其抗拉强度大于或等于钢筋母材抗拉强度标准值，另2个或2个以下试件断于焊缝，呈脆性断裂，其抗拉强度大于或等于钢筋母材抗拉强度标准值的1.0倍，应评定该检验批接头拉伸试验复验合格。

（2）弯曲试验

钢筋闪光对焊、气压焊等接头进行弯曲试验时，应从每个检验批接头中随机切取3个接头，焊缝应处于弯曲中心点，弯心直径和弯曲角度应符合表3-4的规定。

表3-4　接头弯曲试验指标

钢筋牌号	弯心直径	弯曲角度（°）
HPB300	2d	90
HRB400、HRBF400、RRB400W	5d	90
HRB500、HRBF500	7d	90

注：1. d为钢筋直径（mm）；

　　2. 直径大于25mm的钢筋焊接接头，弯心直径应增加1倍钢筋直径。

弯曲试验结果应按下列规定进行评定：

① 当试验结果，弯曲至90°，有2个或3个试件在外侧（含焊缝和热影响区）未发生宽度达到0.5mm的裂纹，应评定该检验批接头弯曲试验合格。

② 当有 2 个试件发生宽度达到 0.5mm 的裂纹时，应进行复验。

③ 当有 3 个试件发生宽度达到 0.5mm 的裂纹时，应评定该检验批接头弯曲试验不合格。

④ 复验时，应切取 6 个试件进行试验，当不超过 2 个试件发生宽度达到 0.5mm 的裂纹时，应评定该检验批接头弯曲试验复验合格。

二、钢筋机械连接种类与工艺

目前钢筋机械连接方式主要有套筒挤压连接法、锥螺纹套筒连接法、镦粗直螺纹套筒连接及滚轧直螺纹套筒连接法等。

1. 套筒挤压连接法

钢筋套筒挤压连接法是采用挤压机压模，沿钢筋轴线冷挤压专用金属套筒，把插入套筒里的 2 根热轧带肋钢筋用加压机在侧向加压数道，套筒塑性变形后即与带肋钢筋紧密啮合，达到连接的目的，如图 3-14 所示。

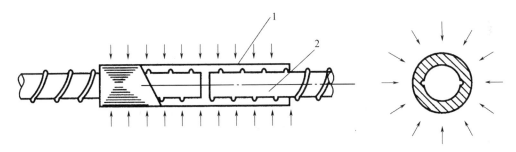

图 3-14　钢筋套筒挤压连接工艺示意图
1—钢套筒；2—被连接钢筋

套筒挤压连接的优点是强度高，质量稳定可靠；安全，无明火，不受天气影响；适应性强，可用于垂直、水平、倾斜、高空、水下等各方位的钢筋连接。还特别适用于不可焊接钢筋、进口钢筋的连接。挤压连接法的主要缺点是设备移动不便，连接速度较慢。

2. 锥螺纹套筒连接法

锥螺纹套筒连接法是用锥形螺纹套筒，将两根钢筋端头对接在一起，利用螺纹的机械啮合力传递拉力或压力，所用的设备主要是套丝机，通常安装在现场对钢筋端头进行套丝（图 3-15）。套完锥形丝扣的钢筋用塑料帽保护，防止搬运过程中受损。套筒一般在工厂内加工，连接钢筋时利用测力扳手拧紧套筒至规定力矩值即完成钢筋的对接。

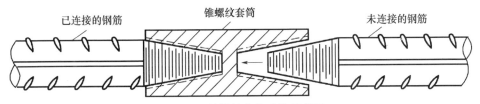

图 3-15　锥螺纹套筒连接示意图

锥螺纹连接现场操作工序简单，速度快，应用范围广，不受气候影响。但锥螺纹连接接头破坏都发生在接头处，现场加工的锥螺纹质量差，漏拧或拧紧力矩不准、丝扣松动等对接头强度和变形均造成较大影响。

3. 镦粗直螺纹套筒连接法

镦粗直螺纹套筒连接法分冷镦粗直螺纹连接和热镦粗直螺纹连接两种，其原理均是先把钢筋端部镦粗（图3-16），然后再加工成直螺纹，最后用套筒进行钢筋对接。

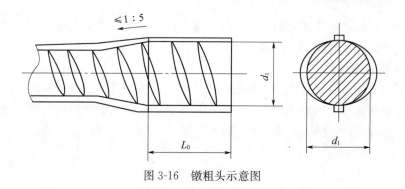

图 3-16　镦粗头示意图

由于镦粗段钢筋套丝后的净截面仍大于钢筋原截面，即螺纹不削弱钢筋截面，从而确保接头强度大于母材强度。直螺纹不存在扭紧力矩对接头性能的影响，从而提高了连接的可靠性，也加快了施工速度。直螺纹接头比套筒挤压接头节省 70％钢材，比锥螺纹接头节省 35％钢材。

4. 滚轧直螺纹套筒连接法

钢筋滚轧直螺纹套筒连接法是利用金属材料塑性变形后冷作硬化增强金属材料强度的特性，使接头与母材等强的连接方法。钢筋滚丝时相当于冷加工操作，可确保接头强度不低于母材强度，能充分发挥钢筋母材的强度和性能。连接示意图如图3-17所示。

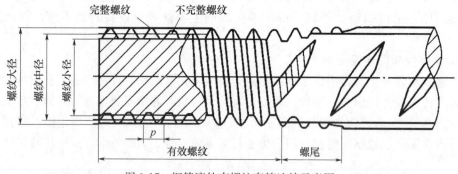

图 3-17　钢筋滚轧直螺纹套筒连接示意图

与镦粗直螺纹套筒连接相比，尽管接头处钢筋的截面积不似镦粗直螺纹钢筋大于钢筋截面积，但连接试件仍可达到拉伸时断于母材，且延性好。连接过程快速方便，适用性强。

第三节 预应力混凝土工艺

一、预应力混凝土的基本原理和特点

1. 预应力混凝土的基本原理

为了避免钢筋混凝土结构的裂缝过早出现，充分利用高强度钢筋及高强度混凝土，设法在混凝土结构或构件承受使用荷载前，通过施加外力，使得构件产生的拉应力减小。预加应力指在某种材料中造成一种应力状态或应变状态，使它能更好地完成预定的功能。最常用的方法是由预加应力在混凝土中造成压应力，以部分抵消或全部抵消结构使用过程中本会出现的拉应力。此外，还可以抵消动力作用（如打桩或机械振动）引起的拉应力或拉应变，抵消温度应力（如在压力容器中）、收缩、直接受拉（如在拉杆中）及受剪（斜向受拉）引起的拉应力或拉应变。

预加应力（预压）的方法通常是张拉位于结构内的预应力筋，然后将其锚定。预应力筋（力筋）的材料目前普遍采用高强度钢，但力筋不一定要位于混凝土之内，它们可以位于混凝土截面之处（如在斜拉桥中），也可位于梯形箱梁的箱形空室之内。

预加应力并不形成固定不变的应力状态及变形，应力和应变都是随时间变化的。混凝土和钢材，二者在持续应力作用下，都要出现塑性变形。温度升高，则上述变形将增大；温度降低，则塑性变形减小。

预应力混凝土的生产工艺方法，按开始张拉预应力钢筋的时间可分为先张法、后张法及自张法。在混凝土硬化之前张拉钢筋的称为先张法；在混凝土已硬化至一定强度之后再张拉钢筋的称为后张法；在硬化过程中张拉的称为自张法。按建立预应力的手段则可分为机械张拉法、电热张拉法及化学张拉法，前两种方法既可用于先张法，也可用于后张法，而化学张拉法则仅用于自张法。

2. 预应力混凝土的特点

现代预应力混凝土是用高强度钢材和中高强度等级的混凝土，用现代设计概念和方法，经先进的生产工艺制作的高效预应力混凝土。它具有下列突出的优点：

① 改善使用阶段的性能。受拉和受弯构件中采用预应力混凝土，可延缓混凝土裂缝的出现并降低较高荷载水平时的裂缝开展宽度；采用预应力混凝土，也能降低甚至消除使用荷载下混凝土的挠度，因此可建造大跨混凝土结构。

② 提高构件的受剪承载力。纵向预应力的施加可延缓混凝土构件中斜裂缝的形成，提高构件的受剪承载力。

③ 改善构件卸载后的弹性恢复能力。预应力构件上的荷载一旦卸去，预应力就会使混凝土裂缝在一定程度上闭合，改善构件的弹性恢复能力。

④ 提高耐疲劳强度。预应力的作用可降低钢筋的应力循环幅度。

⑤ 可充分利用高强度钢材。采用预应力混凝土技术，不仅可以控制结构使用性能，而且能充分利用钢材的高强度，大大节约钢材，减少构件截面尺寸和混凝土用量，减轻结构自重。同时，采用大跨度预应力混凝土结构可增加建筑使用面积，降低层高，提高结构的综合经济效益。

⑥ 可调整结构内力。将预应力筋对混凝土结构的作用作为平衡全部和部分外荷载的反向荷载，成为调整结构内力和变形的手段。

预应力混凝土由于结构使用性能好、开裂风险小、刚度大、耐久性好等优点，已被广泛应用于大跨度和大空间建筑、高层建筑、高耸结构、桥梁工程、地下结构、海洋结构、压力容器及跑道路面结构等领域。

二、预应力混凝土工艺对材料的要求

1. 对混凝土材料的要求

预应力混凝土结构要求采用中、高强度等级的混凝土，根据《混凝土结构设计规范（2015 年版）》（GB 50010—2010），预应力混凝土结构所用的混凝土，其强度等级不宜低于 C40，且不应低于 C30。

预应力混凝土强度等级的选择与结构构件的跨度、使用条件、施工方法及钢材种类等因素有关。通常，应尽量选用高强度等级的混凝土，因为高强混凝土的弹性模量高，在同样的应力情况下，所产生的弹性变形和徐变变形小；高强混凝土的收缩值也较小。因此，高强混凝土不仅强度高，与钢筋的黏结力强，而且预应力损失也小。为了获得性能良好的预应力混凝土材料，对其组成材料有相应的要求，具体如下：

（1）骨料

为了配制出高强混凝土，有效地利用预加应力，粗骨料的最大粒径不宜超过 20mm。粗骨料中不可含有过量的泥和泥粉，因为泥粉会使混凝土产生较大的徐变和收缩等体积变化，增大预应力损失。

预应力混凝土中，碎石和卵石均可使用。水灰比较低时，采用卵石可使混凝土具有良好的和易性，混凝土易浇筑密实。对于高强度混凝土，则宜采用粒形与级配良好的碎石作骨料。

用于预应力混凝土的骨料必须进行碱活性检验，以防碱-骨料反应引起膨胀开裂。用于有硫酸盐侵蚀环境中的预应力混凝土，其骨料在硫酸盐环境中必须保持稳定而不膨胀。

（2）水泥和其他胶凝材料

预应力混凝土通常选用早期强度高、收缩小的水泥，普遍采用的是普通硅酸盐水泥。

低热水泥是大体积混凝土工程（如大坝等）所用的水泥，其水化进展缓慢，强度增长慢，不宜用于预应力混凝土工程中。

火山灰质材料（天然火山灰、粉煤灰、矿渣微粉、硅灰）能与游离的石灰类材料 [$Ca(OH)_2$、石膏] 起化学作用。因此，可在试验基础上，采用上述火山灰材料取代一定比例的水泥。

（3）水

拌和用水中所含的氯离子、硫酸盐等有害杂质不能超标，且对强度和凝结时间不能产生显著危害。

夏季浇筑混凝土时，水可用碎冰的形式加入。这样可降低新拌混凝土的温度，降低水化过程中出现的最高温度并减小温度变形量。在天气酷热时，采用注入液态氮的方法可进一步降低拌和物的温度。天气寒冷时，可将拌和用水预热，使混凝土拌和物的温度高于冰的融点，但加入拌和物的水温不应高于 80℃（水泥为 42.5 级以下）或 60℃（水泥为 42.5、42.5R 级以上）。

（4）外加剂

近年来，高效减水剂（或称为超塑化剂）已成为配制高强混凝土不可缺少的组分之一。由于高效减水剂的应用，配制高强混凝土时可采用低水胶比，同时保证新拌混凝土良好的工作性，混凝土易于浇筑密实。

为减少坍落度损失，通常采用缓凝型高效减水剂。为了尽早对混凝土施加预应力，缩短工期，可采用早强型外加剂。在寒冷冬期施工时，通常要考虑使用早强外加剂。预应力混凝土中禁止使用含氯盐的外加剂，因为在氯离子作用下预应力筋表面的钝化膜遭到破坏，易引起预应力筋的锈蚀。

当混凝土结构处于经常经受反复冻融的环境中时，必须采用引气剂，以提高混凝土的抗冻性。

（5）灌浆材料

灌浆是后张预应力生产工艺中重要的环节之一。在后张预应力结构构件中，一般在钢筋张拉完毕之后，需向预留孔道内压注水泥浆或水泥砂浆。

灌浆可起到以下作用：

① 将预应力筋封闭在碱性环境中，防止其锈蚀；

② 填充套管，以避免水进入；

③ 在预应力筋和结构混凝土之间提供黏结力。

灌浆用水泥浆应符合下列规定：

① 采用普通灌浆工艺时，稠度宜控制在 12～20s，采用真空灌浆工艺时，稠度宜控制在 18～25s；

② 水灰比不大于 0.45；

③ 3h 自由泌水率宜为 0，且不应大于 1%，泌水应在 24h 内全部被水泥浆吸收；

④ 24h 自由膨胀率，采用普通灌浆工艺时不应大于 6%，采用真空灌浆工艺时不应大于 3%；

⑤ 水泥中氯离子含量不应超过水泥质量的 0.06%；

⑥ 28d 标准养护试件（砂浆的立方体试件）抗压强度不应低于 30MPa。

2. 对钢筋的要求

预应力混凝土结构中的钢筋分为预应力钢筋和非预应力钢筋，对其各自的要求如下：

（1）预应力钢筋

根据预应力混凝土自身的要求，预应力钢筋需满足下列要求：

① 强度高。结构构件中混凝土预压应力的大小取决于钢筋的张拉应力大小。考虑到构件在制作及使用过程中将出现各种预应力损失，因此，只有采用高强钢筋才可能建立较高的预应力值，以达到预期的效果。

② 具有一定的延性。为了避免结构构件发生脆性破坏，要求预应力钢筋在拉断时具有一定的伸长率。当构件处于低温或受到冲击荷载作用时，更应注意对钢筋塑性和抗

冲击韧性的要求。

③ 与混凝土之间有较好的黏结力。先张法构件的预应力主要是依靠钢筋和混凝土之间的黏结力来完成的。同时，后张法构件也要求水泥浆与钢筋之间有良好的黏结力以保证共同工作。为此，当采用光面高强钢丝时，表面应经"刻痕"或"压波"等处理措施，或将钢丝扭绞成钢绞线。

④ 防止锈蚀。锈蚀可能有损于预应力筋的延性，也会因减少预应力筋的截面而降低预应力拉力值和极限拉力值，因此应采取合理措施保证预应力筋不被锈蚀。

（2）非预应力筋

非预应力筋在预应力混凝土工程中很重要，其作用为抵抗次生的拉应力，以及围箍受高度预压的混凝土局部区域。非预应力筋还起抵抗横向剪力及扭转剪力的作用，可以用作附加的主要受力筋，以增大构件的极限承载能力，或者控制构件的性能。使用中对其要求如下：

① 安装、定位及绑扎规范。预应力混凝土构件中的非预应力筋通常由间距相同的许多小直径钢筋组成，又因所用混凝土拌和物需浇筑进去，有时还要进行强有力的振捣，小直径钢筋往往在上述过程中受磕碰而移位，这对混凝土最终性能将产生影响。

② 非预应力受压粗筋端面须平整。非预应力粗筋不但可以用来传递拉力，还可以传递压力。大直径受压粗筋端部及其接头处如不平整，会出现承压破坏或冲剪破坏，因此须将钢筋端面铣平，以便于传力。

三、预应力混凝土施工设备与工具

1. 台座

台座是预应力施工的主要设备之一，它承受着预应力筋的全部张拉力。因此台座应有足够的强度、刚度及稳定性。台座按构造形式分墩式和槽式两类。选用时根据构件种类、张拉力大小及施工条件而定。

（1）墩式台座

墩式台座由台墩、台面及横梁等组成，如图 3-18 所示。台墩是墩式台座的主要受力结构，台墩依靠其自重和土压力平衡张拉力所产生的倾覆力矩，依靠土的反力和摩阻力平衡张拉力所产生的水平滑移，因此台墩要求结构体型大、埋设较深。为了改善台墩的受力状况，常采用台墩与台面共同工作的做法以减小台墩自重和埋深。

台面是预应力混凝土构件成型的胎模。它是用素土夯实后铺碎砖垫层，再浇筑50～80mm 厚的 C15～C20 混凝土面层组成的。台面要求平整、光滑，沿其纵向设 3‰ 的排水坡度，每隔 10～20m 设置宽 30～50mm 的温度伸缩缝。为防止台面出现裂缝，台面宜做成预应力混凝土结构。

横梁是锚固夹具并临时固定预应力筋的支座，常采用型钢或钢筋混凝土制作而成。横梁的挠度要求小于 2mm，并不得产生翘曲。

墩式台座的长度通常为 100～150m，故又称长线台座。墩式台座张拉一次可生产多根预应力混凝土构件，这样不仅减少了张拉和临时固定的工作量，而且也减少了由于预应力筋滑移和横梁变形引起的预应力损失。

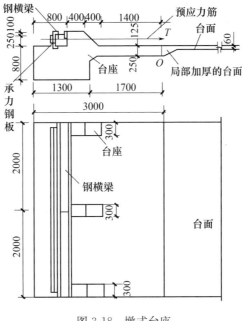

图 3-18　墩式台座

（2）槽式台座

生产吊车梁、屋架、箱梁时，由于张拉力和倾覆力矩都较大，所以一般采用槽式台座。由于它具有通长的钢筋混凝土压杆，因此可承受较大的张拉力和倾覆力矩。压杆上加砌砖墙，加盖后可进行蒸汽养护，为方便混凝土运输和蒸汽养护（图 3-19），槽式台座一般低于地面。

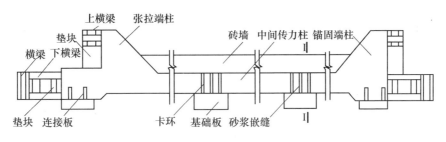

图 3-19　槽式台座

（3）钢模台座

钢模台座是将制作构件的钢模板作为预应力钢筋锚固支座的一种台座。这种模板主要在流水线生产中应用。钢模板具有相当的刚度，可将预应力钢筋放在模板上进行张拉。

2. 预应力锚固体系

预应力锚固技术已在水电、矿山、交通等诸多领域得到了广泛的应用和大力的发展。早期的预应力锚固体系比较简单，常用的锚具有螺丝端杆锚、锥形锚具、钢管混凝土螺杆锚具。现在的预应力构件对预应力锚固体系的结构性能提出了越来越高的要求，随着钢绞线强度的提高和体外预应力的不断应用以及高强度等级混凝土应用的日益广泛，高性能、高效率锚固体系的使用成为必然。另外，为了施工更为方便、可靠，锚固体系的结构应更为合理、轻巧。

（1）钢丝锚固体系

用于锚固钢丝的锚固体系有：LM 型预应力张拉锚固体系、DM 型预应力张拉锚固体系、钢质锥锚具。

LM 型预应力张拉锚固体系主要用于锚固型钢丝束，较安全，可靠，并有良好的抗疲劳性，且拆装容易，便于更换，张拉吨位大，通常用在斜拉桥、斜拉索等应力幅度变化较大的体外预应力束上。

DM 型预应力张拉锚固体系用于直线预应力筋。可以一端锚固，一端张拉，也可以两端同时张拉。其特点为预应力钢丝束回缩较小，可用于短束锚固。其缺点为当两端都用镦头锚，预应力钢丝的下料长度需要精确计算。

钢质锥锚具用于锚固高强钢丝。其工作原理是通过张拉预应力钢丝顶压锚具，把钢丝楔紧在锚杯与锚塞之间，借助摩阻力传递张拉力。其特点为锚具简单，使用成本低，锚环的直径小，便于布置，但锚固时钢筋的回缩量大，因此预应力损失大；同时由于受到千斤顶油缸行程的限制，不能使用长约束。

（2）粗钢筋张拉锚固体系

粗钢筋张拉锚固体系的锚具可以分为冷轧螺纹锚具、高强精轧螺纹钢筋锚具。两种锚具的共同点为：预应力筋采用螺母锚固，锚固性能可靠；可以多次重复张拉，操作方便；预应力筋回缩损失很小，可以应用在预应力筋较短的场合；可以方便地采用连接器多次张拉，以适用不同的结构和施工工艺。不同点为：前者有受热不失效的优点，而后者受热失效。

（3）钢绞线锚固体系

用于锚固钢绞线的锚固体系有：XM 型、QM 型、YM 型、OVM 型预应力张拉锚固体系，以下主要对 OVM 型预应力张拉锚固体系做详细的介绍。OVM 型预应力张拉锚固体系适用于高强预应力钢绞线，具有优越的静载锚固性能，优越的抗疲劳性能；结构尺寸收缩小，相应地减小了锚板上锥孔间距，适当地减小锚板的外径与厚度；使用于现有的张拉设备，可以充分地发挥设备高性能、高效率的技术特点；具有良好的自锚能力，不用顶压自行锚固。OVM 型预应力张拉锚固体系的锚具主要包括圆锚、扁锚、连接器。圆锚主要由环锚锚板和夹片组成，张拉时采用变角的专用弧形垫座来完成，主要用于狭窄的环形空间，并可以减少混凝土构件的开口；扁锚由扁型锚板、夹片、锚垫板及螺旋筋组成，主要用于高层建筑的板式结构中，通过扁平型放射状分布预应力筋，使板式构件减薄；连接器由连接体及附件组成，主要用于连续构件的预应力筋接长，使构件形成一个荷载整体。

3. 锚具与夹具

预应力锚具是用来将预应力筋中的拉力传递给混凝土结构的机械装置，是锚固预应力筋的工具。一般情况下，用于后张预应力混凝土结构，永久锚固在结构构件上的成为锚具；夹具是先张法施工时为保持预应力筋的张拉力，并将其固定在台座（或钢模）上所用的临时性工具，要求其工作可靠、构造简单、使用方便、成本低廉，并能多次重复使用。

按锚固的预应力筋类型来分，有锚固粗钢筋的螺丝端杆锚具、锚固钢丝束的锚具、锚固钢绞线或钢筋束的锚具。按传递预应力的原理来分，可分为依靠承压力的支承式锚具及依靠摩擦力的摩擦型锚具。按锚具使用的位置不同，可分为张拉端锚具及固定端锚具两种。不同的锚具使用不同形式的张拉千斤顶及液压设备，并有特定的张拉工序和要求。

混凝土工程常用的锚具可分为以下几种。

（1）夹片式锚具

1）单孔夹片锚具

单孔夹片锚具适用于锚固ϕ12.7和ϕ15.2钢绞线，也可用作先张法的夹具。单孔夹片锚具由锚环和夹片组成，如图3-20所示。夹片的种类很多，按片数可分为三片式与两片式；按开缝形式可分为直开缝与斜开缝。

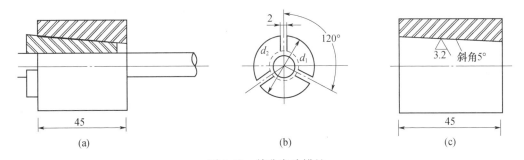

图 3-20 单孔夹片锚具

（a）组装图；（b）锚环；（c）夹片

2）多孔夹片锚固体系

多孔夹片锚固体系（也称为群锚），是在一块多孔的锚板上利用每个锥形孔上装一副夹片夹持一根钢筋或钢绞线的一种楔紧式锚具。这种锚具在现代预应力混凝土工程中被广泛应用，主要的产品有：XM型、QM型、QVM型、BS型等。

以XM型锚具为例来说明多孔夹片锚固体系的工作原理。图3-21所示为XM型锚具，该锚具适用于锚固3~37根ϕ15钢绞线束或3~12根7ϕs5钢丝束，其特点是每根钢绞线都是分开锚固的，任何一根钢绞线的锚固失效（如钢绞线拉断、夹片破裂等），均不会引起整束锚固的失效。

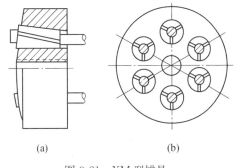

图 3-21 XM 型锚具

（a）装配图；（b）锚板

XM型锚具由锚板和夹片组成。锚板尺寸由锚孔数确定，锚孔沿锚板圆周排列，中心线倾角1：20，与锚板顶面垂直。夹片为120°均分斜开缝三片式，开缝沿轴向的偏转角与钢绞线的扭角相反。

XM型锚具可用作工具锚和工作锚。当用作工具锚时，可在夹片和锚板之间抹一层固体润滑剂（如石蜡、石墨等），以利于夹片松脱。用于工作锚时，具有连续反复张拉的功能，可用行程不大的千斤顶张拉任意长度的钢绞线。

（2）镦头锚具

它是利用预应力钢筋末端镦粗加以固定的，镦头卡在锚固板上。冷拔低碳钢丝可采用冷镦法（即在常温下镦粗）或热镦法（用通电加热挤压镦头）加工，而碳素钢丝只能用冷镦法加工，粗钢筋需用热镦头机镦粗。这种镦头锚具用于预应力筋的锚固端，如图 3-22 所示。

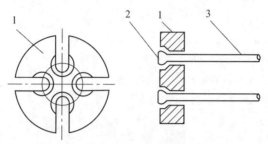

图 3-22　固定端镦头锚具

1—锚固板；2—镦粗头；3—预应力筋

（3）精轧螺纹钢筋锚具

精轧螺纹钢筋锚具由垫板和螺母组成，是一种利用与该钢筋螺纹匹配的特制螺母锚固的支承式锚具。适用于锚固直径 25mm 以上的高强度精轧螺纹钢筋。

螺母分为平面螺母和锥面螺母两种，垫板也相应地分为平面垫板与锥面垫板两种，如图 3-23 所示。锥面螺母通过锥体与锥孔的配合，可保证预应力筋的正确对中；开缝的作用是增强螺母对预应力筋的夹持能力。

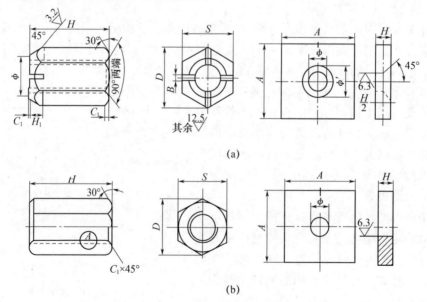

图 3-23　精轧螺纹钢筋锚具

（a）锥面螺母与垫板；（b）平面螺母与垫板

（4）螺丝端杆锚具

螺丝端杆锚具适用于锚固直径不大于 36mm 的冷拉 HRB400 及以上等级钢筋。它是由螺丝端杆、螺母和垫板组成，如图 3-24 所示。螺丝端杆采用 45 号钢制作，螺母和垫板采用 Q355 钢制作。螺丝端杆的长度一般为 320mm，当预应力构件长度大于 24m 时，可根据实际情况增加螺丝端杆的长度，螺丝端杆的直径按预应力钢筋的直径对应选取。螺丝端杆与预应力钢筋的焊接，应在预应力钢筋冷拉前进行。螺丝端杆与预应力筋焊接后，同张拉机械相连进行张拉，最后拧紧螺母即完成对预应力钢筋的锚固。

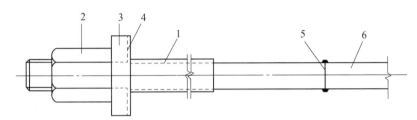

图 3-24　螺丝端杆锚具

1—螺丝端杆；2—螺母；3、4—垫板；5—对接焊头；6—预应力钢筋

（5）挤压式锚具（P 型）

挤压式锚具是由挤压套、增摩片及预应力筋经挤压后成形的。预应力筋可以是钢绞线也可以是高强钢丝，挤压过程是由液压千斤顶将挤压套、增摩片及预应力筋组装件从模具中挤压通过成形。成形后的外径尺寸要比成形前的尺寸小一些，这样挤压式锚具就固结在预应力筋上。

挤压式锚具又叫"死锚"，它吸收了楔形锚的夹持增摩特性和镦头锚的外形特点。楔形锚锚固后，其楔片随锚固力的增长产生跟进，这就增加了它的不可靠因素，尤其是在人无法接触、无法监测的部位，它的使用就受到了限制。镦头锚的施工工艺复杂，质量保证比较困难。而挤压式锚具是同结在预应力筋上的，因而可靠性特别高，能够适应于结构任何部位的应力变化条件。挤压式锚具的外形尺寸小也是它突出的优点，预应力结构端部的锚固往往受到锚固区的尺寸限制，锚具或联结器的尺寸大，则往往要加大结构外部尺寸，使结构自感增加，所以挤压式锚具用于断面尺寸要求较严格的构件时，其尺寸小的优点就更加突出，特别是在联结器中应用几乎是唯一可选的锚具。

（6）压花式锚具（H 型）

压花式锚具是利用液压压花机将钢绞线端头压成梨形散花头的一种黏结式锚具。压花机的工作原理如图 3-25 所示：钢绞线从机架的凹口处放入并用夹具夹紧，然后用千斤顶加力，即可形成梨形散花头。应用这种锚具的最明显优点是可节省锚具费用。

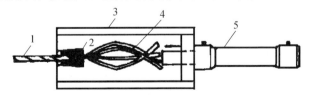

图 3-25　压花机的工作原理

1—钢绞线；2—夹具；3—机架；4—散花头；5—千斤顶

钢绞线压花锚具是用于后张法预应力混凝土构件固定端的一种黏结式锚具。其传统构造形式是在钢绞线端头采用单个压花，并需很长的平直锚固段（按规定其长度不得小于750mm），以形成在混凝土中的锚固，如图 3-26（a）所示。实际工程梁端或板端多为最大负弯矩区。单压花锚具构造的这一特点，使其难以针对负弯矩区实际受力状态建立有效预应力，因此，它的应用很受限制。在实践中，有工程采用这种锚具的不少钢绞线出现过在远未达到张拉控制应力时即发生明显滑移的现象。

双压花锚具的特点是 2 个压花协同工作［图 3-26（b）］。小荷载时，基本上由前端压花受力；即使在荷载水平很高的情况下，也是以前端压花受力为主，尾端压花分担的力较小。但尾端压花的存在，使前端压花的变形和滑移受到约束，其花型保持稳定的构造形状。这样使锚具的整体性能得到改善，并能减小平直锚固段。因此，双压花锚具承载能力比单压花锚具明显提高。

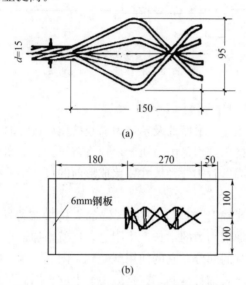

图 3-26　预应力钢绞线压花锚具的构造形式

（a）单压花构造；（b）双压花锚具试件

（7）钢质锥形锚具

钢质锥形锚具适用于锚固 14～28 根 φ⁵5 钢丝束。它是由锥形螺杆、套筒、螺母及垫板组成，如图 3-27 所示。锥形螺杆和套筒均采用 45 号钢制成，螺母和垫板采用 Q235 钢制成。

当采用锥形螺杆锚具时，锚具的组装是个重要环节。首先将钢丝放在锥形螺杆的锥体部分，使钢丝均匀、整齐地贴紧锥体，然后套上套筒，用锤将套筒均匀地打紧，最后用拉伸机使锥形螺杆的锥体部分进入套筒，使套筒发生变形，从而使钢丝和锥形锚具的套筒、端杆锚成一个整体。这个过程为预顶，预顶的张拉力为预应力筋张拉控制应力的 1.05 倍。锥形螺杆锚具其外径较大，为了减小构件孔道直径，一般仅在构件两端扩大孔道。因此，预应力钢丝束只能预先组装一端的锚具，而另一端则在钢丝束穿过孔道后，在现场组装。

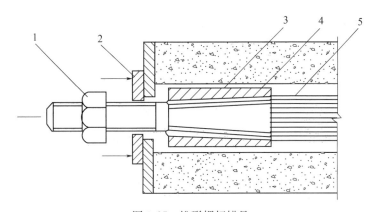

图 3-27　锥形螺杆锚具

1—螺母；2—垫板；3—套筒；4—锥形螺杆；5—预应力钢丝束

4. 张拉设备

张拉预应力筋的机械，要求工作可靠、操作简单、能以稳定的速率加荷。常用的张拉设备有电动张拉设备和液压张拉设备。电动张拉设备仅用于先张法，液压张拉设备可用于先张法与后张法。

（1）电动张拉设备

1）电动螺杆张拉机

电动螺杆张拉机既可以张拉预应力筋，也可以张拉预应力钢丝。图 3-28 为电动螺杆张拉机构造图。它是由张拉螺杆、电动机、变速箱、测力装置、拉力架、承力架的张拉夹具等组成。最大张拉力为 300～600kN，张拉行程为 800mm，张拉速度 2m/min，自重 400kg。为了便于工作和转移，常将其装置在带轮的小车上。

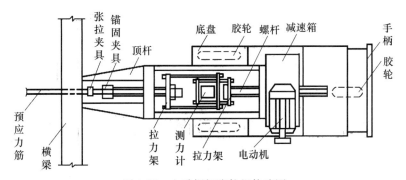

图 3-28　电动螺杆张拉机构造图

2）电动卷扬张拉机

电动卷扬张拉机是以电动卷扬机为动力张拉钢丝的预应力筋张拉设备，如图 3-29 所示。由电动卷扬机、弹簧测力器、电气自动控制装置及专用夹具等组成。操作时，先将测力器调至所需张拉力的刻度，并用夹具将钢丝夹牢；然后开动卷扬机收绕钢丝绳，钢丝即被张拉。当达到预定张拉力时，电源自动切断，随即把钢丝锚固在定位板上，而后放松钢丝绳，松开夹具，即完成一次张拉操作。其最大特点是一次张拉行程长可达5m。主要用于预制厂在长线台座上张拉直径为 3～5mm 的冷拔低碳钢丝。先张法施工中也可以采用电动卷扬机张拉预应力筋。由于其张拉能力有限，且弹簧测力精度较差，一般是在缺少其他张拉机械时才采用。

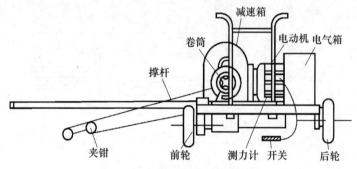

图 3-29　电动卷扬张拉机构造图

（2）液压张拉设备

千斤顶是预应力工程张拉锚固施工中不可缺少的重要工具之一。任何一种千斤顶都不是万能的。千斤顶结构、结构尺寸及张拉吨位限定了其使用范围。

1）穿心式千斤顶

穿心式千斤顶适用于张拉各种形式的预应力筋，是目前我国预应力混凝土施工中应用最广泛的一种张拉机械，以 YC-60 型穿心式千斤顶为例来说明。该型穿心式千斤顶主要用于张拉以 JM 型锚具为张拉端锚具的钢筋束或钢绞线束，如加装撑脚、张拉杆及连接器后，则可以张拉以螺丝端杆锚具为张拉端锚具的单根钢筋，张拉以锥形螺杆锚具和镦头锚具为张拉端具的钢丝束。

YC-60 型穿心式千斤顶沿千斤顶的轴线有一直通的穿心孔道，供穿过预应力筋之用。沿千斤顶的径向分内外两层工作油缸。外层为张拉油缸，工作时张拉预应力筋；内层为顶压油缸，工作时进行锚具的顶压锚固，如图 3-30 所示。YC-60 型穿心式千斤顶既能张拉预应力筋，又能顶压锚具锚固预应力筋，故又称为穿心式双作用千斤顶。

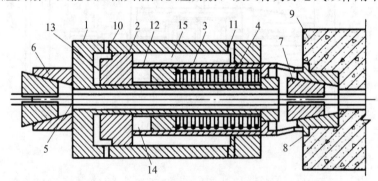

图 3-30　YC-60 型穿心式千斤顶的构造及工作示意图

1—张拉油缸；2—顶压油缸；3—顶压活塞；4—回程弹簧；

5—预应力筋；6—工具锚；7—楔块；8—锚环；9—构件；

10—张拉缸油嘴；11—顶压缸油嘴；12—油孔；13—张拉工作油室；

14—顶压工作油室；15—张拉回程油室

YC-60 型穿心式千斤顶的张拉力为 600kN，张拉行程为 200mm，YC-60 型穿心式千斤顶的工作过程分为张拉、顶压及回程三个过程。

① 张拉：当张拉油缸油嘴进油、顶压油缸油嘴回油时，顶压油缸、连接套及撑套连成一体右移顶住锚环，而张拉油缸、端盖螺母、楔块和穿心套连成一体，带动工具锚向左移动，从而张拉预应力筋。

② 顶压：在保持张拉力稳定的条件下，顶压缸油嘴进油，则顶压活塞、保护套及顶压头连成一体右移，将锚塞或夹片强力推入锚环内，锚固预应力筋。

③ 回程：张拉锚固完毕后张拉缸油嘴回油、顶压缸油嘴进油，使张拉油缸在液压作用下回程。当张拉缸油嘴、顶压缸油嘴同时回油时，顶压活塞在弹簧力的作用下回油复位。

2）拉杆式千斤顶

拉杆式千斤顶是利用单活塞杆张拉预应力筋的单作用千斤顶，是国内最早生产的液压张拉千斤顶，适用于张拉以螺丝端杆锚具为张拉端锚具的单根钢筋、张拉以锥形螺杆锚具为张拉端锚具的钢丝束、张拉以镦头锚具为张拉端锚具的钢丝束。拉杆式千斤顶构造简单、操作方便，应用范围较广。其张拉力有 400kN、600kN 及 800kN 三级，张拉行程为 150mm。

拉杆式千斤顶主要由连接器、副缸、主缸、拉杆等几部分组成，其构造如图 3-31 所示。张拉预应力筋时，首先使连接器与预应力筋的螺丝端杆相连接，顶杆支承在构件端部的预埋钢板上。高压油进入主缸后，则推动主缸活塞向左移动，并带动拉杆、连接器及螺丝端杆同时向左移动，对预应力筋进行张拉。达到张拉力时，拧紧预应力筋的螺母，将预应力筋锚固在构件的端部。高压油再进入副缸，推动副缸使主缸活塞和拉杆向右移动，使其恢复初始位置。此时主缸的高压油流回高压油泵中，则完成了一次张拉过程。

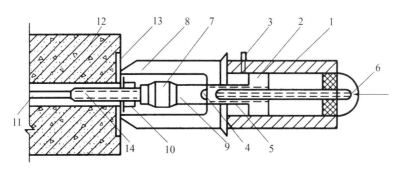

图 3-31　拉杆式千斤顶的构造示意图

1—主缸；2—主缸活塞；3—主缸进油孔；4—副缸；5—副缸活塞；
6—副缸进油孔；7—连接器；8—传力架；9—拉杆；10—螺母；11—预应力筋；
12—混凝土构件；13—预埋钢板；14—螺丝端杆

3）锥锚式千斤顶

锥锚式千斤顶适用于张拉以 KT-Z 型锚具为张拉端锚具的钢筋束或钢绞线束，张拉以钢质锥形锚具为张拉端锚具的钢丝束。锥锚式双作用千斤顶如图 3-32 所示，主缸和主缸活塞用于张拉预应力筋，主缸前端缸体上有卡环和销片，用以锚固预应力筋，主缸活塞为一中空筒状活塞，中空部分设有拉力弹簧。副缸和副缸活塞作用于顶压锚塞，将预应力筋锚固在构件的端部，其处设有复位弹簧。锥锚式双千斤顶的张拉力为 300kN 和 600kN，张拉行程为 300mm。

锥锚式双作用千斤顶工作过程分为张拉、顶压和回程三个过程。

① 张拉：首先将预应力筋固定在锥形卡环上，然后主缸油嘴进油，主缸向左移动，张拉预应力筋。

② 顶压：张拉完成后，主缸稳压，副缸进油，则副缸活塞及顶压头向右移动，将锚塞推入锚环而锚固预应力筋。

③ 回程：顶锚完成后，主副缸同时回油，主缸及副缸活塞在弹簧力的作用下复位，最后放松模块即可拆下千斤顶。

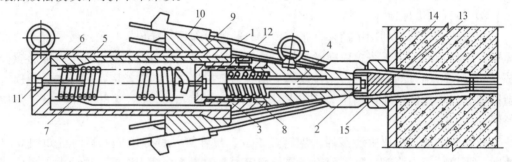

图 3-32　锥锚式双作用千斤顶构造及工作示意图

1—预应力筋；2—顶压头；3—副缸；4—副缸活塞；5—主缸；

6—主缸活塞；7—主缸拉力弹簧；8—副缸压力弹簧；9—锥形卡环；

10—模块；11—主缸油嘴；12—副缸油嘴；13—锚塞；14—构件；15—锚环

4）前卡式千斤顶

前卡式千斤顶是一种具有多用途的预应力张拉设备，且操作方便。主要用于单孔张拉，又可用于多孔预紧、张拉和排障，并能适用于多种规格尺寸的高强钢丝束及钢绞线。前卡式千斤顶将工具锚板和工具夹片（组成自动工具锚）放置在千斤顶内尽量靠前的位置（一般是穿心套，如图 3-33 所示），前卡式千斤顶的工具锚是放置在千斤顶内。

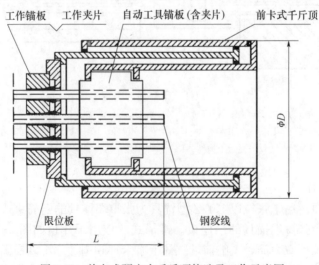

图 3-33　前卡式预应力千斤顶构造及工作示意图

前卡式千斤顶采用自动工具锚，自动工具锚由工具锚板和工具夹片以及其他附属配件组成，它可以同时自动完成钢绞线束的穿孔、工具夹片的安装、工具夹片的敲紧，张拉结束后可自动退出工具锚板和工具夹片。使用时，先将整个自动工具锚装入前卡式千斤顶内，使之与前卡式千斤顶形成一个整体，然后将整台前卡式千斤顶连同自动工具锚一同对准已经装好工作锚板、工作夹片及限位板的钢绞线束，即可完成装顶过程。张拉结束后回顶，可直接将整台前卡式千斤顶连同自动工具锚从钢绞线束抽出，完成该孔道的张拉，如若无需更换工具锚，则可直接用于下一个同孔道的穿束、张拉。

5）高压油泵

应与液压千斤顶配套使用，是液压拉伸机的动力和控制部分。选用时，应使油泵额定压力不低于千斤顶的额定压力。

四、先张法预应力混凝土工艺

1. 先张法预应力混凝土工艺的原理

先张法预应力混凝土施工是在浇筑混凝土前张拉预应力筋，并将张拉的预应力筋临时固定在台座或钢模上，然后浇筑混凝土。待混凝土达到一定强度（一般不低于设计强度标准值的 75%）后，保证预应力筋与混凝土有足够的黏结力时，放张预应力筋，借助于混凝土与预应力筋的黏结力，使混凝土产生预压应力。

预应力混凝土构件先张法施工原理如图 3-34 所示。图 3-34（a）所示为预应力张拉时的情况，预应力筋一端用锚固夹具固定在台座上，另一端用张拉机械张拉后也用锚固夹具固定在台座的横梁上。图 3-34（b）所示为混凝土浇筑及养护阶段，这时只有预应力筋承受应力，混凝土尚未充分硬化而没有应力或应力极低。图 3-34（c）所示为放松预应力筋后的情况，由于预应力筋和混凝土之间存在黏结力，故在预应力筋弹性回缩时使混凝土产生预压应力。

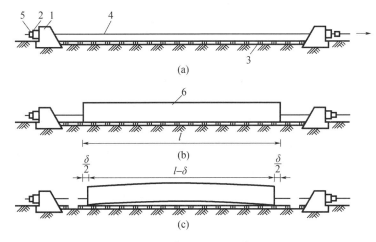

图 3-34　先张法施工示意图

（a）张拉、固定预应力筋；（b）浇筑、养护混凝土构件；（c）切断预应力筋

1—台座承力结构；2—横梁；3—台面；4—预应力筋；5—锚固夹具；6—混凝土构件

先张法中常用的预应力筋有钢丝和钢筋两类。先张法生产预应力混凝土构件时，可

采用台座法或机组流水法。但由于台座或钢模承受预应力筋的张拉能力受到限制，并考虑到构件的运输条件，因此先张法施工仅适用于在构件厂生产中、小型预应力混凝土构件（如楼板、屋面板、中小型吊车梁等）。

对于先张法，夹具的静载锚固性能应由预应力筋-锚具和夹具组装件静载试验测定的夹具效率系数 η_g 确定，试验结果应满足锚具和夹具效率系数大于或等于 0.92 的要求。锚具和夹具的效率系数应按式（3-4）计算。

$$\eta_g = \frac{F_{gpu}}{F_{pm}} \tag{3-4}$$

式中　F_{gpu}——预应力筋-锚具和夹具组装件的实测极限拉力，kN；

　　　　F_{pm}——预应力筋的实际平均极限抗拉力，kN。

另外，锚具和夹具还应具有下列性能：

① 在预应力锚具和夹具组装件达到实测极限拉力时，全部零件均不得出现裂缝或破坏；

② 应有良好的自锚性能，所谓自锚是指锚具或夹具借助预应力筋的张拉力，就能把预应力筋锚固住而不需要施加外力；

③ 应有良好的松锚性能，需要大力敲击才能松开的夹具，必须证明其对预应力筋的锚固没有影响，且对操作人员的安全不造成危险时才能采用。

2. 先张法施工工艺

先张法预应力混凝土构件在台座上生产时，其工艺流程如图 3-35 所示。

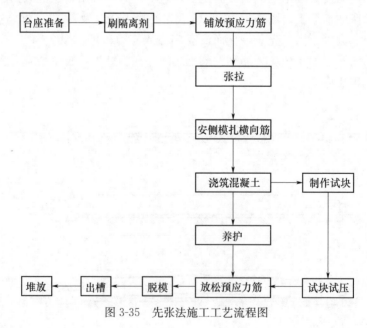

图 3-35　先张法施工工艺流程图

（1）预应力筋的铺设

长线台座台面（或胎模）在铺放钢丝前应涂脱模剂。脱模剂不应污染钢丝，以免影响钢丝与混凝土的黏结。如果预应力筋遭受污染，应使用适当的溶剂加以清洗。在生产过程中，应防止雨水冲刷掉台面上的脱模剂。

预应力钢丝宜用牵引车铺设，如遇钢丝需要接长，可借助于钢丝拼接器用 $20\sim22$ 号镀锌钢丝密排绑扎。绑扎长度：对冷拔低碳钢丝不得小于 $40d$；对刻痕钢丝不得小于 $80d$，钢丝搭接长度应比绑扎长度长 $10d$。

预应力钢筋铺设时，钢筋之间的连接或钢筋与螺杆之间的连接可采用连接器。

（2）预应力筋的张拉

预应力筋的张拉应根据设计要求采用合适的张拉方法、张拉顺序及张拉程序进行，并应有可靠的质量保证措施和安全技术措施。

1）张拉控制应力

预应力筋的张拉控制应力应符合设计及专项施工方案的要求。当施工中需要超张拉时，调整后的控制应力 σ_{con} 应符合表 3-5 的规定。

表 3-5 张拉控制应力限值

钢筋种类	张拉控制应力
消除应力钢丝、钢绞线	$\leqslant 0.80 f_{ptk}$
中强度预应力钢丝	$\leqslant 0.75 f_{ptk}$
预应力螺纹钢筋	$\leqslant 0.90 f_{ptk}$

注：f_{ptk} 为预应力筋极限强度标准值。

2）张拉程序

预应力筋的张拉程序有超张拉和一次张拉两种。所谓超张拉，是指张拉应力超过规范规定的控制应力值。用超张拉方法时，预应力筋可按下列两种张拉程序之一进行：

$$0 \rightarrow 1.05\sigma_{con}（持载 2\mathrm{min}）\rightarrow \sigma_{con}$$

$$或 0 \rightarrow 1.03\sigma_{con}$$

第一种张拉程序中，超张拉 5% 并持荷 $2\mathrm{min}$，其目的是在高应力状态下加速预应力筋松弛的早期发展，以减少应力松弛引起的预应力损失。第二种张拉程序中，超张拉 3%，其目的是弥补预应力筋的松弛损失；这种张拉程序施工简便，一般多被采用。以上两种超张拉程序是等效的，可根据构件类型、预应力筋与锚具种类、张拉方法、施工速度等选用。采用第一种张拉程序时，千斤顶回油至稍低于 σ_{con}，再进油至 σ_{con}，以建立准确的预应力值。

3）预应力筋伸长值的检验

张拉预应力筋可单根进行，也可多根成组同时进行。同时张拉多根预应力筋时，应预先调整初应力，使其相互之间的应力一致。预应力筋张拉锚固后，对设计位置的偏差不得大于 5mm，也不得大于截面短边长度的 4%。

用应力控制方法张拉时应校核预应力筋的伸长值。如实际伸长值比计算伸长值大 10% 或小 5%，应暂停张拉，查明原因并采取措施予以调整后方可继续张拉。预应力筋的计算伸长值 Δl（mm）可按式（3-5）计算：

$$\Delta l = \frac{F_p \cdot l}{A_p \cdot E_s} \tag{3-5}$$

式中　F_p——预应力筋的平均张拉力，直线筋取张拉端的拉力；两端张拉的曲线筋，取张拉端的拉力与跨中扣除孔道摩阻损失后拉力的平均值，kN；

　　　l——预应力筋的长度，mm；

A_p——预应力筋的截面面积，mm^2；

E_s——预应力筋的弹性模量，kN/mm^2。

预应力筋的实际伸长值，宜在初应力约为 $10\%\sigma_{con}$ 时开始量测，但必须加上初应力以下的推算伸长值。通过伸长值的检验，可以综合反映张拉力是否足够，以及预应力筋是否有异常现象等。

（3）混凝土的浇筑和养护

预应力筋张拉完毕后即浇筑混凝土，混凝土的浇筑应一次完成，不允许留设施工缝。混凝土的水用量和水泥用量必须严格控制，以减少混凝土由于收缩和徐变而引起的预应力损失。预应力混凝土构件浇筑时必须振捣密实（特别是在构件的端部），以保证预应力筋和混凝土之间的黏结力。

混凝土可采用自然养护或蒸汽养护。但应注意，在台座上用蒸汽养护时，温度升高后预应力筋膨胀而台座的长度并无变化，因而预应力筋应力减小，这就是温差引起的预应力损失。为了减少这种温差预应力损失，应保证混凝土在达到一定强度之前，温差不能过大（一般不超过 20℃），故在台座上用蒸汽养护时，其最高允许温度应根据设计要求的允许温差（张拉钢筋的温度与台座温度之差）经计算确定。当混凝土强度养护至 7.0MPa（粗钢筋配筋）或 10.0MPa（钢丝、钢绞线配筋）以上时，则可不受设计要求的温差限制，按一般构件的蒸汽养护规定进行。这种养护方法被称为二次升温养护法。当采用机组流水法用钢模制作构件并进行蒸汽养护时，由于钢模和预应力筋同样伸缩，所以不存在因温差而引起的预应力损失，因此可以采用一般加热养护制度。

（4）预应力筋的放张

预应力筋放张过程是预应力的传递过程，是先张法构件能否获得良好质量的一个重要生产过程。应根据放张要求，确定合理的放张顺序、放张方法及相应的技术措施。

预应力筋放张时，混凝土应符合设计要求；当设计无要求时，不得低于设计的混凝土强度标准值的 75%。对于重叠生产的构件，要求最上一层构件的混凝土强度不低于设计强度标准值的 75% 时方可进行预应力筋的放张。过早放张预应力筋会引起较大的预应力损失或产生预应力钢丝滑动。预应力混凝土构件在预应力筋放张前要对混凝土试块进行试压，以确定混凝土的实际强度。

1）放张顺序

预应力筋的放张顺序，应符合设计要求；当设计无要求时，应符合下列规定：

① 对承受轴心预压力的构件（如压杆、桩）等所有预应力筋应同时放张；

② 对承受偏心预压力的构件，应先同时放张预压力较小区域的预应力筋，再同时放张预压力较大区域的预应力筋；

③ 当不能按上述规定放张时，应分阶段、对称、相互交错地放张，以防止放张过程中构件发生翘曲、裂纹或预应力筋断裂等现象；

④ 放张后预应力筋的切断顺序，宜由放张端开始，逐次切向另一端。

2）放张方法

对配筋不多的钢丝，放张可采用剪切、割断、熔断的方法逐根放张，并应自中间向两侧进行，这样可减少回弹量，利于脱模。

对配筋较多的预应力钢丝，放张应同时进行，不得采用逐根放张的方法，以防止最后的预应力钢丝因应力增加过大而断裂或使构件端部开裂，放张的方法可用放张横梁来实现。横梁可用千斤顶或预先设置在横梁支点处的放张装置（楔块或砂箱）来放张，如图 3-36 和图 3-37 所示。

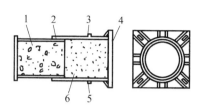

图 3-36　砂箱

1—活塞；2—钢套箱；3—进砂口
4—钢套箱底板；5—出砂口；6—砂子

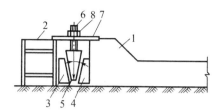

图 3-37　楔块放张

1—台座；2—横梁；3、4—钢块；5—钢楔块
6—螺杆；7—承力板；8—螺母

采用砂箱放张方法张拉预应力筋时，箱内砂被压实，承受横梁的反力，预应力筋放张时，将出砂口打开，砂慢慢流出，从而使整批预应力筋徐徐放张。此放张方法能控制放张速度，工作可靠、施工方便，可用于张拉力大于 1000kN 的情况。

采用楔块放张时，旋转螺母使螺杆向上运动，带动楔块向上移动，钢块间距变小，横梁向台座方向移动，从而同时放张预应力筋。楔块放张一般用于张拉力不大于 30kN 的情况。

当构件的预应力筋为钢筋时，放张应缓慢进行。对配筋不多的情况，可采用逐根加热熔断或借助预先设置在钢筋锚固端的楔块等工具进行单根放张。对配筋较多的预应力钢筋，所有钢筋应同时放张，可采用楔块或砂箱等装置进行缓慢放张。

五、后张法预应力混凝土工艺

1. 后张法预应力混凝土工艺的原理

后张法施工是在浇筑混凝土构件时，在放置预应力筋的位置处预留孔道，待混凝土强度达到设计规定的数值后，将预应力筋穿入孔道中并进行张拉，然后用锚具将预应力筋锚固在构件上，最后进行孔道灌浆。预应力筋承受的张拉力通过锚具传递给混凝土构件，使混凝土产生预压应力。

图 3-38 所示为预应力混凝土构件后张法施工示意图。图 3-38（a）所示为制作混凝土构件并在达到规定的强度后，穿入预应力筋进行张拉。图 3-38（b）所示为预应力筋的张拉，用张拉机械直接在构件上进行张拉，混凝土同时完成弹性压缩。图 3-38（c）所示为预应力筋的锚固和孔道灌浆，预应力筋的张拉力通过构件两端的锚具，传递给混凝土构件，使其产生预压应力，最后进行孔道灌浆。

后张法施工由于直接在混凝土构件上进行张拉，故不需要固定的台座设备，不受地点限制，适用于在施工现场生产大型预应力混凝土构件，特别是大跨度构件。后张法施工还可作为一种预制构件的拼装手段，大型构件可以预制成小型块体，运至施工现场后，通过预加应力的手段拼装成整体预应力结构。但后张法施工工序较多，工艺复杂，锚具作为预应力筋的组成部分，将永远留置在构件上不能重复使用。

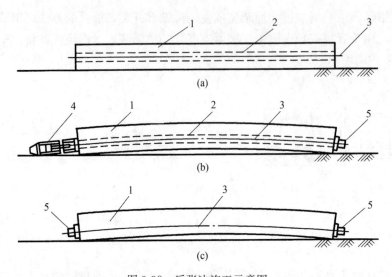

图 3-38　后张法施工示意图

（a）制作混凝土构件；（b）张拉预应力筋；（c）锚固和孔道灌浆

1—混凝土构件；2—预留孔道；3—预应力筋；4—千斤顶；5—锚具

2. 预应力筋的制作

（1）单根粗钢筋的制作

1）当预应力筋两端采用螺杆锚具［图 3-39（a）］时，其成品全长 L_1（包括螺杆全长）为：

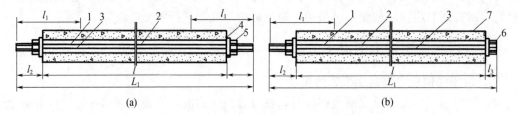

图 3-39　单根钢筋下料长度计算示意图

（a）两端用螺杆锚具；（b）一端用螺栓端杆锚具

1—螺杆；2—预应力筋；3—对接接头；4—垫板；5—螺母；6—帮条锚具；7—混凝土构件

$$L_1 = l + 2l_2 \tag{3-6}$$

式中　l——构件孔道长度，mm；

　　l_2——螺杆伸出构件外的长度，按下式计算：

张拉端，$l_2 = 2H + h + 5mm$；锚固端，$l_2 = H + h + 10mm$，其中 H 为螺母高度，h 为垫板厚度，单位为 mm。

预应力筋钢筋部分的成品长度 L_0 为：

$$L_0 = L_1 - 2l_1 \tag{3-7}$$

式中　l_1——螺杆长度，mm。

预应力筋钢筋部分的下料长度为：

$$L_1 = L_0 + nl_0 = l + 2l_2 - 2l_1 + nl_0 \tag{3-8}$$

式中　l_0——每个对焊接头的压缩长度，根据对焊时所需要的闪光留量和顶锻留量而定，mm；

　　　n——对焊接头的数量（包括钢筋与螺杆的对接接头）。

2）当预应力筋一端用螺杆，另一端用帮条（或镦头）锚具［图3-39（b）］时，

$$L_1 = l + l_2 + l_3 \qquad (3-9)$$

$$L_0 = L_1 - l_1 \qquad (3-10)$$

$$L_1 = L_0 + nl_0 = l + l_2 + l_3 - l_1 \qquad (3-11)$$

式中　l_3——镦头或帮条锚具长度（包括垫板厚度h），mm。

为保证质量，冷拉宜采用控制应力的方法。若在一批钢筋中冷拉率分散性较大时，应尽可能把冷拉率相近的钢筋对焊在一起，以保证钢筋冷拉应力的均匀性。

（2）预应力钢丝束下料长度

① 采用钢质锥形锚具，以锥锚式液压千斤顶张拉（图3-40）时，钢丝的下料长度L为：

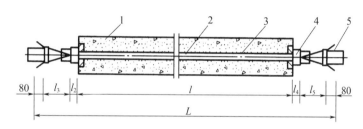

图3-40　采用钢质锥形锚具时钢丝下料长度计算简图

1—混凝土构件；2—孔道；3—钢丝束；4—钢质锥形锚具；5—锥锚式液压千斤顶

两端张拉　　　　　　　　　　　$L = l + 2(l_4 + l_5 + 80)$ 　　　　　　　（3-12）

一端张拉　　　　　　　　　　　$L = l + 2(l_4 + 80) + l_5$ 　　　　　　（3-13）

式中　l_4——锚环厚度，mm；

　　　l_5——液压千斤顶分丝头至卡盘外端距离，mm。

② 采用镦头锚具，以拉杆式或穿心式液压千斤顶在构件上张拉（图3-41）时，钢丝的下料长度L为：

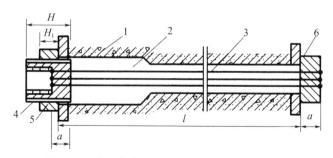

图3-41　采用镦头锚具时钢丝下料长度计算简图

1—混凝土构件；2—孔道；3—钢丝束；4—锚环；5—螺母；6—锚板

两端张拉　　　　　　$L = l + 2h_1 + 2b - (H_1 - H) - \Delta L - c$ 　　　　（3-14）

一端张拉 $\qquad L=l+2h_1+2b-0.5(H_1-H)-\Delta L-c \qquad$ (3-15)

式中 h_1——锚环底部厚度或锚板厚度，mm；

$\qquad b$——钢丝镦头留量，mm；

$\qquad H_1$——锚环高度，mm；

$\qquad \Delta L$——钢丝束张拉伸长值，是 L 的函数，mm；

$\qquad c$——张拉时构件混凝土的弹性压缩值，轴压构件易于计算，其他不易计算者可估算或实测，mm。

③ 采用锥形螺杆锚具，以拉杆式液压千斤顶在构件上张拉（图3-42），钢丝的下料长度 L 为：

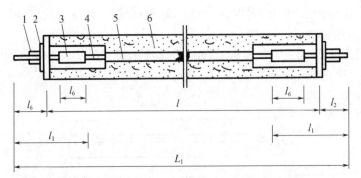

图 3-42 采用锥形螺杆锚具时钢丝下料长度计算简图

1—螺母；2—垫板；3—锥形螺杆锚具；4—钢丝束；5—孔道；6—混凝土构件

$$L=l+2l_2-2l_1+2(l_6+a) \qquad (3\text{-}16)$$

式中 l_6——锥形螺杆锚具的套筒长度，mm；

$\qquad a$——钢丝伸出套筒的长度，取 $a=20\text{mm}$。

（3）钢筋束或钢绞线束的下料长度

当采用夹片式锚具，以穿心式液压千斤顶在构件上张拉（图3-43）时，钢筋束或钢绞线束的下料长度 L 为：

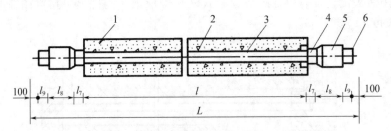

图 3-43 钢筋束下料长度计算示意图

1—混凝土构件；2—孔道；3—钢筋束；4—夹片式工作锚；

5—穿心式千斤顶；6—夹片式工作锚

两端张拉 $\qquad L=l+2(l_7+l_8+l_9+100) \qquad$ (3-17)

一端张拉 $\qquad L=l+2(l_7+100)+l_8+l_9 \qquad$ (3-18)

式中 l_7——夹片式工作锚厚度，mm；

l_8——穿心式千斤顶长度，mm；

l_9——夹片式工作锚厚度，mm。

3. 后张法预应力混凝土的施工工艺

后张法预应力混凝土构件的制作工艺流程如图 3-44 所示。下面主要介绍孔道的留设、预应力筋的张拉和孔道灌浆等内容。

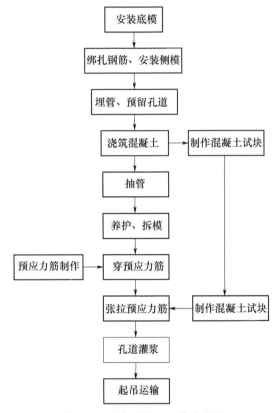

图 3-44　后张法施工工艺流程图

（1）孔道的留设

孔道留设是后张法预应力混凝土构件制作中的关键工序之一。预留孔道的尺寸与位置应正确、孔道应平顺；端部的预埋垫板应垂直于孔道中心线并用螺栓或钉子固定在模板上，以防止浇筑混凝土时发生移动，孔道的直径一般应比预应力筋的外径（包括钢筋对焊接头的外径或需穿入孔道的锚具外径）大 10～15mm，以利于预应力筋穿入。孔道留设的方法有钢管抽芯法、胶管抽芯法及预埋波纹管法等。

1）钢管抽芯法

钢管抽芯法适用于留设直线孔道。钢管抽芯法是预先将钢管敷设在模板的孔道位置上，在混凝土浇筑后每隔一定时间慢慢转动钢管，以防止钢管与混凝土粘住，待混凝土初凝后、终凝前抽出钢管形成孔道。选用的钢管要求平直、表面光滑、敷设位置准确。钢管用钢筋井字架固定，间距不宜大于 1.0m，每根钢管的长度一般不超过 15m，以利于转动和抽管。钢管两端应各伸出构件外 0.5m 左右，较长的构件可采用两根钢管，中间用套管连接，如图 3-45 所示。

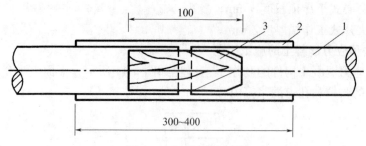

图 3-45　钢管连接方式
1—钢管；2—镀锌薄钢板套管；3—硬木塞

准确地掌握抽管时间很重要，抽管时间与水泥品种、气温及养护条件有关。抽管宜在混凝土初凝后、终凝前进行，以用手指按压混凝土表面不显指纹时为宜。抽管过早，会造成坍孔事故；太晚则混凝土与钢管黏结牢固，抽管困难，甚至抽不出来。常温下抽管时间约为混凝土浇筑后 3~5h。抽管顺序宜先上后下。抽管方法可用人工或卷扬机，抽管时必须速度均匀、边抽边转并与孔道保持在一条直线上。抽管后应及时检查孔道情况，并做好孔道清理工作，以防止以后穿筋困难。

2）胶管抽芯法

胶管抽芯法可用于留设直线、曲线或折线孔道。胶管有 5 层或 7 层夹布胶管和钢丝网橡皮管两种。前者质软，必须在管内充气或充水后才能使用；后者质硬，且有一定的弹性，预留孔道时与钢管一样使用，所不同的是浇筑混凝土后不需转动，抽管时可利用其具有一定弹性的特点，胶管在拉力作用下断面缩小，即可把管抽出。

胶管用钢筋井字架固定，间距不宜大于 0.5m 且曲线孔道处应适当加密。对于充水或充气的胶管，在浇筑混凝土前胶管中应充入压力为 0.6~0.8MPa 的压缩空气或压力水，此时胶管直径可增大（约 3mm）。当抽管时放出压缩空气或压力水，胶管孔径缩小，与混凝土脱开，随即抽出胶管，形成孔道。胶管抽芯法预留孔道，混凝土浇筑后不需要旋转胶管时间，一般控制在 200h·℃，抽管时应先上后下、先曲后直。

3）预埋波纹管法

孔道的留设除采用钢管或胶管抽拔成孔外，也可采用预埋波纹管的方法成孔，波纹管直接埋设在构件中而不再抽出。波纹管应密封良好并有一定的轴向刚度，接头应严密，不得漏浆。固定波纹管的钢筋井字架间距不宜大于 0.8m。波纹管全称为镀锌双波纹金属软管，是由镀锌薄钢带经压波后卷成，具有重量轻、刚度好、弯折方便、连接容易、与混凝土黏结性能好等优点，可制作成各种形状的孔道，并可省去抽管工序。

在留设孔道的同时，还要在设计规定的位置留设灌浆孔和排气孔。灌浆孔的间距为：预埋波纹管不宜大于 30m，抽芯成形孔道不宜大于 12m。曲线孔道的曲线波峰部位，宜设置排气孔。留设灌浆孔或排气孔时，可用木塞或镀锌钢管成孔。孔道成型后，应立即逐孔检查，发现堵塞，应及时疏通。

（2）预应力筋的张拉

1）一般规定

预应力筋张拉时，结构的混凝土强度应符合设计要求；当设计无要求时，不应低于设计强度标准值的 75%，以确保在张拉过程中混凝土不至于受压而破坏。对于块体拼装的预应力构件，立缝处混凝土或砂浆的强度如无设计要求时，不应低于混凝土设计强度标准值的 40%且不得低于 15MPa，以防止在张拉预应力筋时压裂混凝土块体或使混凝土产生过大的弹性压缩。安装张拉设备时，直线预应力筋应使张拉力的作用线与孔道中心线重合；曲线预应力筋应使张拉力的作用线与孔道中心线末端的切线重合。预应力筋张拉、锚固完毕，如需要割去锚具外露出的预应力筋时，则留在锚具外的预应力筋长度不得小于 30mm。锚具应用封端混凝土保护，如需长期外露应采取措施防止锈蚀。

后张法预应力筋的张拉控制应力，按《混凝土结构设计规程》的规定选取，见表 3-5。后张法预应力筋的张拉程序与先张法相同，既可以采用超张拉法，也可以采用一次张拉法。

2）张拉方法

为了减少预应力筋与孔道摩擦引起的损失，预应力筋张拉端的设置，应符合设计要求；当设计无要求时，应符合下列规定：

抽芯成形孔道：曲线预应力筋和长度大于 24m 的直线预应力筋，应在两端张拉；长度小于或等于 30m 的直线预应力筋可在一端张拉。

预埋波纹管孔道：曲线预应力筋和长度大于 30m 的直线预应力筋，宜在两端张拉；长度小于或等于 30m 的直线预应力筋，可在一端张拉。

同一截面中有多根一端张拉的预应力筋时，张拉端宜分别设置在结构的两端。当两端同时张拉同一根预应力筋时，为了减少预应力损失，宜先在一端锚固，再在另一端补足张拉力后进行锚固。

3）张拉顺序

预应力筋的张拉顺序应符合设计要求，当设计无具体要求时，可采用分批、分阶段对称张拉。应使混凝土产生超应力、构件不扭转与侧弯结构不变位等。因此，对称张拉是一项重要原则。同时，还要考虑到尽量减少张拉机械的移动次数。

对配有多根预应力筋的预应力混凝土构件，由于不可能同时一次张拉，应分批、对称地进行张拉。分批张拉时，应计算分批张拉的弹性回缩造成的预应力损失值，分别加到先张拉预应力筋的张拉控制应力内，或采用同一张拉值逐根复位补足。

对于平卧重叠浇筑的预应力混凝土构件，上层构件重量产生的水平摩阻力会阻止下层构件在预应力筋张拉时产生的混凝土弹性压缩的自由变形，待上层构件起吊后，由于摩阻力影响消失，则混凝土弹性压缩的自由变形恢复而引起预应力损失。所以，对于平卧重叠浇筑的构件，宜先上后下逐层进行张拉。为了减少上下层之间因摩阻力引起的预应力损失，可逐层加大张拉力。但底层张拉力，当采用钢丝、钢绞线、热处理钢筋时，不宜比顶层张拉力大 5%；当采用冷拉带肋钢筋时，不宜比顶层张拉力大 9%。当隔离层效果较好时可采用同一张拉值。

4）预应力值的校核和伸长值的确定

预应力筋张拉之前，应按设计张拉控制应力和施工所需的超张拉要求计算总张拉力。可以用式（3-19）计算：

$$N_{\text{p}} = (1+P)(\sigma_{\text{con}} + \sigma_{\text{p}}) A_{\text{p}} \tag{3-19}$$

式中　N_p——预应力筋总张拉力，kN；

　　　　P——超张拉百分率，%；

　　　σ_{con}——张拉控制应力，kN/mm^2；

　　　A_p——同一批张拉的预应力筋面积，mm^2；

　　　σ_p——分批张拉时，考虑后批张拉对先批张拉的混凝土产生弹性回缩影响所增加的应力值（对后批张拉时，该项为零，仅一批张拉时，该项也为零）。

预应力筋张拉时，应尽量减少张拉机具的摩阻力，摩阻力的数值应由试验确定，将其加在预应力筋的总张拉力中去，然后折算成油压表读数值，作为施工时的控制数值。

为了了解预应力值建立的可靠性，需对预应力筋的应力及损失进行检验和测定，以便在张拉时补足和调整预应力值。检验应力损失最方便的方法是将钢筋张拉 24h 后，未进行孔道灌浆以前，重复张拉一次，测读前后两次应力值之差，即为钢筋应力损失（并非全部损失，但已完成很大部分）。

预应力筋张拉时，通过伸长值的校核，综合反映张拉力是否足够，孔道摩阻损失是否偏大，以及预应力筋是否有异常现象。

用应力控制方法张拉时，还应测定预应力筋的实际伸长值，以对预应力筋的预应力值进行校核。预应力筋实际伸长值的测定方法与先张法相同。

（3）孔道灌浆

预应力筋张拉锚固后，孔道应及时灌浆以防止预应力筋锈蚀，增加结构的整体性和耐久性。

灌浆时，宜先灌注下层孔道，后灌注上层孔道。灌浆应连续进行，直至排气管排出的浆体稠度与注浆孔处相同且无气泡后，再顺浆体流动方向依次封闭排气孔；全部出浆口封闭后，宜继续加压 0.5～0.7MPa，并稳压 1～2min 后封闭灌浆口。

当浆体泌水较大时，宜进行二次灌浆和对泌水孔进行重力补浆。因故中途停止灌浆时，应用压力水将未灌注完孔道内已注入的水泥浆冲洗干净。

采用真空辅助灌浆时，孔道内抽真空负压宜稳定保持为 0.08～0.10MPa。

六、无黏结预应力混凝土工艺

1. 无黏结预应力混凝土工艺的原理

在后张法预应力混凝土中，预应力筋分为有黏结和无黏结两种。有黏结预应力是后张法的常规做法，张拉后通过灌浆使预应力筋与混凝土黏结。无黏结预应力混凝土是近年来发展起来的新技术，其做法是在预应力筋表面刷润滑剂并包塑料带（管）后如同普通钢筋一样先铺设在支好的模板内，然后浇筑混凝土，待混凝土达到设计要求的强度后进行预应力筋的张拉锚固。这种预应力混凝土工艺的优点是不需要预留孔道和灌浆、施工简单、张拉时摩阻力较小、预应力筋易弯成多跨曲线形状等。但预应力筋强度不能充分发挥（一般要降低 10%～20%），对锚具的要求也较高。

无黏结预应力筋是指施加预应力后沿全长与周围混凝土不黏结的预应力筋，它由预应力钢材、防腐润滑层及保护套层（如塑料外包层）组成，如图 3-46 所示。

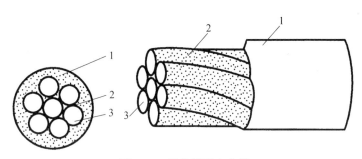

图 3-46 无黏结预应力筋

1—塑料外包层；2—防腐润滑脂；3—钢绞线（或碳素钢丝束）

2. 无黏结预应力筋的制作

无黏结预应力筋的制作，一般采用挤压涂层工艺，挤压涂层工艺制作无黏结预应力筋的工艺流程如图 3-47 所示。挤压涂层工艺主要是无黏结筋通过涂油装置出油后，涂油无黏结筋通过塑料挤压机涂刷塑料薄膜，再经冷却筒槽成型塑料套管。这种挤压涂层工艺的特点是效率高、质量好、设备性能稳定。

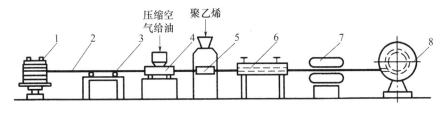

图 3-47 挤压涂层工艺流程图

1—放线盘；2—钢绞线；3—滚动支架；4—给油装置；
5—塑料挤出机；6—水冷装置；7—牵引机；8—收线装置

3. 无黏结预应力混凝土的锚具与端部处理

无黏结预应力构件中，锚具是把无黏结筋的张拉力传递给混凝土的工具。无黏结预应力筋的锚具不仅受力比有黏结预应力筋的锚具大，而且承受的是重复荷载。因而对无黏结预应力筋的锚具应有更高的要求。

我国主要采用高强钢丝和钢绞线作为无黏结筋。无黏结预应力筋根据设计需要，可在构件中配置较短的预应力筋，其一端锚固在构件端头作为拉张端，而另一端则直接埋入构件中形成有黏结的锚头。钢绞线无黏结筋的张拉端可采用 XM 型夹片式锚具，埋入端宜采用压花式埋入锚具。钢丝束无黏结筋的张拉端可采用镦头锚具，埋入端宜采用锚板式埋入锚具。

（1）锚板式埋入锚具

采用无黏结钢丝束时，钢丝束在埋入端宜采用锚板式埋入锚具，并用螺旋筋加强，如图 3-48 所示。施工中如端头无结构配筋时，需要配置构造钢筋使埋入端锚板与混凝土之间有可靠的锚固性能。

71

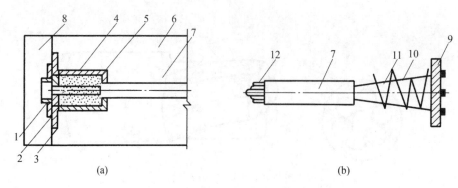

图 3-48　锚板式埋入锚具与端部处理

（a）张拉端；（b）锚固端

1—锚环；2—螺母；3—预埋件；4—塑料套管；5—防腐润滑脂；6—构件；7—软塑料管；

8—C30 混凝土封头；9—锚板；10—钢丝；11—螺旋钢筋；12—钢丝束

（2）压花式埋入锚具与端部处理

采用无黏结钢绞线时，钢绞线在埋入端宜采用压花式埋入锚具，将其放置在设计位置，如图 3-49 所示。这种做法的关键是张拉前埋入端的混凝土强度等级应高于 C30 才能形成可靠的黏结式锚头。

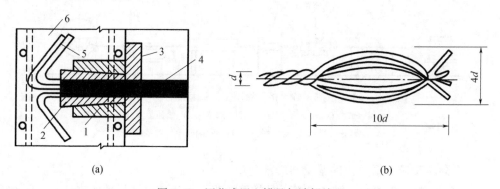

图 3-49　压花式埋入锚具与端部处理

（a）张拉端；（b）锚固端

1—锚环；2—夹片；3—预埋件；4—软塑料管；5—散开打弯钢丝；6—圈梁

4. 无黏结预应力混凝土的施工工艺

在无黏结预应力混凝土的施工中，重要工序是无黏结预应力筋的铺设、张拉及端部锚头处理。

（1）无黏结预应力筋的铺设

无黏结预应力筋使用前应逐根检查外包层的完好程度。对有轻微破损者，可包塑料带补好；对破损严重者应予以报废。铺设双向配筋的无黏结预应力筋，应先铺设标高较低的钢丝束，再铺设标高较高的钢丝束，以避免两个方向的钢丝束相互穿插。钢丝束的曲率可用铁马凳（或其他构造设施）控制，铁马凳间隔不宜大于 2m。钢丝束就位后，标高及水平位置经调整、检查无误后，用铅丝与非预应力钢筋绑扎牢固，防止钢丝束在浇筑混凝土施工过程中位移。

（2）无黏结预应力筋的张拉

无黏结预应力筋的张拉与后张法有黏结预应力钢丝束张拉相似。张拉程序一般采用 $0 \rightarrow 1.03\sigma_{con}$。由于无黏结预应力筋一般为曲线配筋，故应采用两端同时张拉方式。无黏结预应力筋的张拉顺序应根据其铺设顺序进行，先铺设的先张拉，后铺设的后张拉。

无黏结预应力筋配置在预应力平板结构中往往很长，如何减少其摩擦阻力损失值是一个重要的问题。影响摩擦阻力损失值的主要因素是润滑介质、外包层及预应力筋截面形式。其中，润滑介质和外包层的摩阻损失值对一定的预应力而言是个定值，相对较稳定；而截面形式则影响较大，不同截面形式其离散性是不同的。但如果能保证截面形状在全部长度内一致，则其摩擦阻力损失值就能在一个很小的范围内波动。否则，因局部阻塞就有可能导致其损失值无法预测。故预应力筋的制作质量必须设法保证。摩擦阻力损失值可用标准测力计或传感器等测力装置进行测定。成束无黏结筋正式张拉前，宜先用液压千斤顶往复抽动 1～2 次，以降低张拉摩擦损失。

无黏结筋张拉过程中，当有个别钢丝发生滑脱或断裂时，可相应降低张拉力。但滑脱或断裂的根数不应超过结构同一截面钢丝总根数的 2%。对于多跨双向连续板，其同一截面应按每跨计算。

（3）锚头处理

锚头端部处理方法取决于无黏结筋与锚具种类。在无黏结预应力筋采用钢丝束镦头锚具时，其张拉端头处理如图 3-49（a）所示。其中，塑料套筒供钢丝束张拉时锚环从混凝土中拉出来，软塑料管是用来保护无黏结筋钢丝束端部因穿锚具而损坏的塑料管。无黏结钢丝束的锚头防腐处理应特别重视。当锚环被拉出来后，塑料套筒内产生空隙，必须用油枪通过锚环的注油孔向套筒内注满防腐油脂，灌油后将外露锚具封闭好，避免长期与大气接触造成锈蚀。无黏结钢丝束的锚固端可采用扩大头的镦头锚板设置在构件内，如图 3-49（b）所示，并用螺旋状钢筋加强。若施工中端头无结构配筋时，需要配置构造钢筋，使锚固端锚板与混凝土之间有可靠锚固性能。

七、电热张拉预应力混凝土工艺

1. 电热张拉工艺的原理

电热法施工是利用钢筋热胀冷缩的原理来实现的。电热张拉预应力筋时，采用低电压强电流通过钢筋，钢筋通电后电能转化成热能使钢筋受热而产生纵向伸长，待预应力筋伸长值达到规定长度时，切断电源并立即锚固。此后由于钢筋冷却收缩，从而使混凝土构件产生预压应力，这种方法称为电热法。

电热法施工具有设备简单、操作方便、施工安全、便于高空作业等优点；同时对冷拉钢筋起到电热时效的作用，并且电热张拉时与孔道不存在摩擦损失，对曲线和环状配筋尤为适用。因此，电热法成为施加预应力的一种有效施工方法。但电热法具有耗电量大、用钢筋伸长值难以准确控制预应力值等缺点。

电热法既适用于制作先张法构件，又适用于制作后张法构件。当采用电热法生产后张法构件时，既可以制作有黏结的预应力构件，也可以制作无黏结预应力构件。采用冷拉钢筋预应力筋的结构，可采用电热法张拉，但对严格要求不出现裂缝的结构不宜采用电热张拉。采用波纹管或其他金属管作留孔道的结构，不得采用电热法张拉。圆形结构

（如水池、油罐），由于电热张拉过程中钢筋自由伸长，其摩擦损失小，故仍可采用电热法施工。

2. 钢筋伸长值的计算

电热法是利用控制钢筋伸长值来建立预应力值的。因此，正确计算钢筋的伸长值是电热法施工的关键。构件按电热法张拉工艺设计时，在设计中已经考虑了由于预应力筋放张而产生的混凝土弹性压缩对预应力筋有效应力值的影响，因此，在计算钢筋电热伸长时只需考虑电热张拉工艺的特点。预应力筋在电热张拉过程中，由于钢筋不直以及钢筋在高温和应力状态下的塑性变形将产生预应力损失。因此，预应力筋电热所需的伸长值 ΔL（mm）可按式（3-20）计算。

$$\Delta L = \frac{\sigma_{con} + 30}{E_s} \cdot l \tag{3-20}$$

式中　σ_{con}——张拉控制应力值。可按先张法的规定采用；对电热后张法构件，为提高构件抗裂性能，可适当提高，但电热后建立的预应力也得大于表 3-5 中后张法规定的数值；

　　　l——电热前钢筋的总长度，mm；

　　　E_s——电热后钢筋的弹性模量，当条件允许时，可由试验确定，MPa；

　　　30——由于钢筋不直和热塑变形而产生的附加预应力损失值，MPa。

对抗裂性能要求较高的构件，成批生产前应检查所建立的预应力值，其偏差不应大于相应阶段应力值的 10% 或小于应力值的 5%，并根据实际建立预应力值的复核结果，对伸长值进行必要的调整。

3. 电热设备的选择

（1）变压器

变压器可选用低压变压器或弧焊机，一次电压为 220～380V，二次电压为 30～65V。

（2）导线和夹具的选择

从电源接至变压器的导线称为一次导线，一般采用普通绝缘硬铜线。从变压器接至预应力筋的导线称为二次导线，导线选择是指二次导线的选择。导线愈短愈好，一般不超过 30m。导线的截面积由二次电流的大小确定，铜线的控制电流密度不超过 $5A/mm^2$，以确保导线温度限制在 50℃ 以下。

夹具是供二次导线与预应力钢筋连接用的工具。对夹具的要求是：导电性能好、接头电阻小；与钢筋接触紧密，接触面积不小于钢筋截面面积的 1.2 倍；构造简单、便于装拆。

4. 电热法施工工艺

电热法施工工艺流程如图 3-50 所示。

电热法张拉的预应力筋锚具，一般采用螺栓端杆锚具、帮条锚具或镦头锚具并配合 U 形垫板使用。在通电张拉预应力钢筋前，应用绝缘纸垫在预应力钢筋与预埋铁件之间做好绝缘处理，防止通电后发生分流和短路现象。分流现象是指电流不能集中在预应力筋上而分流到构件的其他部分；短路现象系指电流不能通过预应力筋的全长而半途折回的现象。构件预留孔道内非预内力筋外露或绑扎钢筋的铁丝外露是产生分流的常见原

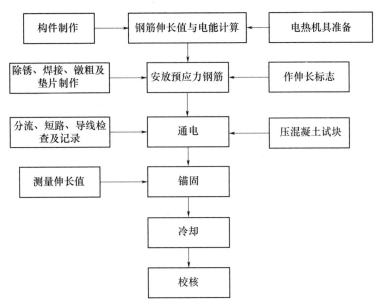

图 3-50　电热法（后张法）施工工艺流程

因，因此采用电热张拉工艺时构件预留孔道的质量必须保证。

电热张拉预应力值由电热伸长来确定。因此，预应力筋穿入孔道并做好绝缘处理后，必须拧紧螺母以减少垫板松动和钢筋不直的影响。拧紧螺母后，量出螺栓在螺母外的外露长度，作为测定电热伸长的基数。预应力筋通电后就开始伸长，当达到规定电热伸长值后，切断电源、拧紧螺母，电热张拉即告完成。

预应力筋电热张拉过程中，应随时采用钳形电流表测定电流，用半导体测温计或变色测温笔测定钢筋温度并做好记录。冷拉钢筋作为预应力筋的电热张拉，其反复电热张拉次数不宜超过 3 次，因为反复电热次数过多，冷拉钢筋将失去增强效应，导致钢筋强度的降低。电热张拉完毕后，预应力筋在冷却过程中逐步建立应力。为了保证电热张拉伸长控制应力的精确性，应在电热张拉完毕、钢筋冷却以后，用千斤顶校核预应力值。校核时的预应力值偏差不应大于相应阶段预应力值的 10％或小于其值的 5％。

八、预应力的损失与控制

由于张拉工艺和材料特性等原因，预应力钢筋的张拉应力在构件施工及使用过程中是不断降低的，这种应力降低现象称为预应力损失。预应力损失与预应力构件的使用性能，如抗裂度、裂缝、挠度有着密切关系，对无黏结预应力梁的受弯承载力和超静定结构的内力分布也很有影响。因此，正确估算和尽可能减少预应力损失是设计预应力结构构件的重要内容。

预应力损失可以分为瞬时损失和长期损失两个部分。瞬时损失是指施加预应力时短时间内完成的损失，包括锚具变形和钢筋滑移、混凝土弹性压缩、先张法蒸汽养护及折点摩阻、后张法孔道摩擦及分批张拉等损失。长期损失是指考虑了材料的时间特性所引起的损失，包括混凝土的收缩、徐变和预应力钢筋应力松弛损失。

1. 台座和锚具的变形

台座的位移、变形及倾角均将引起预应力损失。因此台座应具有足够的强度、刚度及稳定性。而锚具垫板与制品间的挤压变形，钢筋与锚具的相对位移及松动等也将造成应力损失，所以锚具尺寸应该精准，并具有足够的强度、刚度和支承面积，受力变形小，锚具可靠且尽量少用钢垫板。

2. 摩阻力的影响

采用后张法时，钢筋与孔道的摩阻力、锥形锚具内的预应力钢丝与锚具的摩阻力等均能引起应力损失。

（1）孔道摩阻应力损失。其数值与孔道长度、弯曲度、光滑度、尺寸精度及钢筋外形等有关。摩阻力与张拉力反向作用，使钢筋应力自张拉端向锚固端逐渐减小。钢筋对曲线孔道壁还产生横向压力，可使摩阻力更大。预应力筋与孔道壁之间的摩擦引起的预应力损失值σ_{l2}，宜按式（3-21）计算：

$$\sigma_{l2} = \sigma_{con}\left(1 - \frac{1}{e^{kx+\mu\theta}}\right) \tag{3-21}$$

当（$kx+\mu\theta$）不大于 0.3 时，σ_{l2} 可按下列近似公式计算：$\sigma_{l2} = (kx+\mu\theta)\sigma_{con}$。

注：当采用夹片式群锚体系时，在 σ_{con} 中宜扣除锚口摩擦损失。

式中　　x——从张拉端到计算截面的孔道长度，可近似取该段孔道在纵轴上的投影长度，m；

θ——从张拉端至计算截面曲线孔道各部分切线的夹角之和，rad；

k——考虑孔道每米长度局部偏差的摩擦系数；

μ——预应力筋与孔道壁之间的摩擦系数。

为减少摩阻应力损失，孔道直径应比钢筋、对焊接头或传入孔道锚具的外径大10～15mm。孔道力求平直、光滑，严禁堵塞和变形位移；曲线孔道及长度大于 24m 的直线孔道，应从两端同时张拉；或一端张拉后再从另一端补足预应力值，或从一端重复张拉2～3 次；一端张拉多根预应力筋时，应将张拉端交替设于制品的两端，其平均应力将使孔道摩阻应力损失减少 50%，采用超张拉的张拉制度也可有效减少孔道摩阻应力损失。

（2）锥形锚具锚口摩阻应力损失。该预应力损失是由钢筋在锥形孔小口的弯折而产生摩阻力 F 引起的，其数值与张拉力 P，锚圈锥角 α 及钢筋与锚口的摩擦系数 f 有关，见式（3-22）。

$$F = fP\tan\alpha \tag{3-22}$$

锚口摩阻应力损失则与摩阻力成正比，一般取预应力筋张拉力的 2%～5%。实践中，可实测确定锚口应力损失。除考虑超张拉力外，还应将该项损失计入总张拉力中。

3. 热养护时温差的影响

先张法采用热养护加速台座周转时，混凝土尚未硬化而未与钢筋黏结，钢筋即受热伸长，而两端台座则未受热并固定不动，以致引起钢筋松动。混凝土硬化并与钢筋黏结后钢筋应力无法恢复到原张拉值。钢筋线膨胀系数为 $0.00001 \times \Delta t \times E_g = 20\Delta t$（其中 E_g 为钢筋的弹性模量），可见，温差越大，损失也越大。采用二次升温制度，可减少温差应力损失。即先升温并保持在 20℃，待混凝土强度达 7.5～10.0MPa 时，再按规定继续升温养护。模外张拉制品热养护时，通常无此项损失。

4. 预应力筋的应力松弛

钢材受力后，在固定长度下应力随时间而降低的现象称为应力松弛。钢筋张拉锚固后，松弛将引起应力损失。松弛损失值与钢筋品种、延续时间及控制应力有关。钢筋的松弛损失小于碳素钢丝、冷拔钢丝及钢绞线。松弛的发展特征是先快后慢。1h 约为 50%，24h 约为 80%，1000h 接近于终值，张拉力控制应力越高，应力松弛造成的应力损失也越大。

超张拉和反复张拉是减少松弛应力损失的有效措施，该项损失可减少 40%～60% 的应力损失。如 24h 后再补足张拉控制应力，则效果更佳。

5. 混凝土的收缩和徐变

在环境温度及湿度的作用下，混凝土体积随时间的减缩称为收缩。干燥过程中，毛孔水蒸发使混凝土在微管压力作用下而收缩，凝胶水和层间水的蒸发，也相应使凝胶体颗粒靠近而造成收缩。因而原料品种、性质及混凝土配合比均将影响收缩的大小。混凝土密实度越高、收缩越小。水泥强度等级高，用量大，水灰比大，加水量多，均使收缩值增大。

徐变则是混凝土在长期恒定荷载下，随时间而增大的塑性变形。其起源主要在于水泥石凝胶体结构中的吸附水和层间水在应力作用下的迁移变化。应力越大，其迁移变形的速度越大，徐变也就越大；混凝土强度低、密度小、毛细管通道阻力小，则徐变就变大，反之亦然。因此，水泥用量多，水灰比大，骨料弹性模量小时，徐变均增大。

在预压力作用下，收缩及徐变均使制品长度缩短，预应力筋也随之回缩，以致造成预应力损失。一般先张拉法的该项损失大于后张法的。

混凝土收缩，徐变引起受拉区和受压区纵向预应力筋的预应力损失值 σ_{l5}、σ'_{l5} 可按下列方法确定：

（1）一般情况

1）对于先张法构件

$$\sigma_{l5} = \frac{60 + 340 \frac{\sigma_{pc}}{f'_{cu}}}{1 + 15\rho} \tag{3-23}$$

$$\sigma'_{l5} = \frac{60 + 340 \frac{\sigma'_{pc}}{f'_{cu}}}{1 + 15\rho'} \tag{3-24}$$

2）对于后张法构件

$$\sigma_{l5} = \frac{55 + 300 \frac{\sigma_{pc}}{f'_{cu}}}{1 + 15\rho} \tag{3-25}$$

$$\sigma'_{l5} = \frac{55 + 300 \frac{\sigma'_{pc}}{f'_{cu}}}{1 + 15\rho'} \tag{3-26}$$

式中　σ_{pc}、σ'_{pc}——受拉区、受压区预应力筋合力点处的混凝土法向压应力；

　　　f'_{cu}——施加预应力时的混凝土立方体抗压强度；

ρ，ρ'——受拉区、受压区预应力筋和普通钢筋的配筋率；对先构法构件，$\rho = (A_p + A_s)/A_0$，$\rho' = (A'_p + A'_s)/A_0$；对后张法构件，$\rho = (A_p + A_s)/A_n$，$\rho' = (A'_p + A'_s)/A_n$；对于对称配置预应力筋和普通钢筋的构件，配筋率 ρ，ρ' 应按钢筋总截面面积的一半计算。

受拉区、受压区预应力筋合力点处的混凝土法向压应力 σ_{pc}、σ'_{pc} 应按《混凝土结构设计规范》（GB 50010—2010）的规定计算。此时预应力损失值仅考虑混凝土预压前（第一批）的损失，其普通钢筋中的应力 σ_{l5}、σ'_{l5} 值应取零；σ_{pc}、σ'_{pc} 值不得大于 $0.5f'_{cu}$；当 σ'_{pc} 为拉应力时，式（3-24）和式（3-26）中的 σ'_{pc} 应取为零。计算混凝土法向应力 σ_{pc}、σ'_{pc} 时，可根据构件制作情况考虑自重的影响。

当结构处于年平均相对湿度低于 40% 的环境下，σ_{l5}、σ'_{l5} 值应增加到 30%。

（2）重要的结构构件

当需要考虑与时间相关的混凝土收缩、徐变及预应力筋应力松弛预应力损失值时，宜按照根据《混凝土结构设计规范（2015 年版）》（GB 50010—2010）附录 K 进行计算。为减少收缩和徐变引起的预应力损失，必须加强混凝土的选材、配制、密实成型及养护等工艺的质量控制。

6. 环形制品的螺旋式预应力筋

螺旋式预应力筋挤压混凝土，使其直径减少，并引起预应力损失。其损失值与制品直径 D 成反比，当 $D > 3m$ 时，预应力基本上无损失。

7. 预应力损失的组合

预应力混凝土构件从预加应力开始即需要进行计算，而预应力损失是分批发生的。因此，应根据计算需要，考虑相应阶段所产生的预应力损失。构件在各阶段的预应力损失值宜按表 3-6 的规定进行组合。

表 3-6　各阶段预应力损失值的组合

预应力损失值的组合	先张法构件	张拉控制应力
混凝土预压前（第一批）的损失	$\sigma_{l1} + \sigma_{l2} + \sigma_{l3} + \sigma_{l4}$	$\sigma_{l1} + \sigma_{l2}$
混凝土预压后（第二批）的损失	σ_{l5}	$\sigma_{l4} + \sigma_{l5} + \sigma_{l6}$

复习思考题

1. 阐述钢筋的冷加工原理和冷加工方式，并说明冷加工后钢筋的性能改变。

2. 钢筋的焊接工艺和机械连接工艺种类有哪些？各自的工艺特点是什么？

3. 预应力混凝土对原材料的要求有哪些？

4. 阐述先张法预应力混凝土的工艺原理和各工序的关键点。

5. 阐述后张法预应力混凝土的工艺原理和各工序的关键点。

6. 阐述电热张拉预应力混凝土的工艺原理。

7. 影响混凝土预应力损失的因素有哪些？应采用哪些措施以减少预应力损失？

第四章　混凝土的搅拌工艺

搅拌是指将两种或两种以上的材料，经器械搅动而达到相互分散均匀的过程。

搅拌是混凝土生产工艺过程中极其重要的一道工序，配制混凝土的各种材料，如胶凝材料、粗骨料、细骨料、水等经搅拌后成为均匀的拌和物。由于混凝土的配合比是按细骨料恰好填满粗骨料的间隙、水泥浆均匀分布在粗细骨料的表面来设计的，且各原材料的物理性能差异较大，如搅拌不好则会导致各原材料分布不均，对混凝土的强度和耐久性等均将产生较大的负面影响。此外，搅拌对混凝土拌和物而言，还可起到一定的塑化和强化作用。

第一节　混凝土搅拌的基本理论

一、混凝土搅拌的任务

搅拌的主要任务是使混凝土拌和物最终达到规定的均匀度。因此，各种类型搅拌机的主要作用均是使物料在搅拌机内产生剪切、对流及扩散的循环运动，使物料在频繁的位置迁移中达到各组分的均匀分布。

对混凝土而言，在搅拌过程中完成的主要任务有：

① 使各组分均匀分布，达到宏观和微观上的匀质；

② 破坏水泥颗粒团聚，并使各颗粒的表面均被水浸润，促使弥散现象的发展；

③ 破坏水泥颗粒表面的初始水化物薄膜包裹层，使水泥颗粒可以不断水化；

④ 因为骨料表面常覆盖一薄层灰尘和黏土，有碍于骨料与水泥石之间界面过渡区的质量，所以通过搅拌使物料颗粒间产生多次碰撞和互相摩擦，以减少灰尘薄膜的影响；

⑤ 提高混凝土拌和物中各原材料参与运动的次数和运动轨迹的交叉频率，以加速拌和物达到匀质化。

二、混凝土搅拌的过程

混凝土的搅拌过程大致可人为地分为三个阶段：

第一阶段：拌和物处于一个从干拌到湿拌的过渡状态，此时拌和物各组分还处于极不均匀的分布状态，由于稠度不相同，所以内聚力也不相同。水泥浆填入骨料空隙后，增加了骨料颗粒之间的摩擦力，通过搅拌工具的剪切作用使颗粒位置进行交换。

第二阶段：由于在剪切面和滑移面发生骨料位置的交换，拌和物的稳定性得到了巩固。

第三阶段：骨料开始或多或少地从拌和物中分离出来，骨料的尺寸差别越明显，骨料的位置交换作用越强，离析现象也就越严重。另外，随着时间延长而增加的磨损使得骨料总表面积增加，拌和物变得干稠。也就是说，拌和物的和易性在此阶段之后开始变差。

三、混凝土的搅拌理论

常用的搅拌机械使混凝土搅拌均匀的机理有重力搅拌机理、剪切搅拌机理及对流搅拌机理。

1. 重力搅拌机理

当物料刚投入搅拌机中时，其相互之间的接触面最小，随着搅拌筒或搅拌叶片的旋转（视搅拌机类型而异），将物料提升到一定的高度，然后物料在重力作用下自由下落，从而达到相互混合的目的，这种机理称为重力搅拌机理。

物料的运动轨迹，既有上部物料颗粒克服与搅拌筒的黏结力作抛物线自由下落的轨迹，也有下部物料表面颗粒克服与物料的黏结力作直线滑动和螺旋线滚动的轨迹。由于下落的时间、落点的远近及滚动的距离不同，使物料之间产生相互的穿插、翻拌等作用而达到搅拌均匀的目的。

2. 剪切搅拌机理

在外力作用下，使物料作无滚动的相对位移而达到搅拌均匀的机理，称为剪切搅拌机理。

物料被搅拌叶片带动，强制式地作环向、径向、竖向等运动，以增加剪切位移，直至拌和物被搅拌均匀。

3. 对流搅拌机理

在外力作用下，使物料产生以对流作用为主的搅拌机理，称为对流搅拌机理。

在筒壁内侧无直立板的圆筒形搅拌筒内，由于颗粒运动的速度和轨迹不同，使物料发生混合作用，此时接近搅拌叶片的物料被混合得最充分，而筒底则易形成死角。为了避免筒底死角的形成，可在筒壁内侧设置直立挡板，这样不但可以形成竖向对流，而且在两个相邻直立挡板间的扇形区域内沿筒底平面还可形成局部环流。

四、混凝土搅拌均匀性的评价方法

混凝土拌和物的匀质性是指混凝土拌和物中各组分材料在宏观上和微观上的均匀程度。当混凝土材料组成及配合比相同时，匀质性差的混凝土，其拌和物性能、力学性能及耐久性等均会降低。

对混凝土拌和物宏观均匀程度的评价，是将拌和物不同部位所取样品测定其中骨料、胶凝材料的含量，取其平均差值作为不均匀度。一般要求胶凝材料含量的不均匀度在1%以下，骨料的不均匀度在5%以下。实践证明，采用机械搅拌的混凝土，一般在很短的时间内（10~20s）就可达到宏观上的均匀。

但若对宏观上均匀的拌和物进行仔细观察，会发现有些骨料表面仍是干燥的。此外，即使是宏观达到匀质的混凝土拌和物，在显微镜下仍然可以发现水泥颗粒并没有均匀地分散在水中，而有10%~30%的水泥颗粒聚集在一起，形成微小的水泥聚集体。所以，只是宏观上达到均匀要求的拌和物，还不能认为达到了均匀搅拌，还必须进行微观均匀度的测定。

对混凝土拌和物微观均匀度的测定，目前还没有一种直接而便捷的方法，现在多采用间接的方法来测定和判断。该间接方法是采用比较混凝土硬化后强度的不均匀度来推测其微观上的不均匀度。该方法是基于"微观上越均匀的混凝土拌和物，硬化后其强度越高"这一假设。采用强度来作为混凝土微观均匀性的评定是较为科学的，因为强度是混凝土最主要的力学性能，而混凝土强度又主要取决于水泥石的结构及水泥石与骨料间的界面结构。胶凝材料的聚团现象影响了水泥石与骨料的界面结构，也必将影响混凝土的强度。因此在制备混凝土拌和物时，不仅要求达到宏观上的匀质性，更重要的是要达到微观上的匀质性，尽可能地使胶凝材料颗粒均匀分散和确保局部水胶比的均匀性，从而提高混凝土强度。

五、影响混凝土搅拌质量的因素

影响混凝土搅拌质量的因素主要有材料因素、设备因素及工艺因素。

1. 材料因素

液相材料的黏度、密度及表面张力是影响搅拌均匀性的主要因素。通常，黏度高、密度大的液相材料，搅拌均匀所需要的时间较长或搅拌机所需要的动力较大。表面张力大的液相材料也难以被搅拌均匀，一般需要采用表面活性剂来降低液相材料的表面张力。

固体材料的密度、粒度、形状、含水率等是影响搅拌均匀性的主要因素。密度差小、粒径小、级配良好、针片状含量小、含水率低且接近的固体材料容易被搅拌均匀。

混凝土是液体材料与固体材料的混合物，水泥浆体黏度低和内聚力好、骨料粒形和级配合理、配合比合理时，混凝土易于搅拌均匀。为了达到上述目的，在混凝土中掺入矿物掺合料和减水剂是常用的方法。

2. 设备因素

当原材料和配合比不变时，搅拌机的类型及转速等对混凝土搅拌均匀性有重要的影响，详见本章第二节。

3. 工艺因素

在原材料、配合比、搅拌设备不变时，良好的工艺因素能提高搅拌质量或缩短搅拌时间。这些工艺因素主要包括搅拌机搅拌量、投料顺序及搅拌时间等。

六、提高混凝土搅拌均匀性的方法

1. 搅拌强化

凡因改变搅拌工艺而加速水泥等胶凝材料的水化反应、提高混凝土早期强度或后期强度的方法均可称为搅拌强化。

（1）均匀强化

在普通的搅拌机中充分运用重力、剪切、对流等作用能使混凝土拌和物达到宏观上的均匀，但还是不能使胶凝材料颗粒与拌和水均匀混合，可采用均匀强化来进一步提高搅拌质量。

振动搅拌是均匀强化的一种方法。它在搅拌的同时加以振动，使胶凝材料颗粒处于颤动状态，这样不仅破坏了胶凝材料的聚集体，而且使胶凝材料颗粒在拌和水中得以均匀分布。同时振动搅拌使胶凝材料颗粒运动速度加快，增加了有效碰撞的次数，加速了胶凝材料颗粒表面的水化生成物向液相扩散的速度，最终达到使胶凝材料水化加速的目的。因此，振动搅拌可有效地提高混凝土的强度，改善混凝土拌和物的流动性。

（2）粉碎强化

在搅拌过程中，将胶凝材料颗粒进一步粉碎，使其表面积增大，新粉碎的表面具有较高的表面活化能，促使胶凝材料水化反应加剧，使混凝土的强度进一步提高。

超声搅拌先以超声波发生器对水泥砂浆进行活化搅拌，再用普通混凝土搅拌机将已被活化的水泥砂浆与粗骨料搅拌成混凝土拌和物。超声活化主要是利用了超声波在液体中传播时的空化效应。超声波对液体的附加压力使局部液体撕开而形成的负压区称为空化气泡，随着空化气泡的形成与瞬间爆开，对液体产生冲击力。在液体冲击力、超声波的高频振动力以及原来在胶凝材料颗粒微裂缝中所含有气泡的快速外逸而产生的膨胀力共同作用下，胶凝材料颗粒粉碎，从而加速了胶凝材料水化反应。

（3）加热强化

合理提高搅拌时的物料温度，可以加速胶凝材料水化，使混凝土早期强度得以提高。

（4）界面强化

除高强混凝土外，一般混凝土的破坏是沿强度较低的水泥石与骨料界面发生和发展的，若能提高水泥石与骨料的界面强度，就能提高混凝土的强度。如采用水泥裹砂法，则可通过改善水泥石与骨料界面强度而达到提高混凝土强度的目的，详见二次投料法。

2. 改变投料顺序

投料顺序应从提高混凝土拌和物质量和混凝土强度、减少骨料对叶片和衬板的磨损及混凝土拌和物与搅拌筒的黏结、减少扬尘、改善工作环境、降低电耗、提高生产率等因素综合考虑决定，其中以质量为首要地位。按照投料次数的不同，混凝土搅拌可以分为一次投料法和二次投料法两种方式。

（1）一次投料法

目前常用的是一次投料法，也就是将粗骨料、细骨料、胶凝材料等原材料放入料斗后再和水一起进入搅拌筒进行搅拌。这种方法工艺简单、操作方便。但在瞬间的投料过程中，各物料的投料顺序仍略有先后。

（2）二次投料法

按照投料先后顺序的不同，二次投料法又可以分为预拌水泥净浆法、预拌水泥砂浆法和水泥裹砂法三种方式。

① 预拌水泥净浆法。先将水泥和水充分搅拌成均匀的水泥净浆后，再加入粗、细骨料搅拌成混凝土。

② 预拌水泥砂浆法。将水泥、细骨料和水加入搅拌筒内进行搅拌，成为均匀的水泥砂浆后，再加入粗骨料搅拌成混凝土拌和物。采用这种投料方法时，砂浆中无粗骨料，便于搅拌均匀；粗骨料投入后，易被砂浆均匀包裹，有利于混凝土强度提高，减少粗骨料对叶片及衬板的磨损，尤其是这种投料法可节省电能，不致超出额定电流。该方法的不足之处是搅拌干硬性混凝土时，砂浆易粘筒壁，不易搅拌均匀，故需适当延长搅

拌时间。如果加水时间过长，粗骨料投入过早，电流峰值易超过额定电流值，从投料开始起的搅拌时间也相应延长，对于流动性混凝土拌和物需 50～60s，干硬性混凝土拌和物需 60～70s。

③ 水泥裹砂法（Sand enveloped with cement，SEC）。该方法是日本大成建设株式会社和利布昆尼阿林库株式会社研制出来的一种制备混凝土拌和物的方法。制备 SEC 混凝土，采用两阶段工艺（两次搅拌）最合适，图 4-1 为制备 SEC 混凝土的两阶段流程图。该方法是首先调节搅拌机中细骨料的含水率为 15%～25%，然后投入水泥搅拌成 SEC 砂浆，使水泥均匀分散在细骨料表面，形成水泥浆壳，然后再加入粗骨料和剩余的水进行搅拌。在二次加水进行二次搅拌时，细骨料周围的水泥皮壳与二次水充分混合，形成分散性良好的水泥浆并填充到骨料之间的空隙中，同时水泥浆由于受到 SEC 骨料的约束，使水分的移动也受到制约，因而其泌水量几乎接近零，骨料的离析概率也极低，所以使混凝土的性能得到了改善。

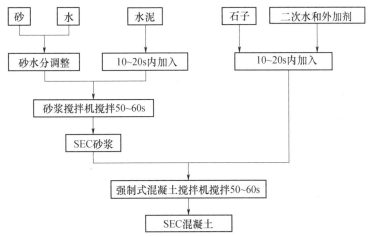

图 4-1　制备 SEC 混凝土的两阶段流程图

二次投料法是在一次投料法基础上将投料顺序、搅拌方式进行变动而形成的。其最根本的优点在于，采用二次投料法生产混凝土克服了水泥浆体难以把骨料完全均匀包裹的缺陷，从而达到增加混凝土强度或节约水泥的目的。对于二次投料法，国内外的试验表明，强度等级与一次投料法相比可提高 15%，在强度等级相同的情况下，可节约水泥 15%～20%。对于 SEC 法制备的混凝土与一次投料法相比，强度可提高 20%～30%，混凝土不易产生离析现象，泌水少，工作性好。

3. 优选工艺参数

（1）额定容量

搅拌机的容量有进料容量和出料容量两种表示方法，另外还有几何体积，具体含义和相互关系如下：

① 进料容量 V_1，指装进搅拌筒而未经搅拌的干料体积。

② 出料容量 V_2，指卸出搅拌机的成品混凝土体积，将该容量规定为搅拌机的额定容量，是搅拌机的主要参数。

③ 搅拌机的几何体积 V_0，指搅拌筒能够容纳拌和物的体积，它与进料容量 V_1 的关

系见式（4-1）。

$$\frac{V_1}{V_0} = 0.25 \sim 0.5 \tag{4-1}$$

出料容量 V_2 与进料容量 V_1 的比值以出料系数 φ_1 表示，见式（4-2）。搅拌机卸出的新鲜混凝土体积 V_2 与捣实后的新鲜混凝土体积 V_3 之比以压缩系数 φ_2 来表示，见式（4-3）。

$$\varphi_1 = \frac{V_2}{V_1} = 0.6 \sim 0.7 \tag{4-2}$$

$$\varphi_2 = \frac{V_2}{V_3} = 1.0 \sim 1.5 \tag{4-3}$$

φ_2 的大小与混凝土的性质有关，对于干硬性混凝土，该值为 $1.26 \sim 1.45$；对于塑性混凝土为 $1.11 \sim 1.25$；对于大流动性混凝土为 $1.04 \sim 1.10$。

（2）搅拌机转速

搅拌机的转速对混凝土拌和物的搅拌质量影响很大。转速过高，因离心力过大，物料难以均匀分布，导致搅拌质量降低，甚至无法进行搅拌；转速过低，则降低了生产效率。

（3）搅拌时间

从原料全部投入搅拌筒时起至混凝土拌和物开始卸出时为止，所经历的时间称为搅拌时间。通常搅拌时间随搅拌机类型和拌和物和易性的不同而异。在实际生产中，应根据混凝土拌和物的性质、对混凝土拌和物均匀性的要求、搅拌机的性能以及生产效率等因素决定搅拌时间。

搅拌时间对混凝土性能有重要影响，如搅拌时间长，因搅拌均匀性的提高而能够提高混凝土的强度；反之，如缩短搅拌时间，则会降低混凝土的强度。对于强度等级高、坍落度小、搅拌筒容量大等情况，搅拌时间应相对延长；对使用特殊材料的特殊混凝土，也应适当延长搅拌时间。但过长的搅拌时间会引起强度较低的粗骨料在搅拌机中破碎，进而影响搅拌质量；用电量、设备损耗、劳动生产率等指标也随着搅拌时间的延长而劣化。

混凝土的最短搅拌时间可按表 4-1 选用，当能保证混凝土搅拌均匀时可适当缩短搅拌时间。搅拌高强度等级的混凝土时，搅拌时间应适当延长；当采用自落式搅拌机时，搅拌时间应适当延长；当掺有外加剂时，搅拌时间也应适当延长。

表 4-1　混凝土的最短搅拌时间

混凝土坍落度（mm）	搅拌机机型	最短时间（s）		
		搅拌机容量<250L	搅拌机容量 250~500L	搅拌机容量>500L
≤30	自落式	90	120	150
	强制式	60	90	120
>30	自落式	90	90	120
	强制式	60	60	90

对于混凝土拌和物的和易性是否满足施工方的委托要求，搅拌楼的机器操作人员常以观察搅拌机的主轴电机电流表（表盘式或数字式）来确认拌和物的和易性是否符合出机要求，这种方法只能在一定范围内大致进行判断。搅拌时的电流大小不仅受拌和物的

黏度影响，而且也受电压的影响，甚至设备的磨损或搅拌数量的多少都会影响到电流的变化。如果使用电流与时间曲线图来控制拌和物的出机质量，其效果会很好，如图 4-2 所示。

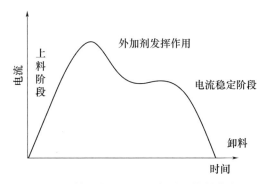

图 4-2　拌和物出机电流与时间控制曲线

第二节　混凝土搅拌机

混凝土搅拌机是混凝土搅拌的主要机械，搅拌机在运行中使物料颗粒之间产生正压力，从而使混凝土拌和物搅拌均匀。其正应力主要来源于：

① 相邻上下颗粒垂直方向的压力差；

② 相邻颗粒由于运动速度大小和方向的不同，而引起的挤压和碰撞所产生的压力。

显然，当物料颗粒相对运动速度越大时，所产生的压力也越大，这对于夹在它们之间的水泥颗粒聚集体和水泥颗粒表面包裹层的破坏效果也越好。这种作用应该主要由比表面大、形状相对规则的细骨料和水泥颗粒来完成。不难想象，当拌和物不但有同一方向运动，而且有交叉运动，甚至产生"逆流"运动，且其频率高、范围大时，实现微观匀质的可能性便会加大。

因此，搅拌机在搅拌过程中应注意：在利用拌和物重力势能的同时，尽可能地使处在搅拌过程中的拌和物各组分的运动轨迹在相对集中区域内互相交错穿插，在整个拌和物体积中最大限度地产生相互摩擦，并尽可能地提高各组分参与运动的次数和运动轨迹的交叉频率，为混凝土拌和物实现宏观和微观匀质性创造最有利的条件。

目前生产的各种搅拌设备（或称为搅拌机）有两种形式：一种是施工现场独立工作的单机，另一种是混凝土搅拌楼及其配套主机。

本节主要介绍混凝土搅拌单机，在第三节中围绕搅拌系统来介绍混凝土搅拌楼。

一、混凝土搅拌机的搅拌工作原理

为了适应不同混凝土的搅拌和使用要求，混凝土搅拌机已发展出了多种机型。虽然各种机型在结构和性能上各具特点，但是从搅拌工作特点来分，主要是自落式和强制式两类。

1. 自落式搅拌机的工作原理及特点

自落式搅拌机工作原理如图 4-3（a）所示，搅拌物料由固定在搅拌筒内的叶片带至高处，靠重力下落进行搅拌。该类搅拌机的工作机构为筒体，沿内壁安装着若干搅拌叶片。工作时，筒体可围绕其自身轴线（水平或倾斜）回转。利用叶片对物料进行分割、提升、撒落及冲击，从而使拌和物的相互位置不断地进行重新分布，达到搅拌均匀的目的。

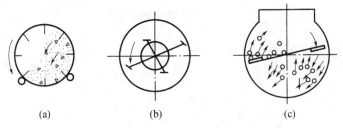

图 4-3　混凝土搅拌机的工作原理示意图
(a) 自落式搅拌；(b)、(c) 强制式搅拌

这类搅拌机的优点是结构简单，磨损程度小，易损件少，对骨料粒径大小有一定适应性，使用和维护也较简单；主要缺点是靠物料的重力自落而实现搅拌，搅拌强度不大，而且转速和容量受到限制，生产效率低，一般只适用于拌和塑性混凝土。自落式搅拌机因其缺点过于明显，现已逐渐退出工程使用。

2. 强制式搅拌机的工作原理及特点

强制式搅拌机的工作原理如图 4-3 (b) 和 (c) 所示。搅拌机构是由垂直 [图 4-3 (b)] 或水平 [图 4-3 (c)] 设置在搅拌筒内壁的搅拌轴组成，轴上安装有搅拌叶片。工作时，转轴带动叶片对筒内物料进行剪切、挤压及翻转推移等强制搅拌作用，使物料在剧烈的相对运动中得以拌和均匀。

强制式搅拌机是借助于搅拌叶片对物料进行强制导向搅拌。其搅拌叶片可以是铲片形式，也可以是螺旋带形式；叶片可以绕水平轴旋转（卧轴式），也可以绕垂直轴旋转（立轴式）。这种搅拌机的搅拌强度通过叶片速度来确定，与自落式搅拌机相比，强制式的搅拌作用强烈，一般在 30～60s 的搅拌时间就可将拌和物搅拌成匀质混凝土。在制备特种混凝土和专用混凝土时，在相同的搅拌质量下则需较长的时间。而用自落式搅拌机根本不可能搅拌特种混凝土，或制备很困难。

该类搅拌机的优点是拌和质量好，效率高，其中水平轴（即卧轴）式搅拌机同时还兼具有自落式搅拌机的搅拌效果；主要缺点是这类搅拌机构比较复杂，搅拌工作部件磨损快，对骨料粒径有严格限制，因骨料粒径较大时容易造成卡料现象。

二、混凝土搅拌机的种类与特点

1. 混凝土搅拌机的分类和特点

混凝土搅拌机的分类方式较多，常按照以下方式进行分类。

① 按工作性质分类，可分为周期式和连续式。

② 按搅拌方式分类，可分为自落式和强制式。

③ 按装置特点分类，可分为固定式和移动式。

④ 按出料方式分类，可分为倾翻式和非倾翻式。

⑤ 按搅拌筒外形分类，可分为梨式、锥式、鼓式、槽式、盘式等。

这些类型搅拌机的特点和适用范围见表4-2。

表 4-2　各类混凝土搅拌机的特点和适用范围

周期式	连续式	自落式	强制式	固定式	移动式
周期性地进行装料、搅拌、出料。其结构简单可靠，容易控制配合比及拌和质量，使用广泛	连续进行装料、搅拌、出料，生产效率高，主要用于混凝土使用量很大的工程	由搅拌筒内壁固定叶片将物料带到一定高度，然后自由落下，周而复始，使物料获得均匀搅拌，适宜于搅拌塑性和半塑性混凝土	筒内物料由旋转轴上的叶片或刮板的强制作用而获得充分的拌和。拌和时间短、生产效率高	通过机架地脚螺栓与基础固定，多装在搅拌楼上使用	装有行走机构，可随时拖运转移，适宜于中小型临时工程
倾翻式	非倾翻式	梨式	锥式	槽式	盘式
靠搅拌筒倾倒出料	靠搅拌筒反转出料	搅拌筒可绕纵轴旋转搅拌，又可绕横轴回转装料、卸料，一般用于实验室小型搅拌机	多用于大中型搅拌机	多为强制式，有单槽单搅拌轴和双槽双搅拌轴两种	是一种周期性垂直强制式搅拌机

2. 混凝土搅拌机的机型、代号及参数

常用混凝土搅拌机的机型代号见表4-3。以搅拌机出料容量作为其主要参数，有50、150、250、350、500、750、1000、1500、3000（L）等，即 0.05、0.15、0.25、0.35、0.5、0.75、1.0、1.5、3.0（m^3）等。

表 4-3　混凝土搅拌机的机型代号

组	型	特性	代号	代号含义	主要参数
混凝土搅拌机 J（搅）	锥形	Z（转）	JZ	锥形反转出料搅拌机	出料体积（m^3）
		F（翻）	JF	锥形倾翻出料搅拌机	
	强制式 Q（强）		JQ	强制式搅拌机	
		D（单）	JD	单卧轴强制搅拌机	
		S（双）	JS	双卧轴强制搅拌机	

三、常见的强制式混凝土搅拌机

1. 立轴涡桨式搅拌机

图4-4是立轴涡桨式搅拌机的结构示意图。搅拌筒由搅拌筒盖1、筒身2、内筒8所组成，整个搅拌筒焊接在机架3上。筒身内壁、内筒外壁和搅拌筒底部分别用螺钉固定有外衬板11、内衬板7和底衬板13，以提高搅拌筒使用寿命。搅拌机构的传动是由电机4，经两级行星减速器5，带动回转体6实现搅拌机构旋转。在回转体上焊接有若干个搅拌臂固定座，搅拌叶片和内、外刮板通过螺栓固定在搅拌臂固定座上。叶片10和搅拌臂9用螺栓连在一起，调整搅拌臂上下位置，即可调整叶片与底衬板13之间的间

隙。搅拌好的混凝土可通过打开卸料门 14 卸入运输工具中。卸料门与卸料门轴 12 连接在一起，一般用气缸经拐臂推动卸料门旋转而实现搅拌筒卸料。

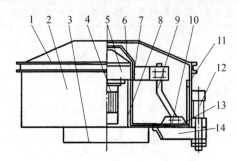

图 4-4　立轴涡桨式搅拌机结构示意图

1—搅拌筒盖；2—筒身；3—机架；4—电机；5—行星减速器；

6—回转体；7—内衬板；8—内筒；9—搅拌臂；10—叶片；11—外衬板；

12—卸料门轴；13—底衬板；14—卸料门

搅拌叶片布置如图 4-5 所示。由内筒 5 和外筒 6 构成的圆槽内，布置有 4 块外叶片 1 和 2 块内叶片 3。外叶片的作用是将搅拌筒靠近外环的搅拌物料推向搅拌筒内环，而内叶片 3 则是将物料推向外环，实现内外环物料交换窜动。内刮板 2 和外刮板 4 的作用是分别刮除黏结在搅拌筒内外衬板上的混凝土。立轴涡桨式搅拌机搅拌筒的中央部分有一内筒。这里被传动装置所占据，实际能利用的只是内外筒所组成的圆环形空间。这种搅拌筒的装料高度不能太高，否则搅拌效果不佳，一般最大利用高度只有搅拌筒（圆柱部分）高度的 1/3。由于搅拌筒容积利用系数比卧轴式搅拌机低，搅拌筒直径一般都设计得比较大。由于搅拌筒直径大，因此搅拌叶片的线速度比较高，对于大容量搅拌机，一般限制其最大线速度为 3m/s。如果线速度超过 3m/s，受离心力作用，粗骨料容易被抛到搅拌筒的外缘处，使混凝土产生离析现象。

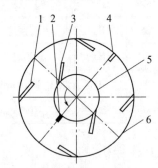

图 4-5　立轴涡桨式搅拌机的叶片布置图

1—外叶片；2—内刮板；3—内叶片；4—外刮板；5—内筒；6—外筒

2. 立轴行星式搅拌机

立轴行星式搅拌机有定盘式和转盘式之分，详见图 4-6，它也是由立轴涡桨式搅拌机发展而成的。

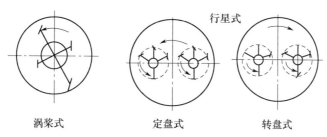

图 4-6　圆盘式强制搅拌机的原理

在定盘式中，搅拌叶片除了绕着自己的轴线转动（自转）外，搅拌叶片组的转轴还围绕圆盘的中心轴旋转（公转），其结构见图 4-7。圆盘形搅拌筒由 4 个支座支撑。搅拌机的顶部装有一台立式电机，经 V 形皮带一次减速后，与大皮带轮同轴的小齿轮带动大齿轮，使齿轮传动箱围绕圆盘形搅拌筒的中心轴旋转。齿轮箱内的另一组齿轮，又使装有 4 个叶片臂杆的十字接头轴旋转。这样，4 个叶片在围绕搅拌筒的中心轴作公转运动的同时，又围绕其十字轴作自转。从图中叶片的运动轨迹可见，它能对处于搅拌筒内所有物料进行有效的搅拌，因而没有"死区"。

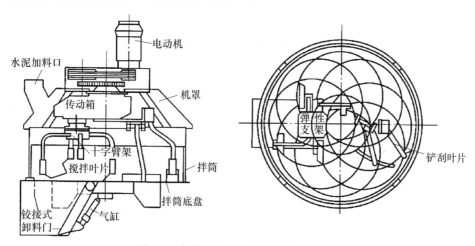

图 4-7　定盘式行星强制式搅拌机的原理

此外，4 个叶片排列在不同的高度上，从而能对不同高度的物料进行搅拌。叶片的臂杆均装有缓冲装置，叶片的高度也都能进行调节。两个铲刮叶片也是由齿轮箱带动旋转的，在盘底上设有两个扇形卸料口，由气缸操纵扇形卸料门。

根据搅拌容量不同，配置在行星架上的搅拌叶片组数也有所差异，有的大型搅拌机上配置三组叶片。叶片的大小、形状、高低，有不同的组合，以求达到最佳搅拌效果。传动系统有单电机，也有双电机，特大容量的搅拌机甚至有采用三电机驱动的。

这种搅拌机叶片的运动轨迹是比较复杂的，它的运动速度和方向也是时刻变化的。所以，搅拌物料在搅拌筒中能得到充分搅拌，除能搅拌普通混凝土外，还可搅拌特殊混凝土。

转盘式行星强制式搅拌机的结构如图 4-8 所示。

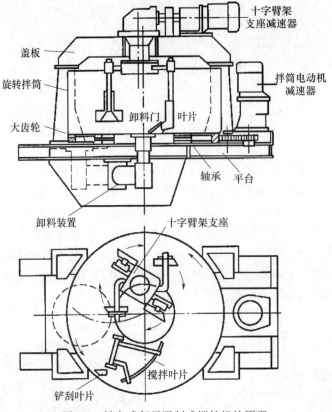

图 4-8　转盘式行星强制式搅拌机的原理

在转盘式行星强制式搅拌机中，装设有搅拌叶片的十字轴，只自转而不做公转运动，它是靠整个圆盘作相反方向的旋转运动而达到行星强制搅拌目的。这种搅拌机在搅拌时物料的运动轨迹如图 4-9 所示。立式行星搅拌机是一种用途广泛、适应性强的机型，已得到了较好的发展和应用。

图 4-9　转盘式搅拌机的运动轨迹

3. 单卧轴搅拌机

单卧轴搅拌机的搅拌叶片有两种形式，一种是螺旋带状叶片，如图 4-10 所示。在搅拌轴上用搅拌臂对称布置有左右两块螺旋带状叶片，螺旋的方向左右相反，都是将搅拌物料从搅拌筒两端推向搅拌筒中部，每一块螺旋带状叶片占据圆周角 107°左右。搅拌时，物料在搅拌筒内像一条龙一样，一会儿向左，一会儿向右，从外表上看好像是搅拌物料在整体移动。实际上物料在叶片带动下，强迫物料产生挤压、剪切、搓动等复杂运动，搅拌十分强烈。为了提高叶片的使用寿命，常常将叶片做成 100mm 左右的宽度；其所用材料为耐磨材料，用螺栓固定在螺旋带状的叶片托板上，以便叶片磨损后更换。

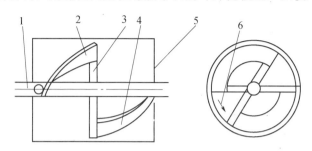

图 4-10　螺旋带式搅拌装置示意图
1—搅拌轴；2—左叶片；3—搅拌臂；4—右叶片；5—搅拌筒；6—搅拌方向

另一种叶片是铲片式叶片，每片宽 200mm 左右，高 120mm 左右，叶片的排列也是按螺旋方向，只是不连续，可认为是断续式螺旋。搅拌物料的运动轨迹也和带状叶片相同，都是将物料从搅拌筒两端推向搅拌筒中部。在搅拌时，这种叶片布置方式的搅拌机构使搅拌筒中的混凝土不断被叶片挑起。通过比较试验，证明两种叶片布置方式的搅拌效果、能耗没有明显区别。但从制造工艺性来说，铲片式的制作要简单一些，叶片和搅拌筒衬板之间的合理间隙为 1～4mm，比较容易达到。图 4-11 所示为铲片式叶片的布置方式，其中 1～5 号为左叶片，6～10 号为右叶片，相邻叶片之间有一重叠长度，一般为 10～20mm。这样可避免在叶片磨损而尺寸变小后，搅拌筒内有的区域物料搅拌不到。为了防止搅拌筒内两端侧面粘料，叶片 1 和叶片 10 兼具有侧刮板功能，不让混凝土黏结在侧衬板上。

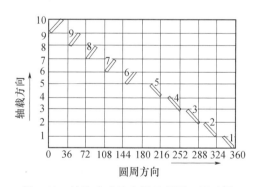

图 4-11　铲片式叶片布置示意图（展开图）

单卧轴搅拌机的卸料方式有两种：一种是搅拌筒倾翻，另一种是搅拌筒侧开门。图 4-12所示为搅拌筒倾翻卸料机构示意图。其优点是卸料速度可人为控制，当接料运输工具已装满时，可以让出料槽上翘，停止卸料，特别适合于手推翻斗车接料运输，因此小型单卧轴搅拌机采用这种方式的特别多。搅拌筒的倾翻动力，用油缸的比较多，可靠性好。

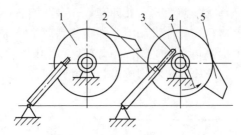

图 4-12　搅拌筒倾翻出料示意图

1—搅拌筒；2—倾翻油缸；3—销轴；4—搅拌方向；5—出料槽

4. 双卧轴搅拌机

双卧轴搅拌机的搅拌筒内有两根搅拌轴，它们同步回转，相应地就有 4 个轴支撑和 4 套轴端密封，单、双卧轴搅拌机的性能基本相同。

该搅拌机的两根搅拌轴的转速相等，旋转方向相反，如图 4-13 中箭头所示。装在这两根轴上的搅拌叶片将搅拌筒内物料刮向搅拌筒中间部分，物料在搅拌筒中的分布如图 4-13 所示。由图 4-13 可看出，搅拌筒内壁的 AB 段和 CD 段，根本接触不到搅拌物料，其衬板可用一般普通钢板制造；而 EF、FG（卸料门段）、GH 这三段衬板在搅拌时始终与物料相接触，因此这些区段的衬板比较容易磨损。失效后必须更换，而且必须是整体更换。否则因衬

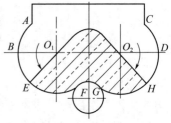

图 4-13　双卧轴搅拌机物料分布示意图

板新旧不同、厚薄不同，造成叶片与衬板之间的间隙不同，导致卡料现象发生，并使衬板更易磨损和破碎。

如图 4-13 所示的搅拌筒外形比较适合中、小型搅拌机，因为上部进料口变小了，搅拌筒的刚性较好。对于大、中型搅拌机，它们大多是作为搅拌楼的主机来使用，在搅拌机上方有骨料进料口、水泥称量斗、外加剂称量装置、搅拌用水计量装置等。因此一般把搅拌筒外形设计成上方下圆形状，即从 B、D 点向上为垂直线，把 AB 段和 CD 段圆弧线拉直，以增大搅拌筒上口尺寸。

搅拌筒内搅拌叶片布置合理，将使物料在搅拌筒内合理运动，在尽量短的搅拌时间内搅拌出匀质混凝土；在搅拌轴旋转的过程中，尽量让参与搅拌的叶片数量相等，以达到搅拌电机负荷均匀，减少冲击的目的；让物料在搅拌筒内分布均匀，不要在搅拌筒的局部区段产生堆积，避免个别叶片和搅拌臂过载而损坏。

图 4-14 所示的叶片布置原理为：搅拌轴 Ⅰ 和 Ⅱ 上各装有 6 片搅拌叶片，叶片 11、12、13、14、15 将物料推向下方，叶片 16 将物料返回向上方；叶片 26、25、24、23、22 将物料推向上方，叶片 21 将物料返回下方 ［图 4-14（a）］，物料在搅拌筒内形成一个大循环。两轴之间，左边轴上的叶片将物料推向右边，右边轴上的叶片将物料推向左边，两轴之间物料形成小循环。两轴之间的物料堆积较高（图 4-13），堆顶上的物料不断沿堆坡向下滚动，参与物料的循环。由此可见，双卧轴搅拌机的搅拌运动是比较剧烈的，它能在较短的时间内拌制出匀质混凝土。

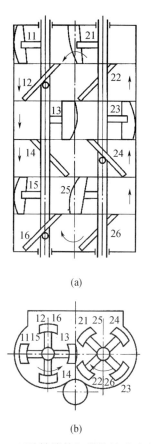

(a)

(b)

图 4-14 双卧轴搅拌机搅拌筒叶片布置图

第三节 混凝土搅拌楼

一、混凝土搅拌楼的组成

1. 组成

混凝土搅拌楼是用来集中搅拌混凝土的联合装置，又称为混凝土预拌工厂。搅拌楼的主要功能是将各种原材料拌制成所需要的混凝土产品，因此，混凝土搅拌楼最主要的部分就是搅拌系统。但为了实现生产的工业化，还需要有其他配套装置，如供料系统、计量（称量）系统、电气系统及辅助设备（如空气压缩机、水泵等），用以完成混凝土原材料的输送、上料、称量、贮存、配料、出料等工作。

2. 分类

（1）按结构分类

按搅拌楼的结构不同可分为固定式、装拆式及移动式搅拌楼。

① 固定式搅拌楼。这是一种大型混凝土搅拌设备，生产能力大，它主要用在预拌混凝土搅拌楼、大型预制构件厂及水利工程工地。

② 装拆式搅拌楼。这种搅拌楼是由几个大型部件组装而成，能在短时间内组装和

拆装，随施工现场转移，适宜于建筑施工现场使用。

③ 移动式搅拌楼。这种搅拌楼是把搅拌装置安装在一台或几台拖车上，可以移动转移，机动性好。这种搅拌楼主要用于一些临时性工程和公路建设项目中。

（2）按作业形式分类

按搅拌楼的作业形式不同可分为周期式和连续式搅拌楼。

周期式搅拌楼的进料和出料按一定周期循环进行；连续式搅拌楼的进料和出料为连续进行。

（3）按工艺布置形式分类

按工艺布置形式不同，搅拌楼可分为单阶式（垂直式、重力式、塔式）和双阶式（水平式、横式、低阶式）搅拌楼。

二、混凝土搅拌楼的工艺流程

混凝土搅拌楼按工艺流程，可分为单阶式和双阶式两种。

1. 单阶式搅拌楼工艺流程

单阶式搅拌楼工艺流程如图 4-15 所示。由于从贮料斗开始的各工序完全是靠自重使材料下落来实现，因此便于自动化。

因为这种工艺流程中材料从一道工序到下一道工序所用的时间短，所以效率较高。又因为单阶式占地面积小，所以大型固定式搅拌楼都采用这种工艺。但单阶式搅拌楼也有其缺点：建筑高度大，要配备大型运输设备。

2. 双阶式搅拌楼工艺流程

这种工艺流程是材料第一次被提升进入贮料斗，经称量配料集中后，再经第二次提升装入搅拌机中，如图 4-16 所示。

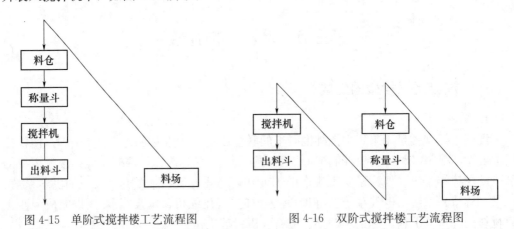

图 4-15　单阶式搅拌楼工艺流程图　　　　图 4-16　双阶式搅拌楼工艺流程图

双阶式搅拌楼建筑物高度小，只需用小型的运输设备，整套设备简单，投资少，建设快。由于建筑高度小，容易架设安装，因此适宜于拆装式搅拌楼和移动式搅拌楼，其中移动式搅拌楼必须采用双阶式工艺流程。

双阶式搅拌楼的主要缺点是材料配好后需要经过二次提升，从而导致效率较低，且在一套装置中一般只能装一台搅拌机。

三、输送系统

任何一种搅拌系统都有几套输送物料的输送系统。这些输送设备中一套是输送骨料的，一套是输送水泥、粉煤灰及矿渣微粉等粉体材料的，还有一套是输送搅拌用水和液体外加剂的。

1. 骨料输送设备

（1）皮带运输机

皮带运输机是搅拌系统中最常用的骨料输送设备。皮带运输机的主要优点是：

① 输送速度快，且是连续工作的，所以效率高；

② 可以沿一定倾斜度把骨料输送到几十米的高处；

③ 输送平稳，无噪声，消耗功率小；

④ 工作可靠，维修容易。

但皮带运输机不能自己上料，必须用其他设备为其上料，或者将皮带机受料部分放在骨料贮仓的下方，使骨料从上方靠自重落到皮带机上进行输送。

图 4-17 为皮带运输机的构造简图。一无端（或称环形）的胶带 1（平皮带或波纹带等）绕在传动滚筒 14 和改向滚筒 6 上，由张紧装置张紧，并用上托辊 2 和下托辊 10 支承，当驱动装置驱动传动滚筒回转时，由传动滚筒与胶带间的摩擦力带动胶带运行。物料一般是由料斗 4 投至胶带上，由传动滚筒处卸出。

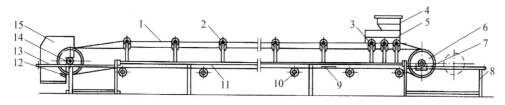

图 4-17　皮带运输机构造示意图

1—输送带；2—上托辊；3—缓冲托辊；4—料斗；5—导料拦板；6—改向滚筒；

7—螺丝拉紧装置；8—尾架；9—空段清扫器；10—下托辊；11—中间架；

12—弹簧清扫器；13—头架；14—传动滚筒；15—头罩

平皮带机的平均倾角大于 4°时应设置制动装置（或防逆装置），以防止由于偶然事故停车而引起胶带倒行。制动装置应与电动机联锁（即常闭式），以便当电动机断路时能自动地制动。在设计搅拌系统时，可根据搅拌系统的生产能力选择皮带运输机，参考表 4-4。

此外，在皮带运输机周围设置全封闭密封棚库可起到收集扬尘、防止粉尘外排的作用，在棚顶设置多点喷雾装置，使其遇扬尘时自动喷雾，令扬尘吸水雾自动落入料仓内，可起到回收利用，节约资源的作用。

表 4-4　皮带运输机的输送能力

搅拌机总容量 （m³）	生产率 （m³/h）	皮带宽度 （mm）	皮带速度 （m/min）	皮带运输机的输送能力 （t/h）
0.75	45	500	75	120
1.0	60	650	75	180

续表

搅拌机总容量 （m³）	生产率 （m³/h）	皮带宽度 （mm）	皮带速度 （m/min）	皮带运输机的输送能力 （t/h）
1.5	90	650	80	250
1.75	105	650	100	300
2.25	124	800	100	350

（2）装载机

装载机是配合移动式和拆迁式搅拌楼最理想的骨料转运工具，它的载运量较大，而且运行速度快，自装自卸，使用非常方便。它与混凝土配料机相配合，可组成装载机与配料机式供料设备，它是目前国内移动式和拆迁式搅拌楼使用最多的一种供料设备。另外，装载机还可以在固定式搅拌楼中用于垛料和上料。

（3）提升斗

提升斗是搅拌楼中骨料二次提升机构之一，提升斗和钢丝绳卷筒配合组成骨料提升供料设备，在使用悬臂拉铲和配料机的搅拌楼中一般采用这种形式。

2. 粉体材料输送设备

粉体材料输送设备有两种类别：一种为机械式，如螺旋输送机或螺旋输送机与提升机组成的输送系统；另一种为气力输送系统。

（1）螺旋输送机

螺旋输送机是属于不具有挠性牵引构件的输送机械。它的作用是：由带有螺旋叶片的转动轴在一个封闭的料槽内旋转，使料槽内的物料由于受到自身重力和料槽的摩擦力而不和螺旋一起旋转，只沿料槽内壁向前移动。在垂直的螺旋输送机中，物料依靠离心力和对槽壁产生的摩擦力而向上移动。

因为槽壁是封闭的，在输送易飞扬的粉状材料时可减少对环境的污染，还可以在倾斜方向输送物料，所以它是混凝土搅拌系统中输送水泥、粉煤灰及矿渣微粉等粉状材料的理想设备。

图4-18是我国生产的LSY系列螺旋输送机的结构简图。电动机通过驱动装置1带动装有螺旋叶片的轴4旋转，物料通过装载漏斗装入壳体5内，也可以在中间装载口7装料，物料在叶片的推动下在壳体5内轴向移动，从末端卸料口9或中间卸料口10处进行卸料。

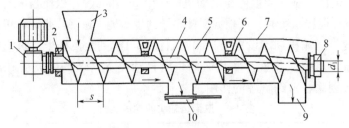

图4-18　水平及倾斜螺旋输送机示意图

1—驱动装置；2—首端装置；3—装载装置；4—轴；5—壳体；6—中间轴承；

7—中间装载口；8—末端轴承；9—末端卸料口；10—中间卸料口

LSY 系列螺旋输送机的主要技术参数见表 4-5。

表 4-5 LSY 系列螺旋输送机性能参数

名称		型号			
		LSY160	LSY200	LSY250	LSY300
螺旋体转速（r/min）		300	200	200	175
外壳管直径（mm）		94	219	273	325
允许工作角度（0°）		0°～60°	0°～60°	0°～60°	0°～60°
最大输送长度（m）		12	13	16	18
最大输送能力（m³/h）		20	35	45	70
电机	型号功率（kW） $L \leqslant 7$	Y132S-4	Y132M-4	Y160L-4	Y180L-4
		5.5	7.5	11	15
	型号功率（kW） $L \geqslant 7$	Y132M-4	Y160N-4	Y180L-4	Y180M-4
		75	11	15	18.5

螺旋输送机结构设计简单，投资费用相对较低，所以应用非常广泛，与其他连续输送机械相比，螺旋输送机的优点为：结构简单紧凑，体积较小，可以安装到其他输送设备无法安装的工作地方；不但能够实现物料的输送、提升及装卸，而且在输送过程中可同时对物料进行松散、混合、搅拌、加热、冷却等一系列的工艺操作；输送槽是密封的，可以实现密闭输送，物料不易抛散，灰尘不易外扬，减少了扬尘等对环境的污染；在输送量相同的情况下输送成本较低；可以实现多点进卸料，工艺安排灵活，一台螺旋输送机可以同时实现物料向两个方向输送，输送方向可逆；相对于其他连续输送机械，螺旋输送机更加安全可靠，并且操作方便，便于维修。

（2）斗式提升机

斗式提升机是一种在带或链等挠性牵引构件上，每隔一定间隔安装若干个钢质料斗作连续向上输送物料的机械，斗式提升机具有占地面积小、输送能力大、输送高度高（一般为 30～40m，最高可达 80m）、密封性较好等特点。所以斗式提升机是混凝土搅拌系统中垂直输送水泥的另一种理想设备。

图 4-19 为斗式提升机的构造示意图，它的主要组成包括：闭合的牵引胶带 1，固定在牵引胶带上的料斗 2、驱动滚筒 3、张紧轮 4 和封闭外壳。经过一段时间的使用，牵引胶带可能会因伸长而影响正常工作，这时必须调整张紧轮，使牵引胶带保持正常张紧。

斗式提升机依据牵引构件分为带式和链式；料斗形式分可为深斗式和浅斗式等。运送水泥一般选择深斗带式提升机。带式传动斗式提升机（HL 型）技术性能见表 4-6。

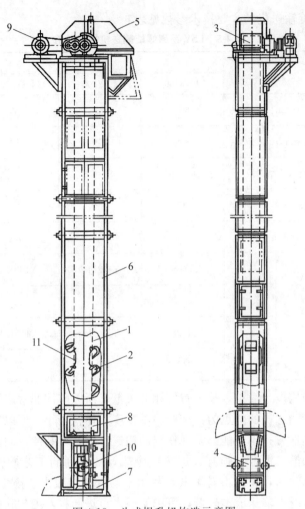

图 4-19　斗式提升机构造示意图

1—胶带；2—料斗；3—驱动滚筒；4—张紧轮；5—外罩的上部；6—外罩的中间节段；

7—外罩的下部；8—观察孔；9—驱动装置；10—张紧装置；11—导向轨板

表 4-6　HL 型斗式提升机主要技术性能

型号	HL-300		HL-400		HL-450	
	S	Q	S	Q	S	Q
斗容（L）	5.2	4.4	10.5	10.0	14.2	12.8
斗距（mm）	500	500	600	600	640	640
生产率（m³/h）	28	16	47	30	60	54
电动机功率（kW）	许用最大提升高度（m）					
4	19.66	25.66	13.52	17.72	10.00	10.64
5.5	27.16	30.16	18.32	18.32	13.84	15.12
7.5	30.16	—	24.32	34.32	18.96	20.24
10	—	—	—	—	24.72	26.64

注：①S—深斗；Q—浅斗。②提升速度为 1.25m/s。

（3）气力输送设备

气力输送设备是使粉体材料悬浮在空气中，把这种混合气体沿管道输送。这种输送设备的优点是占地面积小，对空间位置无特殊要求，容易布置，输送速度快，运送量大，没有噪声，管理人员少，维护费用低等。但是，它消耗能量比较大，几乎比斗式提升机多一倍。能量消耗大的原因：一是材料与管壁的摩擦；二是作为风源（空气压缩机）的效率比较低。

气力输送按输送空气在管道中的压力可以分为吸送式和压送式。吸送式气力输送系统的气源设备安装在气力输送系统的末端，当风机（或空气压缩机）工作时，管道内的压力小于大气压为负压，所以空气和粉料被吸入输料管。压送式气力输送系统气源设备安装在气力输送系统的进料端，当风机（或空气压缩机）工作时，管道中的压力大于大气压为正压，所以空气和粉料被压入输料管。吸送式和压送式两种形式可以组合，组合形成的输送装置称为复合式，复合式具有吸送式和压送式两者的特点。

吸送式气力输送系统是气力输送系统中比较理想的输送方式，由于输送管道内为负压，压力低于外部大气压，因此管道内气体不存在向外泄漏的问题，比较适合于对一些有毒或者有害物料的输送。与吸送式气力输送系统相比，压送式气力输送系统输送容量比较高，并且适合于较远距离的输送。压送式气力输送系统的组成如图 4-20 所示。

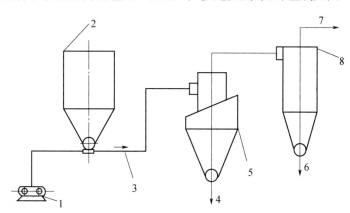

图 4-20　压送式气力输送系统结构示意图

1—风机（空机压缩机）；2—供料装置；3—输料管路；4—物料；

5—分离器；6—灰尘；7—空气；8—除尘器

在混凝土搅拌楼粉料储存输送系统工作过程中，经常选用气卸式散装水泥运输车往粉料储存仓中输送水泥，它是一种压送式气力输送方式。图 4-21 所示为气卸散装水泥车向水泥贮仓中输送水泥的工作原理。压缩空气通过球心阀 14 和顶风管 13，从罐顶上部进入罐内，在一定压力下球心阀 16 开启，使压缩空气经底风管（主气管）12 进入气室 11，通过多孔板（流化板）7 和毛毡（透气层）8 使空气逐步净化，在喇叭处与水泥均匀混合并使水泥流态化。在罐内压力作用下，流态化的水泥被气泡夹带着沿管壁走动，经喇叭口和出料管 5 进入水泥贮仓。

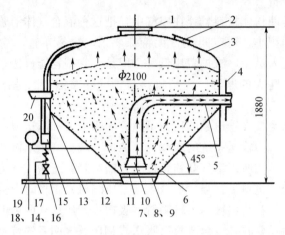

图 4-21　气卸散装水泥车工作原理

1—装料口；2—出气口；3—罐体；4—出料口盖；5—出料管；6—橡胶垫；7—多孔板（流化板）；

8—毛毡（透气层）；9—钢丝网；10—喇叭口；11—气室；12—底风管（主气管）；13—顶风管；

14、16—球心阀；15—单向阀；17—安全阀；18—压力表；19—快速接头；20—罐体连接管

四、储料系统

储料系统包括原材料的储料系统（粉料罐、水池、骨料储料仓、骨料待料斗和外加剂罐等）和成品混凝土的储料系统两部分。

为实现混凝土生产的连续性，提高生产率，配制混凝土所需的原材料必须保证一定的储存量，以保证生产稳定性。因此储料系统各部分容积的大小应满足原材料的供应。其储存量以能满足原材料集运所必要的周转时间及在排除故障的时间内还能连续生产混凝土为宜。

成品混凝土的储料系统主要是为了缓解搅拌机卸料快与搅拌车进料速度较慢、搅拌车周转时间较长的矛盾。

1. 粉料罐

粉料罐的基本结构如图 4-22 所示，它是储存粉状物料的筒仓，储存如水泥、掺合料（粉煤灰、矿粉、沸石粉和硅灰）、干式粉状外加剂等材料。筒仓的截面几乎都是圆形，因为这种形状受力状况最好，有效容积也最大。按容积的不同分别有 50t、100t、200t、250t、300t 等不同规格，以满足不同情况的使用需要。可整体运输的粉料罐一般容量为 50t、100t；较大的粉料罐如达到 $200\sim500t$，则需在搅拌楼现场进行制作或拼装。

粉料罐中粉料的流动性与物料种类、温度及贮存时间长短有关，刚输送来的水泥温度较高，经气体输送后较为疏松，其堆积密度约为 $0.8\sim1t/m^3$，很容易流动。在积压一段时间后其堆积密度可达到 $1.6t/m^3$，有时甚至更高。这种存放时间较长的水泥流动性较差，在卸料时常常发生起拱现象。

为了提高粉料罐的卸料性能，常常在筒仓的下部锥体上安装破拱装置，它可以破坏粉料拱桥，使卸料通畅。破拱装置目前有气吹破拱、锤击破拱及助流气垫破拱等。气吹

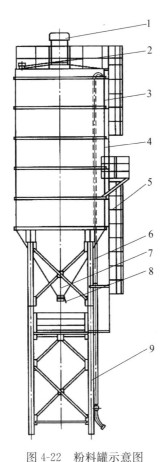

图 4-22　粉料罐示意图

1—仓顶收尘机；2—压力安全阀；3—料位指示器；4—仓体；

5—检修梯子；6—吹灰管；7—助流气垫；8—手动蝶阀；9—支腿

破拱是在仓体锥部离出料口一定高度处设 3～6 个吹气孔进行气吹破拱，气吹破拱因接触面有限，有时效果不明显，同时因压缩空气中含水，气嘴容易阻塞。锤击破拱是利用气锤锤击仓体来实现破拱，但锤击过程中噪声较大，且对仓体壁有一定的破坏。助流气垫破拱是利用气垫气流的推力作用推动起拱物料，达到破拱的作用。

2. 骨料储料仓

骨料储料仓是储存粗、细骨料的仓体，和骨料计量部分连成一体后，通常称为配料站。配料站起到储存骨料和在称量骨料时控制配料的作用。上部仓体可由混凝土浇筑而成，也可整体做成钢结构，常以地仓式配料站和钢结构配料站进行区分。

图 4-23 所示为地仓式配料站。筛网用来筛除骨料中不符合要求的粗骨料，以保证设备的正常运转。开关储料斗门可对计量斗配料，储料斗门为弧形门，通过调节斗门与料斗的间隙，能够有效地防止料门卡料。压缩气体通过电磁阀到达气缸活塞两端，使气缸活塞杆动作，从而驱动斗门的开关，实现对各种骨料的配给。因细骨料有较大的黏性，在配料时，斗门打开，振动器延时振动，使细骨料顺畅下料。

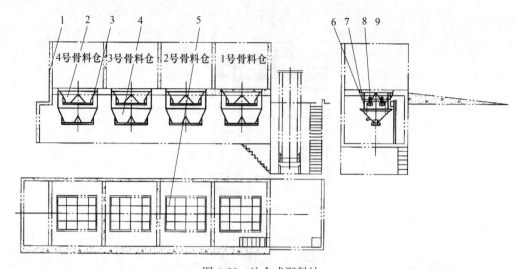

图 4-23　地仓式配料站

1—储料仓；2—料斗；3—传感器；4—计量斗；

5—筛网；6—振动器；7—气缸；8—储料斗门；9—计量斗门

图 4-24 所示为钢结构配料站，前板、后板、隔板、侧板及储料斗等构成钢结构配料站的骨料储料仓，各板采用插销连接，仓下部设有筛网，避免大粒径骨料进入称量斗中。每一个仓下面对应一个称量斗，采用独立称量，保证称量的精确性。该种结构具有上料方便、下料顺畅、结构紧凑、安装快捷、运输方便等特点。配料站中的仓体数量与所配制混凝土所需要的骨料种类有关，有 3 仓、4 仓、5 仓等不同规格，一般 4 仓即可满足使用需要。

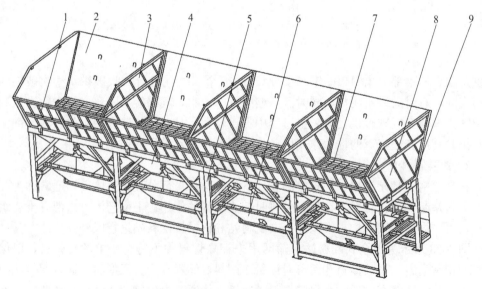

图 4-24　钢结构配料站

1—前板；2—后板；3—隔板；4—储料斗；5—支架；

6—骨料计量斗；7—筛网；8—侧板；9—传感器

3. 骨料待料斗

骨料待料斗如图 4-25 所示，是个过渡料斗，可起到暂存骨料的作用。它缩短了搅拌楼工作循环时间，是搅拌楼提高生产率的重要保证。因骨料在进入骨料待料斗时会有较强的冲击，在斗体 3 内部往往衬有可拆换衬板或其他耐磨机构；防尘帘 2 用于减少骨料待料斗内的粉尘外扬。骨料待料斗工作过程为气缸 6 驱动斗门 5 打开后，振动器延时动作，将骨料待料斗中的骨料快速卸尽。

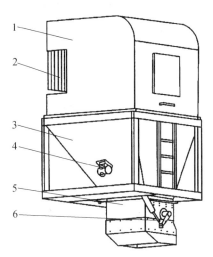

图 4-25 骨料待料斗

1—斗罩；2—防尘帘；3—斗体；4—振动器；5—斗门；6—气缸

4. 外加剂罐

外加剂罐如图 4-26 所示，是储存液体外加剂的罐体。随着外加剂的普遍使用，外加剂罐已成为混凝土搅拌楼的必备设备。罐体为圆柱形，液位显示管用来显示罐内外加剂的位置，在往外加剂罐内加料时，可防止外加剂溢出。因外加剂容易沉淀，存放时间久了容易在罐底沉淀，需要将其排出，因此在罐体底部设有卸污阀。而在使用过程中为了让液状外加剂的成分均匀，防止沉淀，在罐体上设置了回流管。外加剂泵启动后，泵出的一部分外加剂送到外加剂计量斗进行计量，而另一部分又被送回罐内，在罐内形成冲击，促使罐内外加剂处于动态，从而避免了外加剂的沉淀，保持了外加剂的匀质性，有利于保证混凝土质量的稳定性。

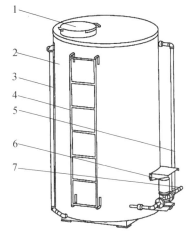

图 4-26 液体外加剂罐

1—进料口；2—罐体；
3—液位显示器；4—爬梯；
5—回流管；6—外加剂泵；
7—出料管

5. 混凝土卸料斗

混凝土卸料斗如图 4-27 所示，是成品混凝土从搅拌机卸出后，落入搅拌车前的一个过渡料斗。它起到了对成品混凝土的暂存作用，对搅拌车可起缓冲作用，并可让搅拌机中的混凝土料尽快卸出。

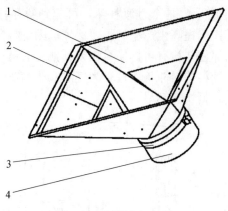

图 4-27　混凝土卸料斗

1—斗体；2—耐磨衬板；3—卡箍；4—橡胶管

五、计量系统

计量系统是混凝土生产过程中的关键工艺设备，它控制着混凝土配合比的精确度。

1. 计量方式的分类

搅拌楼中物料的计量方式一般采用质量（重力）计量，也可采用体积计量。但目前除水和液体外加剂采用体积计量外，其余物料一般都要求采用质量计量。

根据一个计量斗（也称秤斗或称量斗）中所称量物料种类可分为单独计量和累计计量，两种计量方式的计量精度相同。单独计量是每个计量斗只称一种物料；累计计量是每个计量斗可称多种物料，即称完一种物料后，在同一斗中再累加称另一种物料。通常双阶式搅拌装置多采用累积称量，单阶式搅拌装置多采用单独称量。

按秤的传力方式可分为杠杆秤、电子秤及杠杆电子秤三种计量方式。杠杆秤一般由多级杠杆和圆盘表头组成，电信号由表头内的高精度电位器发出；杠杆电子秤一般由一级杠杆和一个传感器组成；电子秤是由多个传感器直接悬挂计量斗。

上述三种形式各有其优缺点：杠杆秤可靠性好，但所占空间较大，由于表头弹簧、摆锤等工艺复杂，因此成本相对较高；电子秤结构简单，所占空间小，但使用多个传感器，对传感器要求较高，一个传感器损坏时，检查较困难；杠杆电子秤将杠杆秤的表头改换为传感器，结构简单、可靠性较高。但总的来说，随着传感器技术和计算机技术的发展，大部分搅拌楼都采用了电子秤或杠杆电子秤的计量方式。

按作业方式，计量系统可分为周期分批计量和连续计量。周期分批计量适宜于周期式搅拌装置，而连续计量适宜于连续式搅拌装置。

2. 对计量系统的要求

（1）准确

一般称量器自身的精度都能达到 0.1%～0.5%，但由于物料下落时的冲击，给料装置与秤斗间有一定距离等原因，计量达不到这样的精确度。一般要求各种材料的计量精确度详见表 4-7。

表 4-7　混凝土原材料计量允许精度（%）

原材料	水泥	细骨料	粗骨料	水	矿物掺合料	外加剂
每盘计量允许偏差	±2	±3	±3	±1	±2	±1
累计计量允许偏差	±1	±2	±2	±1	±1	±1

称量误差对混凝土的强度影响很大，特别是水胶比的计量精度。所以在称量时要提高胶凝材料和水的计量精度，并应测定骨料的含水率和对搅拌用水进行修正。

（2）快速

采用高级的称量器，还可以使一套计量设备为 2～4 台搅拌机供料，这样大大节省了称量设备的数量。但是快速与准确两者是相互矛盾的，为了解决这一矛盾，许多自动计量设备都把称量过程分为粗称和精称两个阶段，在粗称阶段大量给料，缩短给料时间。当给料量达到要求称量的 90% 时，开始精称；在精称阶段，小量给料以提高称量的精度。

3. 计量斗

（1）骨料计量斗

骨料计量斗一般采用电子秤和杠杆电子秤两种形式。

图 4-28 所示为电子秤计量斗，由斗体、传感器、扇形门、气缸组成。计量完毕后，由气缸拉动扇形门将料卸出到搅拌机或上料装置中。

图 4-29 为杠杆电子秤斗，该斗既作计量斗，又作提升斗，由传感器、杠杆、斗体斗门等组成，当物料计量完毕后，料斗开始提升，提升到卸料位置时，料门由叉轨打开，将物料卸到搅拌机中。

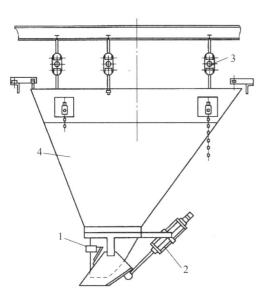

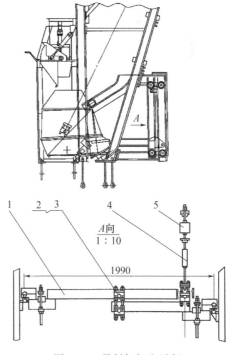

图 4-28　骨料电子秤

1—限位开关；2—出料弧门气缸；

3—传感器；4—秤斗

图 4-29　骨料杠杆电子秤

1—杠杆；2—刀刃；3—刀承；

4—调整杆；5—传感器

（2）粉料计量斗

粉料计量斗用于称量水泥、粉煤灰、粉状外加剂等，一般由斗体、传感器（或杠杆及传感器）气缸、碟阀等组成（图 4-30），其中斗体有水泥进料口和出气口，水泥进料口与螺旋输送机相接，出气口与除尘装置相接。有时粉料计量斗上需增加振动器，以保持下料畅通。

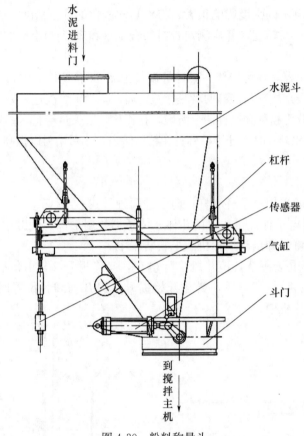

水泥进料门

水泥斗

杠杆

传感器

气缸

斗门

到搅拌主机

图 4-30　粉料称量斗

（3）水及液态外加剂计量斗

液态物料的计量一般有质量计量、容积计量、流量计量等方式。质量计量的计量斗，一般由斗体、传感器（或杠杆及传感器）、卸料门组成，卸料门可为气动或电动蝶阀。水计量与液体外加剂计量斗的形式基本相同，但水计量一般采用多个传感器悬挂，而液体外加剂用量少，一般用一个传感器悬挂。

4. 皮带秤

图 4-31 为一种由皮带卸料的计量计，可采用电子秤或杠杆电子秤，由斗体、传感器（或杠杆及传感器）、皮带机组成，斗体与皮带机连为一体，当物料称量完毕后，皮带机启动，将骨料卸到上料装置中。这种计量方式在混凝土配料机中得到了广泛的使用，另外连续式称量也都是采用称量输送带。

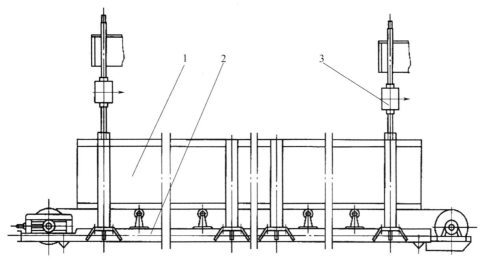

图 4-31　皮带卸料计量斗

1—斗体；2—皮带机；3—传感器

为了实现连续称量，在输送带上安装有调节装置，其调节方式有两种：其一是通过调节振动给料器的振幅（或频率）来控制物料卸料的流量（图 4-32）；其二是通过调节输送带的速度来控制物料卸料的流量（图 4-33）。

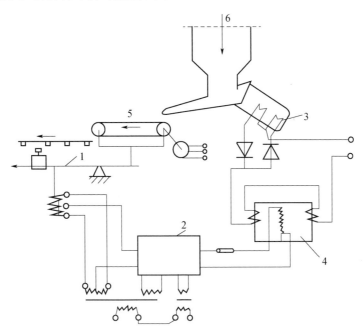

图 4-32　调节振幅控制物料的连续称量装置

1—主秤；2—放大器；3—振动给料器；

4—激磁电抗器；5—称量带；6—物料输入

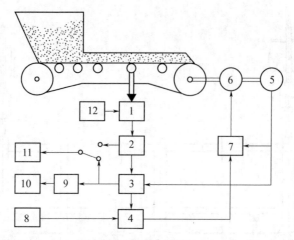

图 4-33　调节带速控制物料流量的连续称量装置

1—称量传感器；2—测量放大器；3—计算机；4—调节器；5—数子快速表；

6—直流电动机；7—可控硅控制装置；8—额定值设定；9—电压频率换能器；

10—输送量计数器；11—输送厚度/输送带载荷显示；12—恒压电流

六、混凝土搅拌站的质量控制

混凝土搅拌站的质量控制直接关系到混凝土的质量，国家标准《预拌混凝土》（GB/T 14902—2012）从原材料性能、坍落度、强度等拌和物与硬化混凝土性能等角度对预拌混凝土的质量管理作出要求。本部分从原材料质量控制、生产过程质量控制、混凝土主要性能质量控制等方面予以介绍。

1. 原材料质量控制

（1）粗骨料的质量控制

粗骨料的质量要求应参照国家标准《建设用卵石、碎石》（GB/T 14685—2011）。有条件的混凝土搅拌站可建立自己的企业内控标准，检查频度每周不少于一次。

在选择供方时，必须对所选定的对象作全面考核，尤其是碎石的碱活性、碎石粒型、级配等。进货检查时，应按批验收，每批数量可根据材料生产厂家的规模、生产工艺对质量的影响来决定。常规的检查内容包括筛分（颗粒级配）、泥含量、泥块含量、针片状、堆积密度、空隙率等；定期的检查应包括强度、表观密度、坚固性、有害物质等。进货检查还应注意不得混入异物，如泥团（块）、大石块、煤矸石、生石灰块等。

在粗骨料的日常管理上，有条件时应对所用碎石进行水洗，放至表干状态后进仓。对 C50 以上强度等级及有特殊要求的混凝土必须对所用碎石进行清洗；夏季对所用碎石应保持表干或湿润状态，这对控制混凝土温度及坍落度损失具有重要意义；冬期应确保碎石中无冰雪。在进货收料时，碎石的堆放应防止大小骨料分离，以期得到良好的级配状态，减少空隙率，提高混凝土的密实度。为防止大小颗粒产生离析，最好是分层堆放或单粒级分别堆放，采取皮带运输时，应在皮带机端部接上象鼻状管，同时防止堆料斜坡超过骨料的自然休止角，否则离析会更为严重。

（2）细骨料的质量控制

在选定供方时，必须对所选定的对象作全面检验，尤其是生产能力、碱活性，人工细骨料还应检验其石粉含量（含亚甲蓝试验）。进货检查时，应分堆（分船）按批验收。天然细骨料常规检查内容包括筛分（颗粒级配）、细度模数、泥含量、泥块含量、堆积密度、空隙率等；定期检查包括云母含量、表观密度等；人工细骨料常规检查内容包括筛分（颗粒级配）、细度模数、泥含量、泥块含量、堆积密度、空隙率等；定期检查包括石粉含量（含亚甲蓝试验）、表观密度等。进货检查还应注意不得混入异物，如草根、树叶、树枝、塑料、煤块、炉渣、煤矸石、生石灰块等。在细骨料的日常管理上，应对不同细度模数的细骨料按粗、中、细三种规格分类分仓储存、堆放，以便生产时按比例使用。细骨料的含水率应进行控制，一般要求控制在 6.0% 以下，且波动不宜过大；冬期应确保细骨料中无冰雪异物。鉴于影响细骨料表面含水率的因素多，与堆放、放置环境、自身的透水性有关，如采用人工测定，一般每天不少于 2 次。不稳定时，应提高检测频度。如有自动检测装置，也要注意定期将自动检测值与人工检测值进行比照修正。细骨料的筛分试验每天不少于一次。

（3）水泥的质量控制

水泥进货检验应符合国家标准《通用硅酸盐水泥》（GB 175—2007）及其他相应标准的规定。使用前应对进厂水泥按批检验其强度和安定性，并注意标准稠度用水量，这与混凝土的单位用水量有直接关系。还应注意下列问题：水泥颜色应与同品种标准水泥样进行比对，观察有无异物；测量水泥温度，考察水泥的新鲜度，并记录相关内容，如时间、车号（船号）、温度等。进货检验的常规检验项目应包括标准稠度、凝结时间、安定性、胶砂强度、细度；定期检验项目为不溶物、烧失量、氧化镁、三氧化硫、碱含量等。货进仓储时必须将不同品种水泥分仓储存，严格控制进仓程序，不得进错仓位；储仓应密封，不得有雨水渗入。注意仓储时间，一般不同品种的水泥不能超过该品种水泥的有效保存时间，如超出，则应通过试验按降低强度等级使用。使用时首先应确认搅拌楼水泥储仓的完好性，以防不同品种的水泥之间或水泥与其他粉料的混用。

（4）掺合料

掺合料取样时应观察其颜色，并与同品种标准样进行颜色比对，观察有无异物。常规检验和定期检验的项目应参照相应的标准，根据生产实际需要确定。

（5）外加剂

常用外加剂按状态可分为液体和粉体。外加剂的进货检验根据液体、粉体区别对待。粉体的进货注意事项、检验方法、使用注意事项基本与水泥类粉体相同。液体的进货检验首先观察其颜色，然后进行取样，常规检测项目包括减水率（流动度法）、密度、pH；定期检验项目包括含固量、减水率（混凝土法）等。如常规检测合格后，外加剂在进仓前，必须确认仓位（不使用仓位的除外）。使用时必须确认所要使用的品种，以免发生错用。过去常有因使用品种错误而发生质量事故的情况。同时，还要注意外加剂的保质期，防止外加剂的沉淀、不均一，冬期应注意冻结的发生。

（6）拌和用水

常用拌和用水为自来水、地下水，混凝土用水的质量应符合《混凝土用水标准》（JGJ 63—2006），特别要注意对水温的控制，以及防止水中带有异物。此外，现代混凝土搅拌站绿色生产技术中将废水作为部分混凝土拌和用水进行利用，详见本节第七部分。

2. 生产过程质量控制

混凝土生产过程中的质量控制如图 4-34 所示。

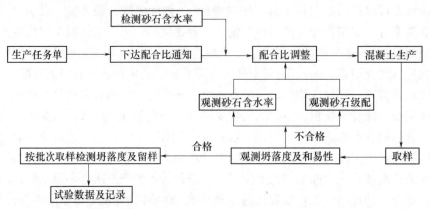

图 4-34　混凝土生产过程中的质量控制

"生产任务单"是混凝土生产的主要依据，混凝土生产前的组织准备工作以及生产都是依据"生产任务单"进行的。"生产任务单"是由经营部门依据混凝土"供销合同"向生产部门和技术质量部门签发。"生产任务单"主要包括购货单位、工程名称、工程部位、混凝土品种、强度等级、交货地点、供应日期和时间、供应数量、供应速度及其他特殊要求等。

技术质量部门收到"生产任务单"后，根据"生产任务单"中混凝土品种、工程部位、运输距离、气候情况等并结合搅拌站实际情况（现有原材料情况等），选择适宜的混凝土配合比，并签发"混凝土配合比通知单"。实际生产时，还应根据当时的骨料含水率、级配情况对混凝土配合比作出适当调整。

生产部门依据"生产任务单"和"混凝土配合比通知单"要求，组织原材料的供应，保证原材料的品种、规格、数量及质量符合生产要求。

在生产前，还应对设备进行检查和试运转，例如班前计量检查、搅拌机的空运转、上料设备和筒仓出料设备的确认。

在生产过程中，严格按照"混凝土配合比通知单"要求，将混凝土配合比输入搅拌机的配料系统，并严格核查原材料的品种、规格及数量，保证混凝土用各种原材料的质量。在混凝土生产中，确保原材料计量精度是最重要的环节之一。各种原材料应按"混凝土配合比通知单"规定值计量，保证混凝土配合比的正确，保证混凝土质量。搅拌机启动开始拌料后，立即对机械设备的运转、计量料斗的工作情况再进行一次检查，确保运行正常。同时对所用原材料还要进行一次核查，防止误用。待各项检查完成并符合生产要求后，才能正常生产混凝土。在混凝土生产过程中，还要经常对机械设备的运行和原材料的使用进行巡回检查。

做好混凝土前期生产的质量检查十分关键，应及时取样并对混凝土的和易性进行检测，当检测结果与"混凝土配合比通知单"的要求有较大误差时，应分析原因，由技术质量部门进行调整。

3. 混凝土性能质量控制

（1）坍落度

坍落度常见的问题有坍落度偏大、坍落度偏小、坍落度经时损失大、坍落度后返大。

坍落度偏大是指混凝土的出机坍落度明显大于要求的坍落度。坍落度偏大会导致混凝土到工地后超过要求的范围，容易发生离析、泌水等质量问题。在浇筑斜屋面等特殊部位时，坍落度偏大会导致施工无法顺利进行；浇筑地面部位时，坍落度偏大会造成上部浮浆过多，表面强度低而易起灰。

坍落度偏小是指混凝土的出机坍落度明显小于要求的坍落度。坍落度偏小会导致混凝土到工地后低于要求的范围，会降低混凝土的浇筑速度，且容易发生堵泵、振捣收面困难等质量问题。在浇筑墙体等部位时，如果振捣不充分，混凝土填充密实性不好，容易造成空洞等质量问题。

坍落度经时损失大是指坍落度出机满足要求，经过一段时间到达现场后，坍落度明显低于出机值，无法满足浇筑要求的现象。

坍落度后返大是指混凝土坍落度随时间推迟而发生增大的现象。

造成坍落度质量问题的原因通常与原材料品质变化密切相关。骨料含水率突然变大、含泥量降低、级配改善、粉煤灰需水量比降低、减水剂减水率增大等，将会导致外加剂用量偏高、坍落度偏大。骨料含水率突然变小、含泥量增高、级配变差、粉煤灰需水量比增大、矿粉比表面积增大、减水剂减水率减小等，将导致外加剂用量偏低、坍落度偏小。当水泥与外加剂的相容性变差、骨料含泥量或石粉含量突增、外加剂自身缓凝效果差或者未复配足够的缓凝组分时，均可能造成坍落度经时损失大。使用具有缓释作用的聚羧酸系外加剂可能造成坍落度后返大。

为了防止出现坍落度问题，需及时掌握原材料品质变化、调整配合比。在混凝土生产过程中，坍落度出厂检验的频度应为每100m³取样检测一次。

（2）强度

混凝土强度是混凝土品质保证最为重要的指标。由于影响混凝土强度的因素复杂（图4-35），因此强度是对这些要素是否控制良好的综合评判指标。

通常以生产量较多的某个或某几个强度等级的混凝土作为评定依据。统计分析时应按水泥品种、骨料品种、外加剂品种在水胶比相同的条件，按不同季节（温度区别）进行检测。这样有利于早发现异常情况，对生产控制设备及时维护、修理，对夏季、冬期混凝土配合比及时修正。试验时以每天出厂检测所制作的试件为基础，定期统计分析。强度试件的取样制作按出厂检验标准要求，为每100盘取样不少于一组。

（3）含气量

混凝土含气量的控制对于混凝土施工性能和硬化混凝土的耐久性都很重要。《预拌混凝土》（GB/T 14902—2012）指出"对有含气量检验要求的混凝土，应检验其含气量"。对混凝土含气量的控制应予以重视，试验频度为每个工作班不少于2次。

（4）耐久性

材料的耐久性是它暴露在使用环境中抵抗各种物理和化学作用破坏的能力。混凝土结构耐久性是指在设计确定的环境作用和维修、使用条件下，结构构件在设计使用年限

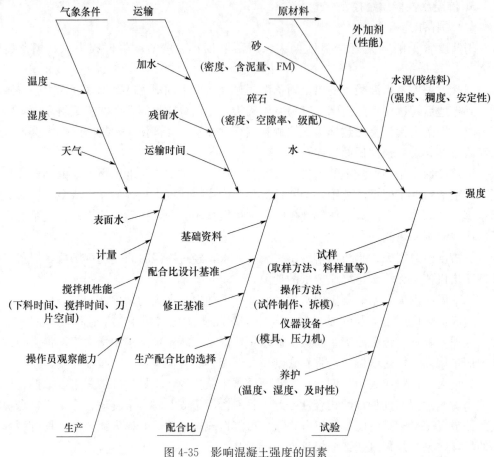

图 4-35　影响混凝土强度的因素

内保持其适用性和安全性的能力。混凝土长期性能和耐久性能的试验遵照《普通混凝土长期性能和耐久性能试验方法标准》（GB/T 50082—2009）执行。

（5）外观质量控制

混凝土外观可通过透明有机玻璃筒装置进行目视观察。贫混凝土、离析混凝土及坍落度小且振捣不足的混凝土外观可能不好。

七、现代混凝土搅拌站绿色生产技术

随着人口的增长、城市的扩容，大自然承受的负担日益加剧，资源日趋枯竭、环境污染越来越严重。节约资源、能源，将对环境的污染降低到最小限度，有益于建筑工程的可持续发展。行业标准《预拌混凝土绿色生产及管理技术规程》（JGJ/T 328—2014）对"绿色生产"有着如下定义：以节能、降耗、减排为目标，以技术和管理为手段，实现预拌混凝土生产全过程的节地、节能、节材、节水和保护环境基本要求的综合活动。本部分从节能、除尘、废水的利用等角度介绍几种现代混凝土搅拌站的绿色生产技术。

1. 节能

（1）节电器

在终端电网中，往往存在着大量的瞬流，而瞬流是正弦波交流电路上电流与电压的一种瞬时态的畸变，其主要特点是超高压、超高速、超高频次。设备在频繁地开关和负荷突变电弧放电都会有大量的瞬流反应，易导致电机过热而效率降低甚至烧毁。节电器采用并联式补偿技术进行节电，可滤除电网瞬变、浪涌对机器设备的损害，延长使用寿命，降低电耗，提高能效。将节电器利用在皮带机上，可降低其无功损耗。节电器具有安装简便、免维护、运行稳定、安全可靠等优点，在混凝土生产行业有着良好的推广前景。

（2）电机变频

在搅拌站正常生产情况下，主机的电动机为连续运行，其他工序负载电机为断续运行。由于工艺要求，一个生产循环中主机负载持续率为 80%～90%。强制搅拌机在工作时，驱动电动机负载率是随着混凝土搅拌的均匀度增加呈下降趋势变化，直观反映在主机电流上，电流由峰值降至搅拌均匀后约降低一半，主机电动机在大部分时间内是在负载率很低（低于 50%）的工况下工作。针对这种情况导致的主机电动机效率低、能耗大、无功功率低的问题，可采用电机变频技术。变频器可起到大幅提高效率、节约电能的作用。

（3）电伴热

管道电伴热保温是用电能直接转化为热能的新型供暖系统。使保温防冻系统自动控制其温度保持在允许的范围内，可实现对管道的主动性保温防冻。电伴热主要应用于搅拌站冬期生产时对管路〔包括液体（水和泵送剂）和气体（气路）管路〕的加热和保温，防止因受冻而影响生产，同时也减少烧锅炉或者供暖产生的能耗。

2. 除尘

搅拌站的除尘包括粉料入仓除尘和投料过程除尘。投料过程因为没有外来压力，一般效果较好；而对于粉料入仓除尘来说，目前较多的搅拌站存在"冒顶"情况，即便不"冒顶"，一边输送粉料，一边从仓顶除尘器中直接向大气排放的情况也是经常发生，不但造成了材料的浪费，而且产生的粉尘对环境污染严重。除了料位计工作不正常之外，仓顶除尘器的除尘效果不佳是主要原因，并且这种除尘器的滤芯更换不便，维护困难。

集中除尘是结合我国当前的环保排放要求研制开发的新型除尘系统，该系统是采用散装物料车自带气泵为输送动力源，通过除尘器使粉尘沉降在沉降仓内，从而使粉尘再次循环利用。每条生产线安装一套集中除尘系统，通过管路使粉剂料仓与主要除尘设备连接即可。集中除尘系统的结构示意图如图 4-36 所示，其工作原理为：粉状物料经管道通过气流输送进入除尘器，气流在灰斗上部扩散形成重力沉降，这时部分质量大的粉状颗粒在重力的作用下沉降到灰斗中，其余含尘气体向上进入中部箱体，经过滤袋过滤后，洁净空气通过滤袋进入除尘器上部箱体，并经出风口排向大气。每次吹灰时必须先启动风机、关闭蝶阀，一次吹灰结束后开始脉冲振动清灰，在 2～3d 不吹灰时，打开蝶阀，通过排料螺旋机将粉尘输送到计量斗中。

集中除尘系统不但具有清灰能力强、除尘效率高、排放浓度低等优点，还具有运行稳定可靠、能耗低、维护方便等特点。尤其适用于混凝土搅拌站和干粉砂浆厂，其诸多优点逐渐被越来越多的搅拌站所认可，较以往除尘器直接安装在粉料仓顶的方式而言，其除尘效果显著增强。该系统的主要特点体现在如下 5 个方面：

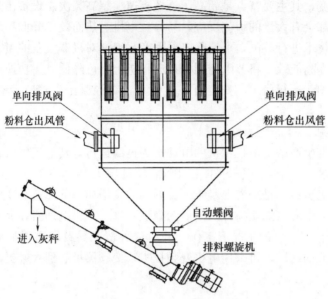

图 4-36　集中除尘系统示意图

（1）强化清灰。采用高密度滤芯，对包括呼吸性细粒子、黏附性强的粉尘在内的各种粉尘都能获得良好的除尘效果。

（2）设备阻力小。由于清灰能力强，使除尘设备的阻力可稳定在 900～1500Pa 范围内，明显低于其他除尘系统。

（3）除尘效率高。在通常情况下排尘浓度低于 $50mg/m^3$，在一些有特殊要求的场合，可低于 $10mg/m^3$。

（4）换袋方便。滤袋靠袋口部位的弹性胀圈与花板孔嵌接，不但密封效果好，而且拆装方便，减少了换袋工作量及维护人员与粉尘的接触。

（5）运行能耗低。由于设备运行阻力低，清灰压力低，利用散装车自带泵压力作为输出压力，使得设备综合运行能耗较低。

3. 废水的利用

随着我国经济建设和城市化进程的加快，基础设施建设逐年增加，混凝土的需求量也逐年增长，混凝土行业得到迅猛发展。同时，混凝土搅拌站生产过程中产生的固体废弃物和废水也随之增加，废水的随意排放，对环境造成严重的污染。

搅拌站废水是搅拌站清洗地面及设备（搅拌车、泵车及其他施工车辆）而产生的废弃浆体，这些浆体经沉淀分离后，形成搅拌站废水，如图 4-37 所示。

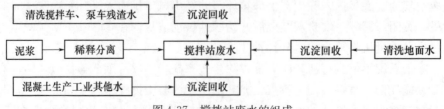

图 4-37　搅拌站废水的组成

清洗搅拌、运输设备的废水中含有水泥等强碱性物质，其pH可达到10~12，不溶物含量为3000~5000mg/L。由于缺乏科学的管理和配套的处理技术措施，如若将大量的废水直接排入下水道，废水中的微粉颗粒淤积硬化后堵塞下水道，则需要花费大量的人力、物力来清理。

（1）废水的特点

水泥与水接触后，水泥熟料中的离子开始溶解，迅速变成含有Ca^{2+}、Na^+、K^+、OH^-及SO_4^{2-}等多种离子的溶液。天然骨料中含有泥、泥块、硫化物、硫酸盐等。运输车中残留的混凝土冲洗后，粒径大于0.15mm的颗粒经过砂石分离机分离出去，废水中含有的细小固体颗粒主要为水泥、矿物掺合料以及骨料带入的黏土或淤泥颗粒、可溶性无机盐及残留的外加剂。

（2）废水对混凝土性能的影响

搅拌站废水含有水泥水化产物$Ca(OH)_2$、矿物掺合料及残留的外加剂，其pH较高。国内外已经有许多专家学者针对搅拌站废水对混凝土性能的影响做了大量的研究，并得出很多有价值的结论，掺入适量搅拌站废水对混凝土性能并没有明显不良影响。但当废水的掺入量过高时，会造成混凝土坍落度降低、经时损失增大、强度降低、塑性开裂加剧等危害。

（3）废水的质量控制

依据《建设用砂》（GB/T 14684—2011）、《建设用卵石、碎石》（GB/T 14685—2011）及《混凝土用水标准》（JGJ 63—2006）对废水及回收骨料进行检测。

在废水的使用过程中，应注意以下几点：

① 废水回收管线应与原搅拌站用水管线并行，使之与搅拌站协调一致。在所有的废水水平水管上均设有1%~2%的坡度，且在靠近废水池的一端低，以便于废水不用时管内的废水顺利排出，防止长时间不用废水时废水沉淀堵塞管道。

② 在污水泵进水口和进水管道末端均需设置过滤网，防止污水中粒径过大的杂物进入混凝土中，并应对滤网定期清理，防止污物堵塞管道。

③ 需对废水浓度进行控制，浓度过高时生产的混凝土坍落度较小，和易性差，不便于施工，应保证废水浓度在允许范围之内。一般废水浓度在2%~4%时可顺利生产；废水浓度超出4%时可通过调整施工配合比中废水和自来水的比例来实现。

④ 每盘混凝土的坍落度需严格控制，使其误差控制在±30mm以内。

⑤ 需严格控制混凝土的搅拌时间，搅拌时间不少于规范规定，并保证搅拌好的混凝土均匀、和易性良好。

（4）环保措施

① 沉淀池壁必须进行抗渗处理，废水属碱性，如不进行抗渗处理，碱性水外渗会污染周围环境。

② 搅拌车停靠进行清洗时放料口必须对准回收料斗，不得随便排放。

③ 回收的骨料需及时运至料场，有序堆放。

④ 分离设备的外面要封闭，以便降低分离时产生的噪声。

复习思考题

1. 混凝土搅拌的任务是什么？其搅拌过程分为哪几个阶段？

2. 阐述混凝土的搅拌理论，并根据搅拌理论分析自落式搅拌机和强制式搅拌机的差异性。

3. 阐述提高混凝土搅拌质量的方法。

4. 阐述混凝土搅拌楼的分类和工艺流程。

5. 阐述混凝土搅拌楼的组成及各部分的作用。

6. 阐述混凝土搅拌工艺的质量控制措施。

7. 阐述混凝土搅拌工艺常见的绿色环保技术手段。

第五章　混凝土的输送工艺

混凝土拌和物为多相分散体系，包含有三相：一是流动相，主要是水泥、矿物掺合料及拌和用水所形成的浆体；二是固相，包括砂、石骨料，主要起骨架作用；三是气相，主要是搅拌时混入的空气或掺入引气剂后形成的气泡等。在输送过程中，混凝土会受到各种如自身重力、机械搅拌、泵压、设备振动等外力作用，要保持上述三相的均匀性，则必须要求混凝土具有与之相适应的性能。

在混凝土工程的施工中，混凝土的输送是一项关键性工作。它要求迅速、及时、保证质量及尽量降低劳动消耗。尤其是对于一些混凝土用量很大的大型钢筋混凝土构筑物（如大型基础、地下工程等）和高层建筑，如何正确选择混凝土运输工具和浇筑方法就显得更为重要。

混凝土输送系统由搅拌站、搅拌运输车及混凝土泵三部分构成，该系统是混凝土连续施工的保证，并且是可控制的。

第一节　混凝土流变学原理

为了更好地了解和处理混凝土输送过程中的各种情况，应先了解混凝土的流变学原理，在此基础上，再了解混凝土各种输送设备的原理和结构。流变学是研究物体流动和变形的科学，是近代力学的一个分支。在适当的外力作用下，物质能流动和变形的性能称为该物质的流变性。流变学的研究对象几乎包括了所有物质，可综合研究物质的弹性变形、塑性变形及黏性流动。

对混凝土而言，则是研究水泥浆、砂浆及混凝土拌和物黏性、塑性、弹性的演变，以及硬化混凝土的强度、弹性模量及徐变等问题。

一、流变学的基本模型

研究材料的流变特征时，要研究材料在某一瞬间的应力和应变的定量关系，这种关系常用流变方程来表示。一般材料流变方程的建立，都是基于以下三种理想材料的基本模型（或称为流变基元）的基本流变方程。

（1）胡克（Hooke）固体模型（H-模型），表示具有完全弹性的理想材料。可以用弹簧来表示，其特点是在外力 τ 作用下即产生变形，外力除去后，可以恢复其原来的体积或形状。

（2）圣维南（St. Venant）固体模型（Stv-模型），表示超过屈服点后只具有塑性变形的理想材料。塑性体在外力作用下，屈服应力以前的力学行为与弹性体相同，超过屈服值以后，变形一直在增加。作用力不变，变形增加，是一种不可恢复的变形，但其阻力与变形速度无关，为一常数。

（3）牛顿（Newton）液体模型（N-模型），表示只有黏性的理想材料。其黏性阻力与变形速度有关，变形不恢复，消耗的功以热能形式散失。

以上三种基本模型的表示方式、流变方程及应力-应变-时间的关系如图 5-1 所示。实际上并不存在以上三种物体，所以称为理想体，但真实物体往往可从上述三个理想体导出。

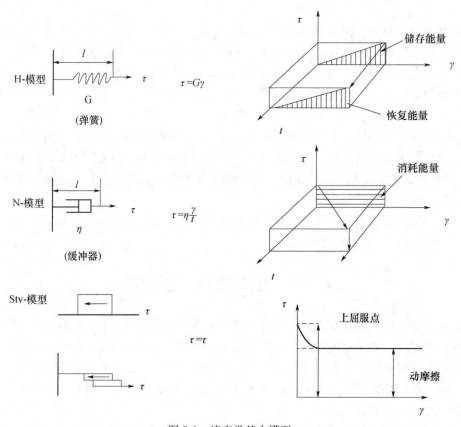

图 5-1　流变学基本模型

弹性、塑性、黏性及强度是四个基本流变性质，根据这些基本性质可以导出其他性质。胡克固体（H）具有弹性和强度，但没有黏性；圣维南固体（Stv）具有弹性和塑性，但没有黏性；牛顿液体（N）具有黏性，但没有弹性和塑性。严格地说，以上三种理想物体并不存在，大量的物体都介于弹性、塑性、黏性体之间。所以实际材料的流变性质具有所有上述四种基本流变性质，只是在程度上具有差异，各种材料的流变性质可用具有不同弹性模量 G、黏性系数 η 和屈服应力 τ_y 的流变基元以不同形式组合成的流变模型来研究。

二、新拌混凝土的流变方程与流变学特性

固体材料在外力作用下要发生弹性变形和流动，应力小时作弹性变形，应力大于某一限度（屈服值）时发生流动。混凝土拌和物也基本上具有类似的变形特征，但由于屈服值很小，所以由流动方面的特征所支配。

1. 混凝土的流变方程

混凝土拌和物的流变性质可用宾汉姆（Bingham）模型来研究，如图 5-2 所示。

显然，当 $\tau < G\gamma_e$（其中 γ_e 为弹性元件的弹性变形极限值）时，则并联部分不发生变形，因此：

$$\tau = G\gamma_e \tag{5-1}$$

$$\gamma_e = \frac{G}{\tau} \tag{5-2}$$

当 $\tau > \tau_y$ 时，则在并联部分发生与应力（$\tau - \tau_y$）成正比的黏性流动，因此有：

$$\tau - \tau_y = \eta \frac{d\gamma}{dt} \tag{5-3}$$

因为总的变形 $\gamma = \gamma_e = \gamma_v$（$\gamma_v$ 为黏性基元的变形），而 γ_e 是常数，因此式 5-3 可写成：

$$\tau = \tau_y + \eta \frac{d\gamma}{dt} \tag{5-4}$$

式（5-4）称为宾汉姆方程。把符合宾汉姆方程的液体称为宾汉姆体。若式中 $\tau_y = 0$，则成为牛顿液体公式。

牛顿液体和宾汉姆体的流变方程中黏度系数 η 为常数，变形速度 $D = \frac{d\gamma}{dt}$ 和剪切应力 τ 的关系曲线（称为流动曲线）呈直线形状，如图 5-3 中的 a 和 c。

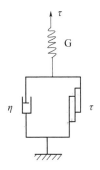

图 5-2　宾汉姆模型

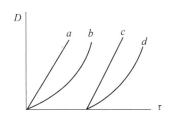

图 5-3　流动曲线的基本类型
a—牛顿流体；b—非牛顿流体；
c—宾汉姆体；d—一般宾汉姆体

但若液体中有分散粒子存在，胶体中凝聚结构比较强，黏度系数 η 将是 τ 或 D 的函数，则流动曲线形状如图 5-3 中的 b、d 那样，分别称为非牛顿液体和一般宾汉姆体。超流动性的混凝土拌和物接近于非牛顿液体，一般的混凝土拌和物接近于一般宾汉姆体。

2. 混凝土拌和物流变参数 τ_y 与 η 的含义

由混凝土拌和物的流变方程 $\tau = \tau_y + \eta \frac{d\gamma}{dt}$ 可知，屈服剪切应力 τ_y 与黏度系数 η 是决定拌和物流变特性的基本参数。

屈服剪切应力 τ_y 是阻止塑性变形的最大应力，故又称为塑性强度。当在外力作用下产生的剪切应力小于屈服剪切应力时，拌和物不发生流动；只有当剪切应力比屈服剪切应力大时，才会发生流动。

拌和物的屈服剪切应力是由组成材料各颗粒之间的附着力和摩擦力引起的，如图5-4所示。在 A 和 B 的平面上，A 给予 B 以垂直压力 p，当 A 开始滑动时，接触面上产生剪切应力 τ，如 A 和 B 没有附着力，则库仑定律成立：

$$\tau = \mu p = p\tan\varphi \qquad (5\text{-}5)$$

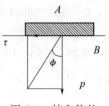

图5-4 拌和物的屈服剪切应力

式中　μ——摩擦系数；

　　　φ——摩擦角。

如果 A 与 B 之间有附着力，则接触面上产生的剪切应力用 τ_y 表示，τ_y 与 p 的关系为：

$$\tau_y = \tau_0 + p\tan\varphi \qquad (5\text{-}6)$$

式中，τ_0 可以认为是垂直压力 p 为零时（即不考虑外力和重力时）所存在的剪切阻力，称为附着力，它是由 A 与 B 之间的内聚力引起的。

黏性系数 η 是液体内部结构阻碍流动的一种性能参数。它是由于在流动的液体中，在平行流动方向的各层流之间，产生与流动方向相反的阻力（黏滞阻力）的结果。因此，黏性是流动的反面。对于不同的流体，黏性的大小取决于液体的内部结构。如果是黏性大到无穷的物体，则其流动将微乎其微，以至于无法测量，实际上成为弹性固体。物理的黏性越小，则物理流动越大。

宾汉姆体的黏度系数 η 是一个常数，然而其表观黏度 η' 则随着剪切应力的增大而减小，如图5-5所示。当 $\tau = \tau_y$ 时，表观黏度达到最大值，而 η 则是最小的表观黏度值。

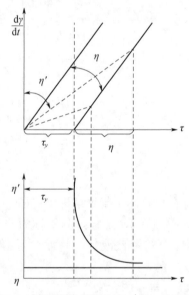

图5-5 宾汉姆体表观黏度 η' 与 τ 关系曲线

3. 泵送混凝土的流动状态分析

混凝土拌和物类似于一般的宾汉姆体，因而在泵压的推动作用下混凝土拌和物在管道中流动，且具有"宾汉姆体"（即柱塞流）的特性。柱塞流与普通牛顿流体的主要区别在于管道内流体的速度分布不同。普通牛顿流体在层流的情况下，流速随管道半径的大小呈二次抛物线变化。而柱塞流则在半径小于某个值 r_0 的范围内，各处流速都是相同的，均处于最大值；在半径大于 r_0 的范围内，流速随半径的增大而下降，至管壁处流速降低为零。宾汉姆体在管道中的流速分布如图 5-6 所示。

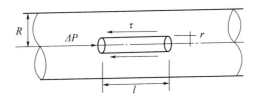

图 5-6　宾汉姆体沿管道流动

由图 5-6 可知：

$$\Delta P \pi r^2 = 2\pi r l \tau \tag{5-7}$$

即

$$\tau = \Delta P \frac{r}{2l}$$

由图 5-6 及式（5-7）可知，宾汉姆体的屈服剪应力 τ 与柱塞流的柱塞部分半径 r 的大小呈正比，与管道内单位长度的压力损失 $\Delta P/l$ 呈正比。

流体物质在管道中流动有两种流动状态，即"层流"和"紊流"。层流是流动过程中流线与流线之间没有流体质点交换的流动，它主要表现为流体质点的摩擦和变形。层流的流速变化规律符合式（5-8），即流速 V 随半径 r 成二次抛物线变化，$r=0$ 处 $V=V_{\max}$；$r=R$ 处 $V=0$。

$$V = \frac{\Delta P}{4\eta l}(R^2 - r^2) \tag{5-8}$$

层流的剪切应力随管道半径变化的规律符合式（5-9），即 $r=0$ 处 $\tau=0$；$r=R$ 处 $\tau = \frac{\Delta P R}{2l}$ 为最大。

$$\tau = -\eta \frac{\mathrm{d}V}{\mathrm{d}r} = -\eta \frac{\mathrm{d}\left[\frac{\Delta P(R^2 - r^2)}{4\eta l}\right]}{\mathrm{d}r} = \frac{\Delta P}{2l}r \tag{5-9}$$

在目前的泵送技术条件下，泵送混凝土在输送管中的流动速度不高，理论上属于层流。但是，混凝土拌和物属于一般宾汉姆体，而非牛顿流体。因而，泵送混凝土在管道中的流动除服从层流的流动特性外，还具有其特有的一些特征。

根据宾汉姆体的流变方程式（5-4）可知，当 $\tau > \tau_y$ 时才开始产生流动。而由层流的剪切应力变化规律式（5-8）可知，近管壁处的剪应力 τ 最大，因而，在混凝土泵的推动下，只要管壁处的剪应力 $\tau > \tau_y$，混凝土拌和物就能在管中开始流动，而任一半径处的混凝土拌和物，只要 $\tau \leqslant \tau_y$，就不产生流动，在该半径以内的混凝土拌和物则以等速（如固体"柱塞流"）向前运动，而柱塞流内部无相对运动。这就是泵送混凝土时在输送管中产生柱塞流动的原理。

混凝土进行泵送时，混凝土中的水泥浆（或水泥砂浆）在压力作用下挤向外围，在输送管内表面形成一个薄薄的水泥（或水泥砂浆）层，起润滑的作用。泵送时，只要混凝土泵推力产生的剪切应力大于水泥浆（或水泥砂浆）的屈服应力 τ_y，即混凝土拌和物产生流动。而 $\tau_y' < \tau_y$，这有利于泵送，这就是施工时为何在正式泵送混凝土之前，先压送一定量的水泥浆或水泥砂浆进行管壁润滑的道理。

4. 组成材料对混凝土可泵性的影响

（1）胶凝材料

混凝土泵送工艺需要的可泵性，与胶凝材料的种类和用量有很大关系。因为混凝土拌和物中粗骨料本身无流动性，它必须均匀地分散在胶凝材料浆体中才能流动（相对位移），而粗骨料产生相对移动的阻力和水泥浆的厚度有关。

在混凝土拌和物中，胶凝材料浆体填充骨料颗粒间的空隙并包裹骨料，在骨料表面形成浆层，而该浆层的厚度加大，则骨料产生相对移动的阻力就会减小。含浆量大，则骨料产生相对移动的阻力就会减小。另外含浆量大，则骨料相对减少，混凝土的坍落度（流动性或工作度）就会增大，在泵送过程中能使泵送管道内壁形成薄浆层，起到润滑作用，有利于泵送。

胶凝材料对拌和物工作性的影响主要反映在其需水量上。不同品种的水泥、水泥细度、水泥矿物组成、混合材料及配制混凝土的矿物掺合料，其需水量不同。需水量大的胶凝材料比需水量小的胶凝材料配制的混凝土拌和物，在相同的流动性条件下，需要较多的用水量。

在普通硅酸盐水泥中掺入矿渣、火山灰等混合材料都对水泥的需水量有影响，其中以火山灰的影响最为显著，这是因为它具有吸附及湿膨胀性能的缘故。泵送混凝土除了胶凝材料用量影响泵送性能以外，胶凝材料浆体本身的稠度也与泵送性能关系密切。稠度过大（水胶比过小），阻力也大，流动性就会降低。由此将会引起混凝土拌和物不能泵送。但水胶比过大，将对混凝土强度产生较大的负面影响。

（2）骨料

骨料在混凝土中所占据的体积最大，因此它的性能对混凝土可泵性的影响较大。这些性能包括级配、颗粒形状、表面状态及最大粒径等。

级配好的骨料空隙率低，在相同水泥浆量的情况下，可以获得比级配差的骨料更好的可泵性。但在富水泥浆的拌和物中，级配的影响将显著降低。

骨料级配中，小于 10mm、大于 0.3mm 之间的中等颗粒含量对拌和物可泵性的影响最为显著。如果中等颗粒含量过多，即粗骨料偏细，细骨料偏粗，那么将导致拌和物粗涩、松散，可泵性差；如果中等颗粒含量过少，会使拌和物黏聚性变差并发生离析。

一般细骨料填充于粗骨料间的空隙，水泥浆填充在粗骨料和细骨料间的空隙，并有一定的剩余来包裹骨料表面，使混凝土拌和物具有一定的流动性。砂率变动使骨料总表面积和空隙率均发生变化，因此对混凝土拌和物和易性有明显的影响。在水泥浆用量一定的情况下，砂率过大，骨料的比表面积和空隙率均增大，骨料间的水泥浆层厚度相对变薄，拌和物显得干稠，流动性变差；砂率过小，细骨料不足以填充粗骨料间的空隙而需水泥浆来补充，骨料表面包裹层的厚度降低，粗骨料间的内摩擦阻力增大，不但降低了混凝土拌和物的流动性，而且会严重影响混凝土拌和物的黏聚性和保水性，使混凝土产生粗骨料离析、水泥浆流失甚至溃散等现象。因此，存在一个合理的砂率，即在水泥浆用量相同和水灰比不变的情况下，混凝土拌和物的坍落度达到最大值；或在采用合理砂率，达到相同的坍落度时水泥用量最少。

其他条件相同时，在一定范围内，平均粒径增大，质量相同的骨料颗粒总数减少，则同样数量的水泥浆对骨料表面的包裹层变厚，流动性得到改善；随着骨料最大粒径的减小，水泥用量急剧增加。

在混凝土骨料用量一定的条件下，用表面润湿的卵石和河沙拌制的混凝土拌和物，与用碎石和山砂拌制的混凝土拌和物相比，虽然后者的抗压强度比前者高，但物料的摩擦阻力大，流动性差，而前者虽然抗压强度不如后者，但其摩擦阻力小，流动性好。

（3）泵送剂

众所周知，混凝土的水灰比是决定泵送混凝土可泵性的主要因素之一，一般认为水泥水化所需理论水灰比为 0.20～0.25，但在实际施工时为了使混凝土拌和物易于拌制、浇筑及振捣密实，往往其用水量要比理论用水量大得多，对泵送混凝土而言，为了达到良好的流动性，其用水量更远远地超过理论用水量，但这些都是为了施工工艺需要而加的多余的水，在成型后就将失去作用，随着龄期的增长，这部分多余的水将逐渐蒸发，在混凝土内部留下的孔隙，影响混凝土的强度及其他物理性能。因此在泵送中希望混凝土具有良好的流动性，但用水量又不能太大，这就需要借助泵送剂的功效，在配制泵送混凝土时泵送剂已成为不可缺少的组分。

泵送剂阻止了水泥颗粒的凝聚，使凝聚体内的包裹水释放出来，使混凝土拌和物的和易性大大改善，大幅度地增大了坍落度。若拌和物具有相同的坍落度，那就能减少用水量，降低水胶比，这将给硬化混凝土带来很多有利因素。虽然泵送剂对混凝土的泵送有种种好处，却不宜过量使用，一是泵送剂的增加会增加混凝土的总成本，二是大量的泵送剂可能导致混凝土缓凝。

（4）水灰比和集灰比

当要保持流动性不变时，任何骨灰比的改变都要引起水胶比的改变。这种变化关系可从图 5-7 的阿勒森德逊曲线看出，当骨料体积很大时，需要的水灰比趋近于无限大，也就是说水泥要充分稀释到像纯粹的水一样，此时骨料的体积含量称为骨料极限值，此值是曲线的渐近线。这在理论上可以认为是能够达到规定的流动性时骨料的最大值，它决定于所要求拌和物的流动性。拌和物越干硬，其值越大。但是，实际上并不能测定骨料体积相应于骨料极限值时拌和物的流动性。在骨料体积为零的另一端，表示能达到所规定流动性的纯水泥浆的水灰比，称为水泥浆水灰比极限值。很显然，此值也决定于所要求的可泵性，越干硬则水灰比越小。

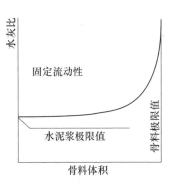

图 5-7 阿勒森德逊曲线

（5）水和细粉

混凝土拌和物是由表面性质、颗粒大小及密度不同的固体材料与液体（水）组成的。拌和物在尚未加水之前，这个体积只是各种固体材料（粗骨料、细骨料及水泥等）散状颗粒堆聚体，各颗粒之间无任何有机联系，空隙率很大。但在加水拌和之后，就可以使这个散状颗粒聚集体各组分形成连续性，水泥也开始水化。很显然，在混凝土拌和物中水是关键，它是粗骨料、细骨料、水泥、外加剂（如减水剂）及掺合料（如粉煤灰）等组成材料之间的联络相，不但是混凝土拌和物中水泥水化的必要条件，而且也主宰混凝土泵送的全过程。混凝土拌和物加水拌和使其流动性满足泵送施工工艺要求，这是水对泵送有利的一个方面。与此相反，如果水加得太多，浆体稀释不利于泵送，而且对混凝土强度和耐久性均有很大的负面影响。

如果在混凝土拌和物中的细粉料（水泥加 0.3mm 以下的细料）对水没有足够的吸附能力和阻力，就会有一部分水在泵压作用下从固体颗粒之间的空隙流向阻力较小的区域内。在泵送过程中，这种现象在输送管内便会造成压力传递不均，以致水先流走，骨料与水泥浆分离，这是水对泵送不利的一个方面。由于水通过固体材料之间的空隙的阻力与固体物的粒径大小有关，颗粒的粒径越细水通过的阻力越大。因此，在泵送混凝土中更显示出水对细粉料的依赖性，这与混凝土的可泵性有直接关系。基于上述原因，这部分细粉料在泵送混凝土中应有一定数量。泵送混凝土增加细粉料和使用减水剂的原理，实际上是稠化和提高净浆的内聚性，目的是防止混凝土拌和物在泵压作用下脱水。脱水具有两种渐增的反作用：一是降低混凝土的流动性；二是减少起润滑作用的流体，最终导致拌和物在管道内堵塞，不能泵送。

第二节　混凝土搅拌运输车

一、混凝土搅拌运输车的工作原理

混凝土搅拌运输车的搅拌筒是依靠回转的筒体带动其中的两条螺旋叶片，对混凝土进行搅拌和卸料的。

图 5-8 是通过搅拌轴线的垂直剖面示意图。图 5-8（a）、（b）分别为被剖搅拌筒的两部分，图中斜线表示剖面部分的螺旋叶片，α 为其螺旋升角，β 为搅拌筒轴线与底盘平面的夹角。

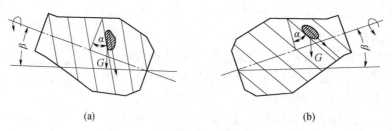

图 5-8　搅拌筒工作原理图
(a) 正转；(b) 反转

工作时，搅拌筒绕其自身轴线转动，混凝土因与筒壁和叶片的摩擦力和内在的黏着力而被转动的筒壁沿圆周带起来。在达到一定高度后，在其自重 G 作用下，克服上述摩擦力和内聚力而向下翻跌和滑移。由于搅拌筒在连续地转动，所以混凝土既在不断地被提升而又向下跌滑，同时受筒壁和叶片确定的螺旋形轨道的引导，产生沿搅拌筒切向和轴向的复合运动，使混凝土一直被推移到螺旋叶片的终端。

如果搅拌筒按图 5-8（a）所示做"正向"转动，混凝土将被叶片连续不断地推送到搅拌筒的底部，显然，到达筒底的混凝土势必又被搅拌筒的端壁顶推翻转回来，这样在上述运动的基础上又增加了混凝土上下层的轴向翻滚运动，混凝土就在这种复杂的运动状态下得到搅拌。因混凝土部分受到螺旋叶片的强制推移和翻滚，故属于半强制式搅拌。

如果搅拌筒按图 5-8（b）所示"反向"转动，叶片的螺旋转动方向也相反，这时混凝土即被叶片引导向搅拌筒口方向移动，直至从筒口卸出。

从上述分析看出，搅拌筒的转动，带动连续的螺旋叶片产生螺旋运动，使混凝土既有"切向"又有"轴向"的复合运动，从而使搅拌筒兼具搅拌和卸料的功能。形成这一螺旋运动的因素较多，诸如螺旋叶片的曲线参数，搅拌筒的几何形状和尺寸，搅拌筒的转速和转动方向等，都是决定搅拌筒工作性能的重要因素。

根据搅拌筒的构造和工作原理，可以对搅拌运输车的各工况作如下描述：

① 装料——搅拌筒在驱动装置带动下，以大约 6～10r/min 的"正向"转动，混凝土拌和物经加料斗从导管进入搅拌筒，并在螺旋叶片引导下流向搅拌筒的中下部。

② 搅拌——对加入搅拌筒的混凝土拌和物，在搅拌运输车驶运途中或现场，使搅拌筒在 8～12r/min 的转速下"正向"转动，拌和物在转动的筒壁和叶片带动下翻跌推移，进行搅拌。

③ 搅动——对于加入搅拌筒的预拌混凝土，只需搅拌筒在途中做 1～3r/min 的低速"正向"转动，此时，混凝土只受轻微的扰动，以保持混凝土的匀质性。

④ 卸料——改变搅拌筒的转动方向，并使之获得 6～12r/min 的"反转"转速。混凝土在叶片螺旋运动的顶推作用下向筒口方向移动，最后流出筒口，通过固定和活动卸料溜槽，卸入混凝土泵的受料斗或其他工作容器。

二、混凝土搅拌运输车的工作方式

混凝土搅拌运输车通常可以根据对混凝土运距长短、现场的施工条件以及对混凝土配合比和质量要求等不同情况，采取下列不同的工作方式。

（1）预拌混凝土搅动运输

这种运输方式是搅拌运输车从预拌混凝土工厂装进已经搅拌好的混凝土，在运往工地的途中，使搅拌筒作 1～3r/min 低速转动，将载运的预拌混凝土不停地进行搅动，以防止出现离析等现象，从而使运到工地的混凝土质量得到控制，并相应增长运距。但这种运送方式，其运距（或运送时间）不宜过长，应控制在预拌混凝土开始初凝以前，具体的运距或时间视混凝土配合比和道路、气候等条件而定。

（2）混凝土拌和物的搅拌运输

这种运输方式又分为湿料和干料搅拌运输两种情况。

① 湿料搅拌运输——搅拌运输车在配料站按混凝土配合比同时装入水泥、砂石骨料和水等拌和物，然后在运送途中或施工现场，使搅拌筒以 8～14r/min 的"搅拌速度"转动，对混凝土进行拌和。

② 干料注水搅拌运输——在配料站按混凝土配合比分别向搅拌筒内加入水泥、砂石等干料，再向车内水箱中加入搅拌用水，在搅拌运输车驶向工地途中的适当时候向搅拌筒内喷水进行搅拌。

混凝土拌和物的搅拌运输，比预拌混凝土的搅动运输能进一步延长对混凝土的输送距离（或时间），尤其是混凝土干料的注水搅拌运输，可以将混凝土运送到很远的地方。

另外，这种运输方式又用搅拌运输车代替了混凝土工厂的搅拌工作，因而可以节约设备投资，提高生产率。但是，搅拌运输车由于搅拌装置的搅拌强度限制，难以获得像混凝土工厂生产的那样均匀一致的混凝土。所以，在对混凝土的质量要求愈来愈严格的现代建筑施工中，对预拌混凝土的搅动运输是搅拌运输车的主要工作方式。

当然这种搅拌运输车对混凝土的运送距离并不是无限制的。从运输的经济性和合理性来看，对于不同装载容量的搅拌运输车都有它的经济运距，有些国家已对某些配套使用的搅拌运输车的运距（运送时间）作了具体规定，以求达到最佳的经济效果。目前混凝土搅拌运输车的平均运距为 10～15km，如表 5-1 所示。

表 5-1 混凝土的输送时间要求

混凝土强度等级	温度<25℃	温度≥25℃
<C30	120min	80min
≥C30	90min	60min

现在，混凝土搅拌运输车多作为混凝土工厂或搅拌站的配套输送机械，通过它们将混凝土工厂与许多施工工地联系起来。如果它又能与混凝土输送泵配合，在施工现场进行"接力"输送，则可以完全不再需要人力的中间周转而将混凝土连续不断地输送到施工浇筑点，实现混凝土输送的高效能和全部机械化，这样不但大大地提高了劳动生产率和施工质量，而且有利于现场的文明施工，在现场狭窄的施工工地上更能显示出它的优越性。

三、混凝土搅拌运输车组成与结构

1. 组成

图 5-9 所示为国产 JC6 型混凝土搅拌运输车，由传动系统 1、供水系统 2、搅拌筒 3、附加车架 4、汽车底盘及车架 5、进料装置 6、卸料装置 7 等组成。搅拌筒通过支承装置斜卧在机架上，可以绕其轴线转动，搅拌筒的后上方只有一个筒口分别通过进出料装置进行装料或排料。工作时，发动机通过传动系统驱动搅拌筒，搅拌筒正转时进行装料或搅拌，反转时则卸料。搅拌筒的转速和转动方向是根据搅拌运输车的工序，由工作人员操纵控制机构来实现的。

搅拌运输车供水系统的设置，主要用于清洗搅拌装置。如果用作干料搅拌运输需要供给搅拌用水时，则应适当增大水箱容积。

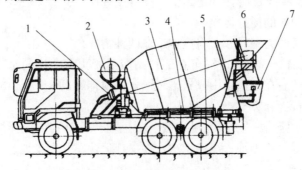

图 5-9 JC6 型混凝土搅拌运输车

1—搅拌装置传动系统（简称传动系统）；2—供水系统；3—搅拌筒；

4—附加车架；5—汽车底盘及车架；6—进料装置；7—卸料装置

2. 搅拌筒的构造

搅拌运输车的搅拌筒绝大部分都采用梨形结构，如图 5-10 所示。整个搅拌筒的壳体是一个变截面而不对称的双锥体，外形似梨，从中部直径最大处向两端对接着一对不等的截头圆锥，底段锥体较短，端面封闭；上段锥体较长，端部开口。通过搅拌筒的中心轴线在端面上安装着中心转轴 5，上段锥体的过渡部分有一条环形滚道 2，它焊接在垂直于搅拌筒线的平面圆周上。整个搅拌筒通过中心转轴和环形滚道倾斜卧置在固定于机架上的调心轴和一对支承滚轮所组成的三点支承结构上，所以搅拌筒能平稳地绕其轴线转动。搅拌筒的动力来自液压马达对中心转轴的驱动。

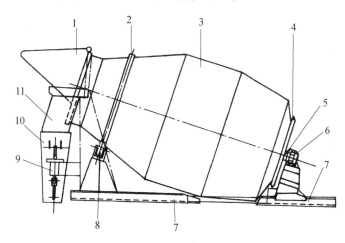

图 5-10　搅拌筒的外部结构

1—进料斗；2—环形滚道；3—滚筒壳体；4—筒底；5—中心转轴；6—调心轴承；

7—附加车架；8—支承滚架；9—活动卸料溜槽的调节机构；10—活动卸料溜槽；11—固定卸料溜槽

搅拌筒内部结构如图 5-11 所示，它与双锥形和梨形搅拌机的内部构造都不相同，这是为适应在单一筒口不倾翻反转卸料和正转进料搅拌的工艺要求而设计的。搅拌筒从筒口到筒沿内壁对称焊接两条连续的带状螺旋叶片 2，当搅拌筒转动时，两条叶片即被带动作绕搅拌筒轴线的螺旋运动，这是搅拌筒对混凝土进行搅拌或卸料的基本装置。为提高搅拌效果，筒内还装有辅助搅拌叶片 3。

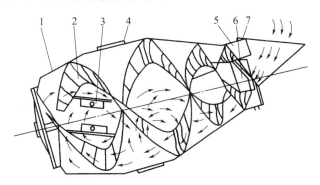

图 5-11　搅拌筒的内部结构

1—搅拌筒；2—带状螺旋叶片；3—辅助搅拌叶片；

4—安全盖；5—助出料叶片；6—进料导管；7—进料斗

在搅拌筒的筒口处，沿两条螺旋叶片的内边缘焊接了一段进料导管6，进料导管与筒壁将筒口以同心形式分割为内外两部分，中心部分的导管为进口，混凝土由此装入搅拌筒。导管与筒壁形成的环形空间为出料口，从出料口的端面看它被两条螺旋叶片分割成两半，卸料时，混凝土在叶片反向螺旋运动的顶推作用下，从此流出。

进料导管的作用如下：

① 使导管口与加料漏斗的泄孔紧密吻合，防止加料时混凝土外溢，并引导混凝土迅速进入搅拌筒内部；

② 保护筒口部分的筒壁和叶片，使之在加料时不受混凝土骨料的直接冲击，以延长使用寿命，同时防止这种冲击造成叶片的变形而对卸料性能产生影响；

③ 导管与筒壁及叶片形成卸料通道，它可使卸料更加均匀连续，这改进了卸料性能。搅拌筒中段设有两个安全盖4，用于发动机出现故障时对混凝土的清理和维修。

3. 装料和卸料装置

搅拌筒的装料和卸料装置是辅助搅拌筒工作的重要机构，其结构如图5-12所示。加料斗1为一广口漏斗，斗体犹如一个纵轴向剖开的半圆锥体，卸孔在平面斗臂一侧，并朝向搅拌筒口与进料口贴合。整个加料斗通过斗壁上缘的销轴铰接在门形支架3上，因此加料斗可以绕铰接轴向上翻转，从而露出筒口以方便对搅拌筒进行清洗和维护。在加料斗曲面斗壁的两侧（或中间）焊有凸块，搭在门形支架上，与上部铰链共同构成对加料斗的支承。

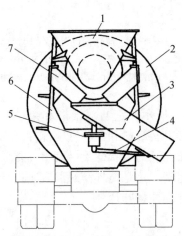

图 5-12　搅拌筒的装料和卸料装置

1—加料斗；2—固定卸料溜槽；3—门形支架；4—活动溜槽调节转盘；
5—活动溜槽调节臂；6—活动卸料溜槽调节臂；7—搅拌筒

在搅拌筒卸料口两侧，设置两片断面为弧形的固定卸料溜槽2形成V形，它们分别固定在两侧的门架上，其上端包围着搅拌筒的卸料口，下端向中间聚拢对着活动卸料溜槽6。活动卸料溜槽通过调节机构5和活动溜槽调节转盘4斜置在汽车尾部的机架上。调节转盘4能使活动卸料溜槽在水平面内做$180°$的扇形转动，丝杆式伸缩臂又可使活动卸料溜槽在垂直平面内作一定角度的仰状，从而使卸料溜槽适应不同的卸料位置，并加以锁定。

4. 供水系统

搅拌运输车供水系统，主要用于清洗搅拌装置，其用水一般由搅拌站供应。如果进行干料注水搅拌运输或在一些特殊地区需要车载搅拌用水，则应予以考虑增大储水量，但不能随便增大水箱容积，以免汽车底盘超载。

传动的搅拌运输车供水系统一般由水泵、水泵驱动装置（机械驱动、电机驱动或液压驱动）、水箱和量水器等组成，与一般搅拌机供水系统相似。但现代的搅拌运输车常采用气压供水，简化了系统结构，节省了动力，减轻了上车重量，省去了水泵及一套驱动装置，同时便于压力喷水清洗及搅拌，压力供水系统及压力喷水工况如图 5-13 和图 5-14 所示。

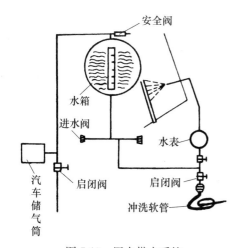

图 5-13 压力供水系统

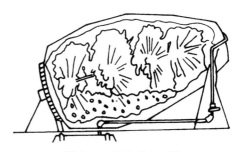

图 5-14 压力喷水工况

气压供水系统设置了一个能承受一定空气压力的密封水箱、水表及有关控制阀。工作时，利用汽车制动用的压缩空气，通入水箱而将水箱所储的水从管道压出，通过截止阀和装设在搅拌筒出料口处的喷嘴，即能向搅拌筒内喷射。为使加水均匀，也可以通过冲洗软管供清洗用。压力水箱容积一般为 200～270L。

搅拌运输车作混凝土干料的注水搅拌运输，或工作地区干旱缺水时，需要自备搅拌用水，而且搅拌筒容量较大时，可采用水泵供水系统，以利于取水和供水，水箱容积可根据一次工作循环所需搅拌用水选取。例如在沙漠地带工作，有些搅拌运输车车载水箱容积可达 2000L。

第三节　混凝土泵车

在混凝土施工过程中，混凝土的现场输送和浇筑是一项关键的工作。它要求迅速、及时，并且在保证质量的前提下能够降低劳动消耗和工程造价。尤其对一些混凝土方量大的钢筋混凝土构筑物（大型设备基础、大坝、地下及水下工程等）和高层建筑，如何正确选择输送设备尤为重要。

混凝土泵作为一种混凝土短距离输送设备，能一次连续地完成水平输送和垂直输送，具有机械化程度高、效率高、劳动强度低及施工组织简单等优点，已在国内外得到了广泛的应用。

一、混凝土泵的种类及特点

按混凝土泵的移动方式，可分为拖式泵和臂架式泵车两种。按混凝土泵的构造和工作原理不同，混凝土泵可分为活塞式、挤压式、隔膜式及气灌式等几种。

多种形式的混凝土泵中，应用最早、最多也最有生命力的泵为活塞式混凝土泵。其特点是可靠性高、输送距离长而且易于控制。活塞式混凝土泵又分为机械式、液压式（油压和水压）两种形式。

机械式混凝土泵自问世以来没有多大的改型，泵的基本构造大致相同，在工作原理和机械构造方面较为简单。这种泵机体笨重、噪声高、传动系统复杂、料斗高加料不便、产生堵塞时不能进行反泵清除故障，故已基本被淘汰。

目前普遍采用的混凝土泵主要是液压活塞式。液压活塞式混凝土泵是通过压力油（水）推动活塞，再通过活塞杆推动混凝土缸中的工作活塞进行压送混凝土，其工作原理如图 5-15 所示。液压活塞式混凝土泵又分为单缸式和双缸式两种。双缸式在结构上虽较单缸式复杂，但因为是双缸交替工作，故输送工作连续、平稳、生产效率高。所以，大、中型的混凝土泵均采用双缸式液压活塞式混凝土泵。

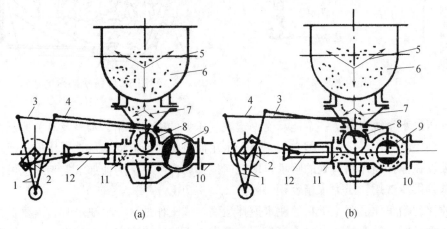

图 5-15　机械活塞式泵的工作原理

1—拉杆机构；2—曲柄轴；3—排出阀操作杆；

4—吸入阀操作杆；5—搅拌叶片；6—料斗；7—喂料器；

8—吸入阀；9—排出阀；10—输送管；11—混凝土缸；12—活塞

二、活塞式混凝土泵的基本结构和工作原理

活塞式混凝土泵由料斗及分配阀、推送机构、液压系统、电气系统、机架及行走装置、罩壳和输送管道 8 个部分组成。现以拖式混凝土泵为例介绍其中的重要组成部分，其具体结构如图 5-16 所示。

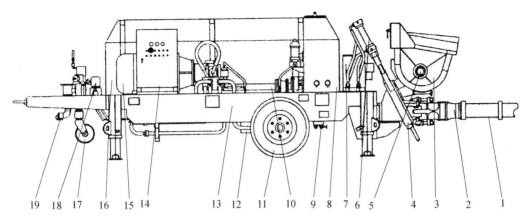

图 5-16 活塞式混凝土泵的基本构造

1—输送管道；2—Y 形管组件；3—料斗总成；4—润阀总成；5—搅拌装置；6—滑阀油缸；

7—润滑装置；8—油箱；9—冷却装置；10—油配管总成；11—行走装置；12—推送机构；

13—机架总成；14—电气系统；15—主动力系统；16—罩壳；17—导向轮；18—水泵；19—水配管

1. 基本结构

（1）料斗

料斗内部装有搅拌装置，它是混凝土泵的盛料器，其主要作用如下：

① 搅拌装置可以进行二次搅拌混凝土，降低混凝土的离析现象，并改善混凝土的可泵性；

② 螺旋布置的搅拌叶片具有向分配阀和混凝土缸喂料的作用，从而提高混凝土泵的吸入效率；

③ 混凝土输送设备向混凝土泵供料的速度与混凝土泵输送速度不可能完全一致，料斗可以起到中间过渡作用。

料斗由料斗主体和搅拌叶片装置两部分组成，料斗主体如图 5-17 所示。

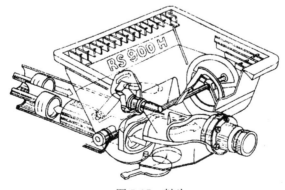

图 5-17 料斗

料斗主体由料斗体、方格网、防溅板及料斗门四部分组成。料斗前后左右用四块厚钢板焊接而成。左右两带圆孔的侧板用来安装搅拌装置，而其后壁由混凝土出口与两个混凝土缸连通，前臂与输送管道相连。

搅拌装置包括搅拌部件、搅拌轴承及其密封三部分，如图 5-18 所示。搅拌轴部件由螺旋搅拌叶片、搅拌轴、轴套等组成。搅拌轴由中间轴、左半轴、右半轴组成，通过轴套用螺栓连接成一体，轴套上焊接着螺旋搅拌叶，这种结构形式有利于搅拌叶片的拆装。搅拌轴是靠两端的轴承、轴承座支撑的，搅拌轴承采用调心轴承，轴承座外部还装有黄油嘴的螺孔，其孔道通过轴承座的内孔，工作时可对轴承进行润滑。为了防止料斗内的混凝土浆进入搅拌轴承，左、右半轴轴端装有 J 形密封圈。左半轴轴头通过花键套和液压马达连接，工作时由液压马达直接驱动搅拌轴带动搅拌叶片旋转。

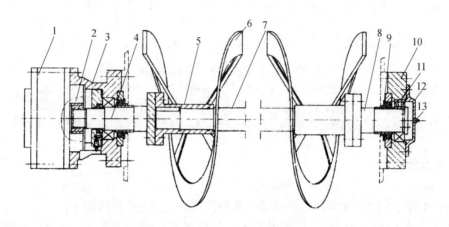

图 5-18　搅拌装置

1—液压马达；2—花键套；3—马达座；4—左半轴；
5—轴套；6—搅拌叶片；7—中间轴；8—右半轴；
9—J 形密封套圈；10—轴承座；11—轴承；12—端盖；13—油杯

（2）分配阀

分配阀是活塞式混凝土泵的心脏，它位于混凝土缸、料斗及输送管三者之间，协调各部件动作的机构，直接影响到混凝土泵的使用性能。闸板式分配阀是应用较多的一种分配阀，闸板的往返运动，使混凝土缸的进料口作周期性开闭，实现混凝土的反复泵送。

闸板式分配阀的优点在于：构造简单、制造方便、耐磨损、寿命长；关闭通道时，像一把刀子切断混凝土流，所以比较省力；另外，闸板是由油缸、活塞直接带动而不像管阀要通过一套杠杆来驱动阀体，所以开关迅速、及时。

闸板式分配阀的种类很多，主要有平置式、斜置式及摆动式几种。

① 平置式闸板分配闸。平置式闸板分配阀如图 5-19 所示，多用于双缸混凝土泵，是目前混凝土泵使用较多的一种分配阀。这种阀的优点是：闸板阀动作准确、迅速，闸板与阀之间的空隙在工作压力作用下能进行自动补偿使其密封性能良好。这种闸板的换向速度一般为 0~2s，混凝土中的粗骨料不易卡住闸板。其缺点在于其吸入通道角度变化较大，混凝土拌和物吸入难度大。

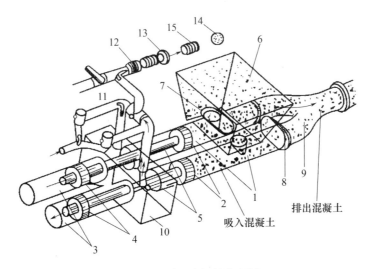

图 5-19 平置式闸板分配阀

1—混凝土缸；2—推压混凝土的活塞；3—油压缸；4—油压活塞；5—活塞杆；6—料斗；

7—吸入闸板；8—排出闸板；9—Y 形管；10—水箱；11—水洗装置换向阀；

12—水洗用高压软管；13—水洗用法兰；14—海绵球；15—清洗活塞

② 斜置式闸板分配阀。斜置式闸板分配闸如图 5-20 所示。此分配阀具有二位三通功能，由油缸 2 控制使闸板 3 上下运动，来控制混凝土缸 4 与料斗 1 和输送管 6 的通路。为降低料斗的离地高度，斜置式闸板分配阀一般设置在料斗的侧面，可使泵体紧凑。这种闸板分配阀的工作性能与平置式闸板分配阀相似。其缺点是维修时所需的修理时间较长。

图 5-20 斜置式闸板分配阀

1—料斗；2—油缸；3—闸板；4—混凝土缸；5—活塞；6—输送管

③ 摆动式闸板分配阀。摆动式闸板分配阀如图 5-21 所示，由扇形闸板 1 和舌形闸板 2 组成，由油缸控制水平转轴 3 来回摆动，实现二位四通功能。

此分配阀构造简单，通过对扇形闸板与转轴相对位置的调整，以减弱由于摩擦而产生的阀板与阀体之间的间隙。

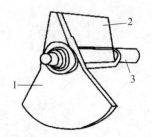

图 5-21 摆动式闸板分配阀
1—扇形闸板；2—舌形闸板；3—水平转轴

（3）推送机构

推送机构是混凝土泵的执行机构，它是把液压能转换为机械能，通过油缸中活塞的推拉交替动作，使混凝土克服管道阻力输送到浇筑地点。它主要由主油缸、混凝土缸及水箱三部分组成。

1）主油缸

主油缸由油缸体、油缸活塞、油缸头、活塞杆及缓冲装置等组成。主油缸的主要特点是其换向冲击压力很大，必须要有缓冲装置。油缸中的主要装置为活塞，活塞的工作原理如图 5-22 所示，活塞的前后移动带动活塞杆的来回进出，通过油的不断进出形成油压，从而形成泵的动力。

缓冲装置工作原理如图 5-23 所示。当液压缸活塞快到行程尽头，越过缓冲油口时其单向节流阀打开，使高压油有一部分经缓冲油口到达低压腔，使两腔压差减小，活塞速度降低，达到缓冲的目的，并为活塞换向做准备；另外，还有为封闭腔自动补油、保证活塞行程连续进行的作用。

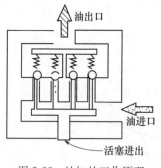

图 5-22 油缸的工作原理

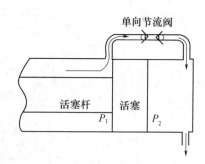

图 5-23 缓冲装置工作原理

2）混凝土缸

混凝土缸前端与分配阀箱体连接，后端与水箱连接，通过托架与机架固定，或与料斗直接相连，并通过拉杆固定在料斗与水箱之间。主油缸活塞杆伸入混凝土缸内，活塞杆前端通过中间连杆连接着混凝土缸的活塞。中间接杆用 45 号圆钢制成，其两端有定位止口，两端分别与油缸活塞杆和混凝土活塞用螺栓相连。

混凝土缸一般用无缝钢管制造，由于内壁与混凝土及水长期接触，承受着剧烈的摩擦和化学腐蚀，因此，在混凝土缸内壁镀有硬铬层，或经过特殊热处理以提高其耐磨性的抗腐蚀性。混凝土活塞由活塞体、导向环、密封体、活塞头芯及定位盘等组成，如图 5-24 所示，各个零件通过螺栓固定在一起。

3) 水箱

水箱用钢板焊成，既是储水容器，又是主油缸与混凝土缸的支持连接件。其上有盖板，打开盖板可以清洗水箱内部，且可观测水位。在推送机构工作时，水在混凝土缸后部随着混凝土缸活塞来回流动，其所起的作用主要如下。

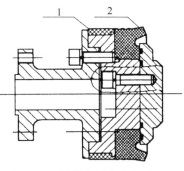

图 5-24 混凝土活塞总称图
1—导向环；2—混凝土密封体

① 清洗作用。清洗混凝土缸缸壁上的残余砂浆。

② 隔离作用。防止主油缸泄漏出的液压油进入混凝土中，以免影响混凝土的质量。

③ 冷却润滑作用。冷却润滑混凝土活塞、活塞杆及活塞杆的密封部位。

（4）液压系统

混凝土泵的液压系统取决于混凝土泵的缸数、分配阀的结构形式和有无布料装置，有单泵单回路、双泵双回路、三泵三回路的定量和变量系统。

带布料装置的混凝土泵车，其液压系统由两个独立的回路组成，用三个不同排量的油泵分别驱动混凝土缸和分配阀、布料杆和支腿以及搅拌器。混凝土泵车上的液压系统因机种而异，但其基本原理是相同的。

混凝土泵液压系统的一般额定工作压力约为泵送压力的三倍，如对泵送压力为 8MPa 的混凝土泵，其液压系统的额定工作压力约为 24MPa。

驱动混凝土缸和分配阀的液压系统，如图 5-25 所示。由混凝土缸的驱动油缸和分配阀的控制油缸协同工作，完成混凝土缸的进料和排料，也可控制驱动油缸的行程来改变混凝土缸的排量。

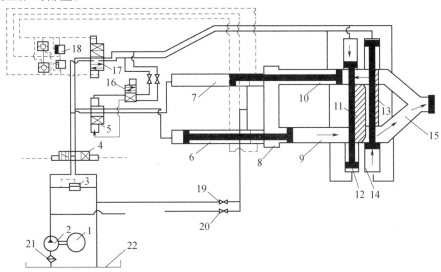

图 5-25 驱动混凝土缸和分配阀的液压系统

1—发动机；2—定量油泵；3—溢流阀；4—主换向阀；5—换向阀；6—左驱动油缸；8—水洗槽；
9—左混凝土缸；10—右混凝土缸；11—吸入阀；12—吸入阀控制油缸；13—排出阀；14—排出阀控制油缸；
15—Y形管；16—电磁换向阀；17—换向阀；18—缓冲补油阀组；19、20—截止阀；21—滤油器；22—油箱

2. 工作原理

液压双缸式混凝土泵的两个油缸交替工作，使混凝土的输送工作比较平稳、连续而且排量也大为增加，充分利用了原动机的功率，是目前应用最为广泛的混凝土泵形式。其工作原理根据分配阀和控制方式的不同也有所不同，其主要区别在换向动作的实现上。下面以 S 管阀式混凝土泵为例介绍其工作原理。

如图 5-26 所示，混凝土缸活塞 7、8 分别与主油缸 1、2 活塞杆相连，在主油缸压力油的作用下，作往复运动，一缸前进，则另一缸后退；混凝土缸出口与料斗连通，分配阀一端接出料口，另一端通过花键轴与摆臂连接，在摆动油缸的作用下，可以左右摆动。

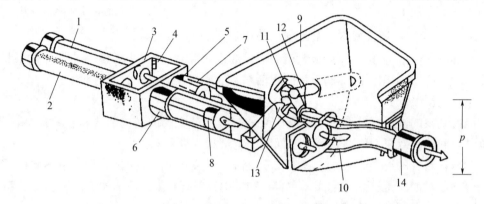

图 5-26 S 管阀式混凝土泵的泵送原理

1、2—主油缸；3—水箱；4—换向机构；5、6—混凝土缸；7、8—混凝土缸活塞
9—料斗；10—分配阀门；11—摆臂；12、13—摆动油缸；14—出料口

泵送混凝土时，在主油缸压力油的作用下，混凝土活塞 7 前进，混凝土活塞 8 后退，同时在摆动油缸的作用下，分配阀 10 与混凝土缸 5 连通，混凝土缸 6 与料斗 9 连通。这样混凝土活塞 8 后退，便将料斗 9 内的混凝土吸入混凝土缸；混凝土活塞 7 前进，将混凝土缸内的混凝土送入分配阀后排出。

当混凝土活塞后退至行程终端时，触发水箱 3 中的换向装置 4，主油缸 1、2 换向，同时摆动油缸 11、12 换向，使分配阀 10 与混凝土缸 6 连通，混凝土缸 5 与料斗 9 连通，这时混凝土活塞 7 后退，8 前进。如此循环，从而实现连续泵送。

当混凝土泵发生堵管现象或需要停机时，应该把输送管道中的混凝土抽回。这种情况下，通过反泵操作，使处于吸入行程的混凝土缸与分配阀连通，处于推送行程的混凝土缸与料斗连通，从而将输送管道中的混凝土抽回料斗，如图 5-27 所示。

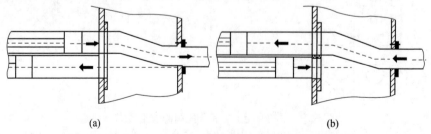

(a)   (b)

图 5-27 S 管阀式混凝土泵的正反泵工作状态

（a）正泵；（b）反泵

第四节　混凝土布料装置与车载泵

一、布料杆的结构

采用混凝土泵向建筑物输送混凝土，由于供料是连续的，而且单位时间内混凝土泵送量较大，因而在浇筑地点必须设置布料装置，对混凝土进行及时分布与摊铺，以充分发挥混凝土泵的工作效率。

理想的布料装置可以将混凝土输送管路像臂架式起重机一样，装在机身及其臂架上，并在输送管端部连一橡胶软管。如此就可以进行大范围的变换浇筑，由臂架的行走、回转及变幅动作来完成；而小范围的、细小的浇筑位移，依靠人力掌握橡胶管就可以实现。这种既担负混凝土输送又完成浇筑、布料的臂架及输送管道组成的装置被称为"布料杆"。

布料杆的基本构造原理如图 5-28 所示。图中底座 4 是固定部分，其上通滚珠盘 8 与回转架式相连，回转架经空心销轴 9 与臂杆 2 相连，臂杆 2 又经空心销轴 10 与臂架 3 相连。空心销轴使臂杆可以回转折叠。

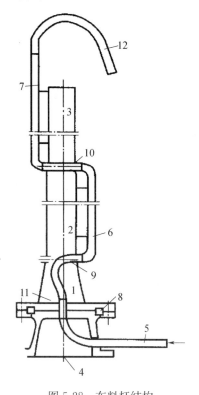

图 5-28　布料杆结构

1—回转架；2、3—臂架；4—底座；5、6、7—输送管；
8—滚珠盘；9、10—空心销轴；11—回转接头；12—橡胶管

混凝土输送管 5 通过回转盘中心及回转盘接头 11 与上面的输送管 7 连成通路。这

样回转架 1 可以带着 2、3 节臂杆对底座回转，而臂杆 3 与臂杆 2、臂杆 2 与臂杆 1 之间又可以回转折叠，而不影响混凝土在输送管中的流动。为了便于布料，在输送管的末端都增加一段柔软的橡胶管或塑料管。布料杆各节臂杆之间的相对转折，都是依靠液压缸和连杆机构来完成的。

布料杆分为独立式布料杆和混凝土泵车布料杆两大类。

二、独立式布料杆

独立式布料杆的种类很多，根据支撑结构的不同有以下几种形式：移置式布料杆、固定式布料杆、移动式布料杆及自升塔式布料杆。不同形式的布料机构具有不同的特点，可适应不同的建筑物和构筑物的混凝土浇筑工作。

图 5-29 所示为安装在底座上的移置式布料杆，水平外伸长可达 32m，向下可达 25m。将其安放在楼面上用于浇筑楼板等构件，也可向下浇筑各种结构的布料杆。

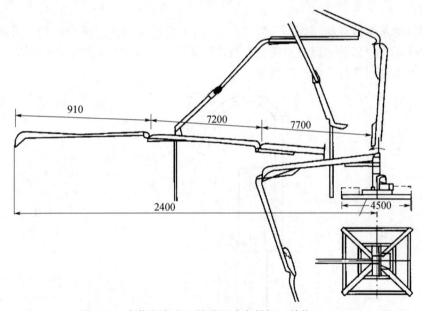

图 5-29　安装在底座上的移置式布料杆（单位：mm）

图 5-30 所示为安装在爬升塔架上的固定式布料杆，这种塔架带液压装置，可自行接高，因而可用于高大构筑物的浇筑。

图 5-31 所示为安装在塔式起重机上的自升塔式布料杆。这种布料杆附着在塔式起重机上，它是在塔式起重机的两臂头部，经局部改装，便于安装布料杆。因布料杆借助于塔式起重机的运动，所以其输送高度随着塔式起重机的升高而升高。这种布料杆的优点是输送高度高，自身结构简单。但是其使用幅度受到限制，不能变幅，而且布料与起重作业有时会发生冲突。

移动式布料杆实际上就是在固定式布料杆的基础上安装了行走装置，混凝土泵也可以装在行走装置上或被其拖着一起行走。这种布料杆灵活方便，布料范围大，但其输送高度受到限制。

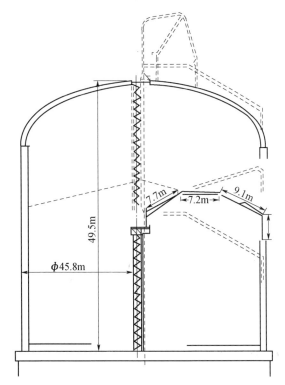

图 5-30　安装在爬升塔架上的固定式布料杆

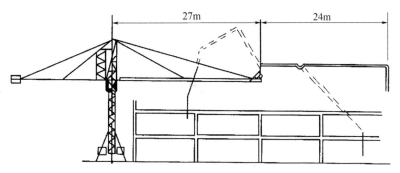

图 5-31　安装在塔式起重机上的自升塔式布料杆

三、混凝土车载泵（臂架式泵车）

混凝土车载泵就是布料杆与混凝土泵一同装在汽车底盘上的一种混凝土布料装置，如图 5-32 所示。

这种布料装置的布料杆的形式，过去有接高式、伸缩式及折叠式三种，但现在生产的布料杆大多是液压驱动的三节折叠式，因为这种布料杆服务的范围大。

布料杆的各节臂杆之间皆有液压缸，用其可对布料杆进行调幅和折叠。缸体的进出口应设有液压锁，以防输油管破裂而发生臂架坠落事故。为了进行远距离操纵，还可以用遥控的电路液压缸。

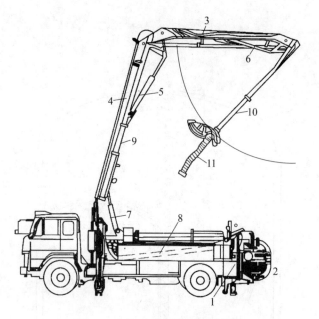

图 5-32　JPF85B 型混凝土泵车

1—混凝土泵；2—混凝土输送管；3—布料杆支承装置；

4—布料杆臂架；5、6、7—油缸；8、9、10—输送管；11—软管

布料杆的仰俯角可为 120°，臂杆可以依次展开，最前端臂杆动作最频繁，它可以摆动 180°，为便于浇筑，在最前端臂杆的末端再接一软管（橡胶或塑料管），这也可防止混凝土下落高度过大而产生离析。至于回转支座的位置和臂杆的折叠方式，多种多样，常用的如图 5-33 所示，基本可分为回折形、Z 形及 S 形三种，其构造基本相同，由臂架、调幅油缸及伸缩油缸组成。

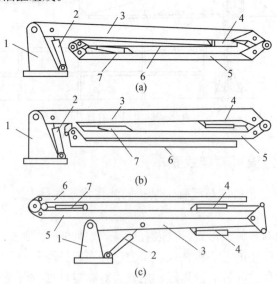

图 5-33　布料杆的折叠形式

（a）回折形；（b）Z 形；（c）S 形

1—回转支承装置；2—变幅油缸；3—第一节臂架；

4—1# 伸缩油缸；5—第二节臂架；6—第三节臂架；7—2# 伸缩油缸

　　为便于混凝土搅拌运输车向泵的料斗喂料，车载泵一般装在汽车尾部，如图 5-34（a）所示。其泵出的混凝土，经过混凝土输送管送到驾驶室后方的输送管，经安装于布料杆上的输送管到软管排出。

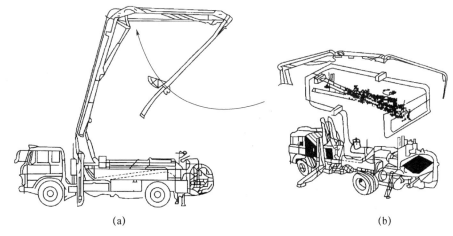

（a）　　　　　　　　　　　　　　　　　　（b）

图 5-34　混凝土车载泵

（a）臂架式泵车外观；（b）车载泵结构

　　臂架式车载泵，特别适用于基础工程、地下室工程、七层以下的公共建筑物以及水塔等混凝土浇筑。除了汽车式布料杆车载泵外，还有拖式的布料杆车载泵和把布料杆、泵都安装在搅拌车上的布料杆车载泵。图 5-34（b）所示为 DC-S115B 型混凝土车载泵，其生产率为 15～70m³/h，最大水平输送距离（150mm 输送管）为 530m，最大垂直输送距离（150mm 输送管）为 100m。

　　图 5-35 所示是车载泵布料杆在一个固定点的一平面内的工作范围，因为有回转机构，故实际上可以形成这样的立体空间。

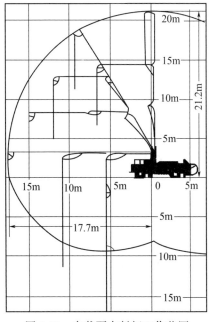

图 5-35　车载泵布料杆工作范围

141

第五节 混凝土输送的基本要求及常见的工程质量问题

一、混凝土输送与浇筑的基本要求

① 浇筑混凝土前，应清除模板内或垫层上的杂物。表面干燥的地基、垫层、模板上应洒水湿润，现场环境温度高于35℃时宜对金属模板进行洒水降温，洒水后不得留有积水。

② 混凝土浇筑应保证混凝土的均匀性和密实性。混凝土宜一次连续浇筑，当不能一次连续浇筑时，可留设施工缝或后浇带分块浇筑。

③ 混凝土运输、输送入模的过程宜连续进行，从运输到输送入模和总延续时间不宜超过表5-2的规定。掺早强型减水剂、早强剂的混凝土以及有特殊要求的混凝土，应根据设计及施工要求，通过试验确定允许时间。

表 5-2 混凝土运输到输送入模及其间歇总的时间限制（min）

条件	气温≤25℃		气温＞25℃	
	输送入模时间	总时间限制	输送入模时间	总时间限制
不掺外加剂	90	180	60	150
掺外加剂	150	240	120	210

④ 混凝土浇筑的布料点宜接近浇筑位置，应采取减少混凝土下料冲击的措施，并应符合下列规定：

a. 宜先浇筑竖向结构构件，后浇筑水平结构构件；

b. 浇筑区域结构平面有高差时，宜先浇筑低区部分再浇筑高区部分。

⑤ 柱、墙模板内的混凝土浇筑倾落高度应符合表5-3的规定；当不能满足表5-3的要求时，应加设串筒、溜管、溜槽等装置。

表 5-3 柱、墙模板内混凝土浇筑倾落高度限值（m）

条件	浇筑倾落高度限值
粗骨料粒径大于25mm	≤3
粗骨料粒径小于等于25mm	≤6

注：当有可靠措施能保证混凝土不产生离析时，混凝土倾落高度可不受本表限制。

⑥ 混凝土浇筑后，在混凝土初凝前和终凝前宜分别对混凝土裸露表面进行抹面处理。

⑦ 柱、墙混凝土设计强度等级高于梁、板混凝土设计强度等级时，混凝土浇筑应符合下列规定：

a. 柱、墙混凝土设计强度比梁、板混凝土设计强度高一个等级时，柱、墙位置的梁和板高度范围内的混凝土经设计单位同意，可采用与梁、板混凝土设计强度等级相同的混凝土进行浇筑；

b. 柱、墙混凝土设计强度比梁、板混凝土设计强度高两个等级及以上时，应在交界区域采取分隔措施。分隔位置应在低强度等级的构件中，且距高强度等级构件边缘不应小于500mm；

c. 宜先浇筑高强度等级混凝土，后浇筑低强度等级混凝土。

二、泵送混凝土施工对浇筑的要求

① 宜根据结构形状及尺寸、混凝土供应、混凝土浇筑设备、场地内外条件等划分每台输送泵浇筑区域及浇筑顺序。

② 采用输送管浇筑混凝土时，宜由远而近浇筑；采用多根输送管同时浇筑时，其浇筑速度宜保持一致。

③ 润滑输送管的水泥砂浆用于湿润结构施工缝时，水泥砂浆应与混凝土浆液同成分；接浆厚度不应大于30mm，多余水泥砂浆应收集后运出。

④ 混凝土泵送浇筑应保持连续；当混凝土供应不及时，应采取间歇泵送方式。

⑤ 混凝土浇筑后，应按要求完成输送泵和输送管的清理。

三、大体积混凝土结构施工对浇筑的要求

① 用多台输送泵接输送泵管浇筑时，输送泵管布料点间距不宜大于10m，并宜由远而近浇筑。

② 用汽车布料杆输送浇筑时，应根据布料杆工作半径确定布料点数量，各布料点浇筑速度应保持均衡。

③ 宜先浇筑深坑部分再浇筑大面积基础部分。

④ 宜采用斜面分层浇筑方法，也可采用全面分层、分块分层浇筑方法，层与层之间混凝土浇筑的间歇时间应能保证整个混凝土浇筑过程的连续。

⑤ 混凝土分层浇筑应采用自然流淌形成斜坡，并应沿高度均匀上升，分层厚度不宜大于500mm。

⑥ 抹面次数宜适当增加。

⑦ 应有排除积水或混凝土泌水的有效技术措施。

四、混凝土输送过程中常见问题

目前，很多混凝土质量问题或事故均与运输过程存在的问题有关，例如压车、断车、罐体停转、加水、冲车时间过长等。

压车会造成后面的混凝土坍落度损失大，容易造成堵管，泵送到模板中的混凝土需要更好地振捣才可以充分地保证匀质性。坍落度损失较大时，需要现场进行调整，容易因调整不当造成混凝土表面缺陷，结构强度降低。

断车时间过长，容易造成新旧混凝土接茬处出现冷缝。

罐体停转时，由于路途颠簸，混凝土在罐车中将出现分层，粗骨料下沉，浆体上浮，混凝土出现离析泌水，混凝土匀质性变差，容易造成堵管。

加水会导致混凝土水胶比变大，强度降低，是严重影响混凝土质量的因素。

冲车时间过长也会造成混凝土坍落度偏离实际出场控制值，尤其在运送小方量、高强度等级混凝土或特殊混凝土时，必须要控制冲车时间。

复习思考题

1. 阐述混凝土流变学原理及主要流变参数的含义。
2. 阐述泵送混凝土的流变学特征。
3. 阐述混凝土组成材料对可泵性的影响规律。
4. 阐述混凝土搅拌运输车的组成与工作原理。
5. 阐述混凝土泵的种类、特点及工作原理。
6. 阐述混凝土布料装置的种类和工作原理。

第六章　混凝土的密实成型工艺

混凝土原材料经搅拌后获得的混凝土拌和物，在浇筑入模后呈松散状态，其中含有占混凝土体积 5%～20% 的孔洞和气泡。只有通过合适的密实成型工艺，才能使混凝土拌和物填充到模板的各个角落和钢筋的周围，并排除混凝土内部的空隙和残留的气泡，使混凝土变得密实。

混凝土的成型和密实，其实属于两个不同的概念。成型是指混凝土拌和物在模型内流动并充满模型，从而获得所需外形的过程；而密实是指混凝土拌和物向其内部空隙流动的过程。通常情况下成型和密实是同时进行的，而有些混凝土则不需要密实工艺，如泡沫混凝土。

目前，混凝土的密实成型工艺主要有振动密实成型、离心脱水密实成型、真空脱水密实成型、压制密实成型、喷射密实成型等。

第一节　振动密实成型工艺

一、混凝土拌和物的振动密实成型原理

振动密实成型混凝土是指由振动设备所产生的振动能量，通过一定的方式传递给已浇筑入模的混凝土，使混凝土内部发生变化以达到密实的工艺方法。

混凝土拌和物密实成型过程是在搅拌后不久进行的，此时水泥的水化反应过程尚处于初期，生成的凝胶体数量尚少，拌和物主要是由粗细不均的固体颗粒堆积而成。在静止状态下，如加以振动，拌和物则开始流动，产生流动的主要原因为：

① 水泥浆体的触变作用。水体浆体中胶体颗粒扩散层中的弱结合水，由于受到荷电颗粒的作用而吸附在胶体颗粒表面上，当受到振动作用时，这部分水将解除吸附而变成自由水，使胶体由凝胶转变成溶胶，使拌和物呈现出塑性性质（即触变作用）。

② 颗粒间黏结力的破坏。混凝土拌和物中存在着大量连通的微小孔隙，从而组成了错综复杂的微小通道。由于自由水的存在，在水和空气的分界面上产生的表面张力使颗粒互相靠近，使拌和物具有一定的结构强度，也即颗粒间存在着一定的黏结力。在振动作用下，颗粒的接触点松开，破坏了内部的微小通道，释放出被包裹的这部分自由水，并最终破坏了颗粒间的黏结力，使拌和物具有了易于流动的特性。

③ 颗粒间机械啮合力的破坏。拌和物中颗粒之间的直接接触，其机械啮合力和内阻极大。在振动的作用下，颗粒的接触点互相松开，从而大大降低了内阻，使拌和物具有了易于流动的特性。

综合以上原因，振动作用实质上是使拌和物的内阻大大降低，释放出部分自由水，从而使拌和物部分或全部液化。拌和物的振动液化效率，用其液化后所具有的结构黏度

来衡量。当无振动作用时，拌和物基本上符合宾汉姆体的特点。

经搅拌以后的混凝土拌和物，由于混入了大量的空气，因此结构相对松散。在振动液化过程中，固相颗粒由于拌和物结构黏度的降低，并在重力作用下纷纷下落并趋于最适宜的稳定位置，其中水泥砂浆填实于粗骨料的空隙中，而水泥净浆则填充于细骨料的空隙中，由于水泥砂浆、水泥净浆、水、空气等的密度不同，使原来存在于拌和物中的大部分空气被排出，使原来的堆聚结构逐渐趋于密实。必须指出的是，在振动过程中，拌和物不但排出部分气体，同时也吸入部分气体，但总的来说是气体的排出量多于吸入量，从而使混凝土密实性不断提高。

由研究已知，拌和物的屈服剪应力 τ_y 在某个极限速度 ν_{lim} 以下为速度的函数，超过该极限速度 ν_{lim}，则屈服剪切应力急剧下降并趋于某一常数，详见图 6-1。由此可知，当混凝土拌和物内某点颗粒的实际运动速度大于 ν_{lim} 时，则整个拌和物接近于完全液化。拌和物的 ν_{lim} 主要决定于振动设备的振动频率和振幅，也与水泥的细度、水胶比、骨料的级配及粒径等有关。

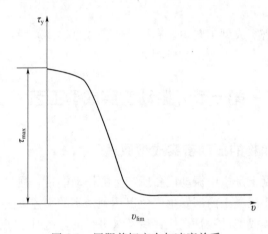

图 6-1　屈服剪切应力与速度关系

二、振动参数和振动制度

振动密实成型的效果和工作效率，与振动器的类型和工作方式（插入振动或表面振动）、振动参数和制度以及混凝土的性质有密切关系。

1. 振动频率和振幅

振动频率和振幅是振动的两个基本参数。对于组成和结构一定的混凝土拌和物，振幅和频率的数值应该相互协调，使颗粒振动能量衰减慢，并在振动过程中不致出现静止状态。

振幅与粗骨料的粒径大小及和易性有关，振幅过大或过小都会降低振动效果。如振幅过小，则粗颗粒不起振，拌和物不能密实。振幅过大，则易使振动转化为跳跃捣击，跳跃过程使拌和物吸入大量空气，将降低混凝土的密实度；而且此时的振动不再是谐振运动，拌和物内部会产生涡流，其结果不仅使振动效率降低，而且会使拌和物呈现分层的现象。通常的振幅取值 0.1～0.4mm，对于干硬性混凝土拌和物这一数值可适当提高。

对于表面振动器，当振动速度或振动加速度一定时，宜采用较大振幅。这是由于振动波向下传播比向其他方向传播时振幅衰减更快，为了增加有效作用深度，增大振幅是较为有利的选择。但即便如此，振幅一般也不宜大于 0.5mm，否则平板将脱离混凝土表面而变成捣击，反而使振动效果和作用深度下降。

强迫振动的频率如果接近混凝土拌和物的固有频率，将会产生共振。此时振动能量的衰减最小，振幅可达到最大。根据这个原理，可确定合适的频率，以提高振动效率。混凝土粗骨料的粒径 D 与振动频率 f 存在如式（6-1）的关系：

$$D = 14 \times 10^6 / f^2 \tag{6-1}$$

不过，在混凝土拌和物中，通常含有不同粒级的粗骨料，不可能施加如此多种的频率，因此在使用上只采取平均粒径或以含量最多的一种粒径来选择振动频率，具体情况见表 6-1。

表 6-1　振动频率与粗骨料粒径的关系

粗骨料平均粒径（mm）	振动频率（次/min）
5～10	6000～7500
15～20	3000～4500
25～40	2000
>40	<2000

2. 振动速度

混凝土拌和物受到一定的振动后，当拌和物中大部分颗粒的振动速度超过某一极限速度（下限）时，整个拌和物体系处于液化状态，即混凝土拌和物从原来松散的、难以流动的堆聚结构，变成了密实的、易于流动的重质液体。如小于这个极限速度，就不能保证混凝土拌和物充分液化，混凝土也就不能达到应有的密实度。如振动速度超过极限速度而继续增大，拌和物结构黏度降低至一定程度时，粗骨料会出现沉降（或浮起）的现象，以至于引起混凝土结构的分层。

3. 振动加速度

振动加速度也是混凝土拌和物实现密实的参数之一，振动加速度对于拌和物结构黏度有决定性的影响。当加速度由小增大时，黏度急剧下降；但随着加速度逐渐增大，黏度下降渐趋缓慢；待加速度增大到一定数值以后，黏度趋于常数。振动加速度与混凝土拌和物的性质关系密切：一般对于干硬性混凝土拌和物，当振动加速度增加时，振动不易分层；而对于大流动性混凝土拌和物，当振动加速度增大时，却会导致分层，并最终会导致混凝土强度的降低。

4. 振动烈度

决定振动效果好坏的是振动烈度，只要振动烈度相同，振动效果是相同的。这种观点的依据是，振动同一拌和物所消耗的能量是相同的。谐振时传播的能量与振幅的二次方及频率的三次方乘积 $A^2 f^3$ 成正比，$A^2 f^3$ 即振动烈度指标。振动烈度越大，拌和物的结构黏度越小，振实效果越好，即达到相同的振实程度所需的时间越短。

5. 振动延续时间

当振动频率和振幅一定时，振动所需的最佳延续时间取决于混凝土拌和物的性质、构件的厚度、振动设备及工艺措施等，延续时间可在几秒钟至几分钟之间，最佳振动时间应依据具体条件通过试验确定。如果振动时间短于最佳振动时间，则拌和物不能充分密实；如果长于最佳振动时间，则混凝土的密实度也不会显著增加，但有产生分层离析现象的可能性，反倒会降低混凝土的质量。

在振动密实成型时，当气泡不再持续排出，拌和物不再下沉，混凝土表面出现水泥砂浆层时，表明拌和物已经达到充分密实。

6. 振动制度

由上述内容可知，混凝土拌和物振动密实的基本参数是频率、振幅及振动延续时间，总称为振动制度。

在选择振动制度时，首先可以选出振动烈度和振动延续时间。一般来说，振动烈度对振动效果的影响不及振动时间大，所以通常将振动烈度选小些而将振动时间选长些。但必须指出，如果振动时间过长，除浪费能量外，还将破坏混凝土的均匀性，并加大设备磨损程度，对操作工人的健康也有较大影响。所以合适的做法是将振动烈度选在最佳值以内，然后再相应地确定振动时间。一般常用的振动烈度范围为 $80\sim300\mathrm{m}^2/\mathrm{s}^3$。

三、常用的混凝土振动设备

目前，我国主要采用的是以电为动力的振动设备，其他形式的振动设备应用很少。振动设备的振幅一般都控制在 $0.7\sim2.8\mathrm{mm}$，频率在 $50\mathrm{Hz}$ 左右时为低频振动设备，在 $200\mathrm{Hz}$ 左右时为高频振动设备。

在现浇混凝土施工和混凝土制品生产中，所使用的振动设备品种和类型很多，根据对混凝土的作用方式不同，大致可以归纳为内部振动器、附着振动器、表面振动器及振动台，如图 6-2 所示。

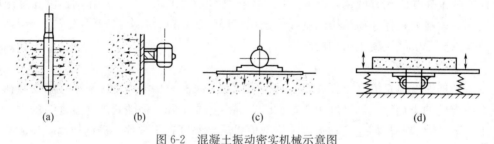

(a)　　　　　(b)　　　　　(c)　　　　　(d)

图 6-2　混凝土振动密实机械示意图
（a）内部振动器；（b）附着振动器；（c）表面振动器；（d）振动台

1. 内部振动器

内部振动器是一种可以插入混凝土中对混凝土进行振动密实成型的机械，又称为插入式振动器。目前，绝大部分振动器采用高频振动，其工作部分为一个棒状圆柱体，内部安装着激振装置，在动力源驱动下，由于激振装置的作用使整个棒体产生高频微幅的机械振动。工作时，将它插入混凝土中，通过棒体将振动能量直接传给周边混凝土，因此其振动密实的效率高，一般只需 $10\sim20\mathrm{s}$ 的振动时间即可将棒体周围 10 倍于棒径范围内的混凝土密实。这种振动器适用于深度或厚度较大的混凝土构件或结构，对于钢筋分布情况复杂的混凝土结构，如基础、梁、柱、墙等，使用这种振动器具有显著的密实效果。

（1）内部振动器的分类

这种振动器工作时，通常是由人工手持操作，并随时转到下一个振捣点，对于较大的振动器也可以通过机械吊挂进行工作。内部振动器的种类很多，一般可按下列特征加以区分。

① 按驱动方式来分，有电动、气动、液压及内燃机驱动等方式。气动和液压振动器各有特点，但受使用条件限制，内燃机驱动的振动器只有在缺乏电源的场合使用，而电动振动器由于电源可随时架设，且具有结构简单、体积小、重量轻等优点，因而内部振动器大部分采用电动机驱动。

② 按动力设备（主要是电动机）与工作部分（振动棒）之间的传动形式来分，有软轴和电机内装式两种。为了便于移动作业，尽量减轻工人手持操作部分的重量，对于中小直径振动器，在设计上均将电动机和振动棒分开，中间以较长的挠性传动软轴连接进行驱动。对于大直径的内部振动器，由于振动棒直径大，软轴力矩大而难制造，所以均采用电机装入振动棒内直接驱动偏心轴的型式。

③ 按振动棒激振原理的不同来划分，有偏心式和行星式两种。其激振结构和工作原理如图 6-3 所示。

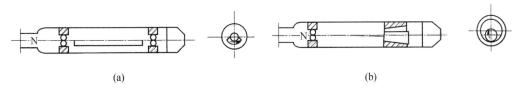

图 6-3　振动棒激振原理示意图
（a）偏心式；（b）行星式

偏心式振动器的激振原理如图 6-3（a）所示，它是利用振动棒中心安装的具有偏心质量的转轴，该转轴在作高速旋转时所产生的离心力通过轴承传递给振动棒壳体，从而使振动棒产生圆振动。要达到较好的振动效果，要求振动器的频率达到 10000r/min，而偏心式振动器的频率只能达到 6000r/min。由于偏心式振动器工作时的激振力主要通过轴承传递，因而转轴两端的支承轴经常在高速重载条件下工作，这将缩短振动器的寿命。而且偏心式振动器的电动功率大、机体重，操作移动都不方便，因此目前逐渐被淘汰。

行星式的激振原理如图 6-3（b）所示，在振动棒内部安有一转轴，转轴下部带有一个滚锥，转轴在由电机带动自转时，带动下部滚锥沿滚道公转，从而形成滚锥体的行星运动，使棒体产生振动。转轴滚锥沿滚道每公转一周，振动棒体即产生一次振动。只要适当选择滚道和滚动锥的直径，即可使振动棒在一般电机的驱动转速下获得较高的振动频率，通过改变高速滚道和滚动锥体的直径比值，即可取得不同的振动频率值。行星式激振克服了偏心轴式激振的主要缺点，因而在电动软轴式振动器中得到了最普通的应用。

电动软轴行星插入式振动器（图 6-4）被广泛用于建筑工程施工中，为适应各种混凝土工程的需要，电动软轴行星插入式振动器已发展成了许多规格的系列产品，并且都按振动棒直径系列化。目前这种振动器的棒径大多在 25～70mm。使用的振动频率也很宽，从 200Hz 到 260Hz。这种振动器具有结构简单、传动效率较高、振动件重量小、软轴使用寿命长等优点，因而在所有振动器中是应用量最大、使用范围最广的一种振动器。

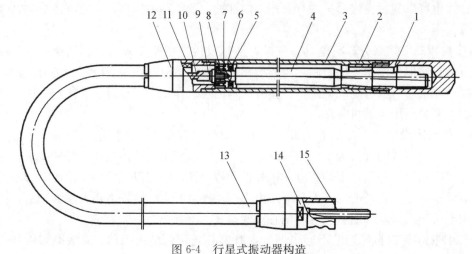

图 6-4 行星式振动器构造

1—棒头；2—滚道；3—振动棒壳体；4—转轴；5—油封；

6—油封座；7—垫圈；8—轴承；9—软轴接头；10—软轴；

11—软管接头；12—锥套；13—软管；14—连接头；15—圆形插头

（2）内部振动器的操作要点

① 选择合适的插入方向。内部振动器的振捣方法主要有垂直振捣和斜向振捣两种，如图 6-5 所示，可根据具体情况选用，一般以垂直振捣为多。垂直振捣容易掌握插点之间的距离，控制插入深度，不易产生漏振，不易触及钢筋和模板，而且混凝土受到振动后能自然沉降，均匀密实。而斜向振捣是将振动棒与混凝土表面呈 40°～45°插入，操作省力、效率高、出浆快，易于排出混凝土内部的空气，不会产生严重的离析现象，振动棒拔出时不会形成孔洞。

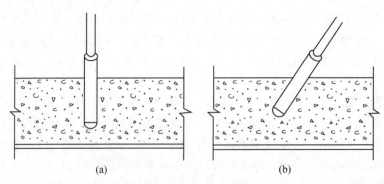

图 6-5 插入式振捣棒的插入方向

（a）直插；（b）斜插

② 理解垂直振捣的要点。使用插入式振动器垂直振捣的操作要点是：直上直下、快插慢拔，插点均匀、切勿漏插，掌握时间、层层扣搭。其中，"快插"是为了防止先将表面混凝土振实而无法振捣下部的混凝土，与下部混凝土出现分层、离析现象；"慢

拔"是为了让混凝土有充足时间填满振动棒抽出时形成的空洞。振动过程中，宜将振动棒上下略微抽动，以使混凝土振捣均匀。

③ 插入深度要适当。分层振捣混凝土时，每层厚度不应超过振捣棒有效长度的1.25倍（振动棒的作用半径一般为300～400mm）；移动间距不大于振捣作用半径 R 的1.5倍。振捣上一层时应插入下层50～100mm，如图6-6所示，以使两层混凝土结合牢固。振捣时，振捣棒不得触及钢筋和模板。

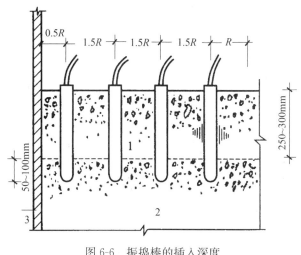

图6-6　振捣棒的插入深度
1—在浇层；2—下层；3—模板

④ 振动时间要适当。振捣时间过短时，混凝土不易被振捣密实；振捣时间过长时，易使混凝土出现离析现象。一般每个插入点的振捣时间为20～30s，而且以混凝土表面呈现浮浆、不再出现气泡、表面不再沉降为准。

⑤ 选择插点排列方式，合理控制移动间距。振动时插点排列要均匀，可采用"行列式"或"交错式"（详见图6-7）的次序移动，且不得混用，以免发生漏振。每次移动的间距，对于普通混凝土而言，不宜超过振捣作用半径 R 的1.5倍；对于轻骨料混凝土而言，不宜超过作用半径 R 的1.0倍。布置插点时，振动器与模板的距离不应大于振动器作用半径 R 的0.5倍，并应避免碰撞模板、钢筋、芯管、吊环、预埋件等。

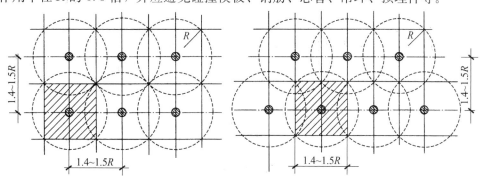

图6-7　插入式振捣棒的插点排列
（a）行列式布置；（b）交错式布置

2. 附着振动器

对于面积比较大或钢筋十分密集而形状复杂的薄壁构件（如墙板、拱圈等），在施工中如使用插入式振动器，有时会感到操作不便或效果不好。这时只能从混凝土模板的外部对混凝土施加振动以使混凝土达到密实，所使用的振动器称为附着振动器。

附着振动器的特点是其自身附有夹持或固定装置，工作时将它附着在混凝土模板上，就可以将振动波通过模板传递给混凝土，以达到将混凝土拌和物振捣密实的目的。

附着振动器按动力及频率的不同，有多种规格，但其构造基本相同，都是由主机和振动装置组合而成，如图 6-8 所示。

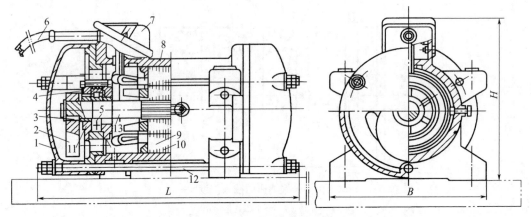

图 6-8　附着振动器结构示意图

1—端盖；2—偏心振动子；3—平键；4—轴承压盖；5—滚动轴承；6—电缆；
7—接线盒；8—机壳；9—转子；10—定子；11—轴承座盖；12—螺栓；13—轴

图 6-8 中所示主机是采用特制铸铝外壳的三相二极电动机，在机壳内装有电动机的定子和转子，转子轴的两个伸出端上各装有一个圆盘形偏心振动子，振动器两端用端盖封闭。外壳上有 4 个地脚螺栓孔，使用时采用地脚螺栓将振动器固定在模板进行作业。

附着振动器的电动机一般为卧式，在转子轴两端装有偏心振动子，由轴承支承。电动机转动时，带动偏心振动子运动，由于偏心力矩的作用，从而产生振动。有的附着式振动器在电动机转子轴两端装有动、静偏心振动子各一对，其偏心力矩大小可在一定范围内调整，使转动时的激振力也随之改变。当要调整激振力时，只需将振动器两端盖卸下，松开调偏块紧固螺钉，将调偏块分别旋转到所需要的位置，再将紧固螺钉紧固，装上端盖后即可使用。

3. 表面振动器

表面振动器实际上是附着振动器的一种变型，它是在附着振动器下装上一个底板，工作时将底板置于混凝土表面上，并沿混凝土构件表面缓慢滑移，振动能量即从混凝土上表面传入，达到振捣密实的目的。该类振动器的振动深度一般为 150~250mm，适用于坍落度较小的塑性、干硬性、半干硬性混凝土或浇筑层不厚、表面较宽敞的混凝土，如用于预制构件板、路面、桥面等最为合适。

表面振动器的构造和附着振动器相似，如图 6-9 所示。不同之处是表面振动器下部装有钢制振板，振板一般为槽形，两边有操作手柄，可系绳提拖着移动。

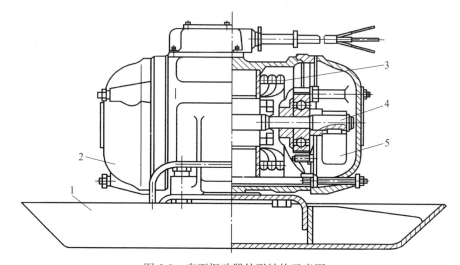

图 6-9 表面振动器外形结构示意图
1—底板；2—外壳；3—定子；4—转子轴；5—偏心振动子

4. 振动台

混凝土振动台又称为台式振动器，振动台的机架支承在弹簧上，机架下装有激振器，机架上安置成型制品钢模板，模板内装有混凝土拌和料，在激振器作用下，机架连同装有混凝土拌和料的模板一起振动，使混凝土在振动作用下密实成形。它是预制构件厂的主要成形设备，用于大批量生产厚度不大的各类混凝土构件。

振动台根据其载重量不同有多种型号，除台面尺寸不同外，其构造基本相同。振动台由上部框架、下部框架、支承弹簧、电动机、齿轮同步器、振动子等组成，如图 6-10 所示。上部框架为振动台台面，它通过螺旋弹簧支承在下部框架上；电动机通过齿轮同步器将动力等速反向地传给固定在台面下的 2 行对称偏心振动子，其振动力的水平分力在任何情况下都相互平衡，而垂直分力则相叠加，因此只产生上下方向的定向振动，以满足振动台下模板内的混凝土振动成形的需要，其传动系统如图 6-11 所示。

振动台的偏心振动子共 2 行，通过轴承分别安装在台面下。偏心振子是由偏心销、传动轴、偏心块等组成，在传动轴上固定着偏心块，在偏心块上对称钻有孔，只要在不同位置的孔内配置偏心销，就可以调整偏心力矩，从而使振动台的台面得到 0.2～0.7mm 的不同振幅。在安装或调整偏心振动子的偏心力矩时，必须注意使每行振动子的偏心销位置和数量完全一致，两行振动子的偏心销完全对称，以保证台面的振幅均匀和同步。

振动台的最大优点是其所产生的振动力和混凝土的重力方向是一致的，振波正好通过颗粒的直接接触由下向上传递，振动过程中的能量损失较少。而插入式振动器只能产生水平振波，和混凝土重力的方向不一致，振波只能通过颗粒间的摩擦来传递，所以在生产制品时其效率不如振动台高。

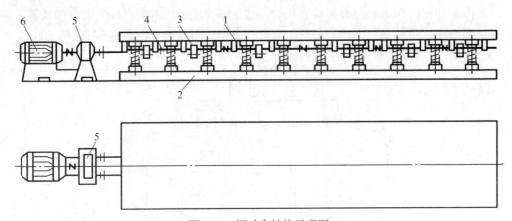

图 6-10　振动台结构示意图

1—上部框架（台面）；2—下部框架；3—振动子；4—支承弹簧；5—齿轮同步器；6—电动机

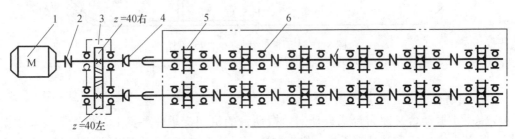

图 6-11　振动台传动示意图

1—电动机；2—弹性联轴器；3、6—轴承；4—万向联轴器；5—偏心振动子

第二节　离心密实成型工艺

离心密实成型工艺是混凝土拌和物成型工艺中的一种机械脱水密实成型工艺，该工艺是利用环形模型在离心机上高速旋转，模型内的混凝土拌和物受离心力的作用，将拌和物挤向模壁，从而排出拌和物中的空气和多余的水分（20％～30％），使其密实并获得较高的强度。该工艺广泛应用于管桩、管柱、管式屋架、环形电杆及水管等预制混凝土构件的生产。

一、离心脱水密实成型过程

混凝土在离心脱水密实成型过程中，由于存在辊圈和托轮间接触程度、辊圈加工同心度、托轮安装精度等的差异，产生振动是不可避免的，而适度的振动对拌和物的液化是有利的。

离心脱水密实成型过程中的拌和物可视作黏度很小的不可压缩的液体，这种假定在不计模型和钢筋骨架的阻力时，是符合实际情况的。如无离心力作用，则液体在重力作用下其自由表面为水平面；当离心力增至一定值时，液体的自由平衡表面则是圆柱面。

在离心脱水密实成型过程中，混凝土拌和物在离心力及其他外力（重力、冲击振动）的作用下，粗细骨料和水泥颗粒沿离心力方向运动，也可视作沉降，其结果是将多余的水分从混凝土中挤出，从而提高了混凝土的密实度，但此过程也导致了混凝土的内分层和外分层现象。

混凝土拌和物就其组成来讲，可以近似地认为是一个多相的悬浮系统，即粗骨料与砂浆、细骨料与水泥浆、水泥与水三个悬浮系统。在混凝土离心过程中，这三个系统将分别产生沉降和密实现象。如果用 v_1 表示粗骨料在砂浆中的沉降速度，v_2 表示砂在水泥浆中的沉降速度，v_3 表示水泥在水中的沉降速度，那么随沉降速度的不同，将得到不同的混凝土结构和性能。

首先假定 $v_1 > v_2 > v_3$，而且速度差较大时，可将这三个同时开始而不同时结束的沉降过程看作是按顺序进行的。即首先发生粗骨料在砂浆中的沉降，继而是砂在水泥浆中的沉降，最后是水泥颗粒在水中的沉降。在悬浮体内，固相颗粒受到的离心力，首先作用在其附近的液相上，液相在压力作用下，将向表面流动。固相颗粒在不断下沉的过程中也逐渐相互靠近，最后颗粒受到的离心力全部通过底层颗粒传递给钢模。此时液相由于解除了固相压力作用，停止向外流动，固相颗粒产生相互搭接，而水泥颗粒沉降的结果，是把一部分水挤出混凝土外，而少部分水却保留在了骨料的空隙中。由于混凝土内颗粒的距离很小，上述沉降过程并非完全自由沉降，相互之间还存在干扰沉降和压缩沉降，故上述规律只能是大致的。

混凝土拌和物在离心沉降密实后明显地分为混凝土层、砂浆层及水泥浆层，称为外分层［图 6-12（a）］；而因粗骨料阻碍了水分向管心处迁移，而在粗骨料间形成水膜层，称为内分层［图 6-12（b）］。当 v_1 与 v_2 相近而大于 v_3 时，则将在内壁形成较厚的水泥浆层，此现象一般发生于水胶比较高而砂率较低的情况；当 v_1 与 v_2 相近而小于 v_3 时，将形成较厚的砂浆层，此现象一般发生于砂率较高而坍落度较小的情况下。

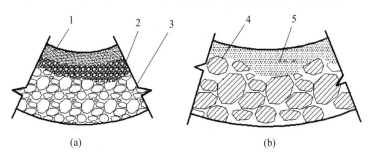

图 6-12　离心混凝土结构分层情况示意图

（a）外分层；（b）内分层

1—水泥浆层；2—砂浆层；3—混凝土层；4—骨料；5—水膜层

综上所述，混凝土拌和物在离心成型后，将产生下列主要变化：

① 密实度提高。坍落度为 50～70mm 的混凝土拌和物，经离心成型后，排出的水分约为拌和用水的 20%～30%，混凝土的密实度得以显著提高。

② 外分层。经离心成型后，混凝土的结构里层为水泥浆、外层为混凝土、砂浆为中间层。这种混凝土结构，强度低于与离心成型后混凝土配合比和密实度相同的匀质混凝土。这是因为在承载作用下，混凝土层因具有较高的弹性模量而承受较大的荷载，砂

浆与水泥浆的弹性模量较低而承受较小的力，因而在总荷载比匀质混凝土小的情况下即遭破坏。

由于破坏了毛细通道的水泥浆层具有较高的抗渗性，因此，在一定限度内，外分层对保证混凝土的抗渗性是有利的。

③ 内分层。当骨料沉降稳定后，由于水泥颗粒继续沉降的结果，在骨料颗粒的下表面处将形成水膜，从而局部破坏了骨料颗粒与水泥石界面的黏结力，因此内分层对混凝土的强度、抗渗性是不利的。

离心时适度的振动作用，将加速混凝土结构的形成，但当混凝土基本密实以后再进行过强的振动，则反而会使已成型的混凝土振裂，导致表观密度降低，并影响后期强度。

从以上内容可以看出，离心成型过程不仅是混凝土内部结构强化（提高密实度）的过程，同时还伴随着结构的破坏过程（外分层、内分层及振动的破坏作用）。

在离心初期，因密实度提高较快，此时内分层及冲击振动的破坏作用尚未产生，所以硬化后混凝土的抗压强度随离心时间的延续而提高，但提高的速度越来越缓慢。到离心成型后期，即随离心时间延续，密实度不再显著变化时，上述的不利因素将占据优势。从此时起，硬化后混凝土的抗压强度将随离心时间延续而降低（图 6-13）。

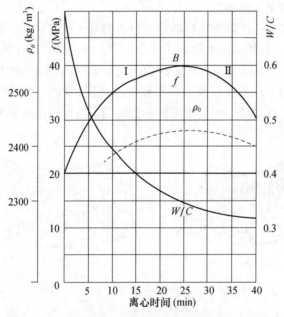

图 6-13　离心混凝土强度（f）、剩余水灰比（W/C）、
体积密度（ρ_0）与离心时间的关系

图 6-13 中强度曲线由两段组成：提高段 Ⅰ 和降低段 Ⅱ。根据原材料、混凝土配合比不同，高峰 B 可能提前或推迟，而当离心力过小时也可能不出现（或出现的时间无限推迟），相应的强度值也将发生变化，变化速率也不尽相同。由图 6-13 还可以看出，强度高峰 B 产生在剩余水灰比或体积密度趋于稳定阶段。此后，随着离心时间延长，不利因素增长，强度反而下降。

二、离心密实成型制度

混凝土的内分层、外分层现象除与原材料和拌和物的性质有关外，也与离心成型制度有关。离心成型制度主要指各个阶段的离心速度和离心时间。

1. 离心速度

离心速度一般按慢速、中速、快速三挡变化。慢速为布料阶段，其主要目的是混凝土拌和物在离心力作用下，均匀分布在模板内壁并初步成型；快速密实阶段，主要是混凝土拌和物在离心力作用下充分密实；中速则为慢速到快速必要的过渡阶段，不仅是调速的过程，控制得当还可以达到减弱内外分层的目的。

（1）布料阶段转速（慢速）$n_慢$ 的确定

在离心过程中，布料阶段转速不宜很大，否则拌和物将迅速密实而不能沿模板内壁均匀分布，同时还将产生严重的分层现象。在 $mr\omega^2 = mg$，即 $\omega = \sqrt{g/r}$ 时，物料在旋转过程中已不下落。此时的转速为临界转速 $n_临$，见式（6-2）。

$$n_临 = \frac{30}{\pi}\omega \approx \frac{30}{\sqrt{r}}$$ (6-2)

由于在旋转的同时往往还有振动作用，因此实际慢速转速 $n_慢$ 是 $n_临$ 的 K 倍，如式（6-3）所示。

$$n_慢 = K\frac{30}{\sqrt{r}}$$ (6-3)

式中　K——经验系数，可取 $1.45 \sim 2.0$；

　　　　r——制品的内半径，m。

在生产中还要根据具体条件进行调整，一般慢速 $n_慢$ 约为 $80 \sim 150 \mathrm{r/min}$。

（2）密实成型阶段转速（快速）$n_快$ 的确定

假定制品的壁厚较均匀，在转速很大时，可略去重力对壁厚的影响，只计算离心力对混凝土所产生的挤压力 P。从旋转中的混凝土拌和物上取一微元体 $\mathrm{d}m$ 来分析（图 6-14），它距离旋转中心的距离为 r，则此单元上的压力见式（6-4）。

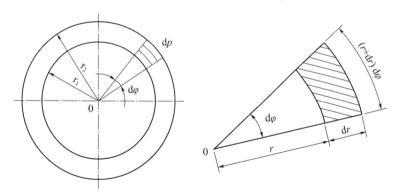

图 6-14　离心密实阶段转速计算示意图

$$\mathrm{d}p = r\omega^2\mathrm{d}m$$ (6-4)

其中

$$\mathrm{d}m=\frac{\rho}{g}\mathrm{d}r\left(r+\frac{\mathrm{d}r}{2}\right)\mathrm{d}\varphi\cdot h=\frac{\rho}{g}rh\,\mathrm{d}r\,\mathrm{d}p+\frac{\rho}{g}\frac{(\mathrm{d}r)^2}{2}\mathrm{d}\varphi\cdot h \tag{6-5}$$

式中 ρ——混凝土的表观密度，kg/m³；

h——垂直于图面方向的管件长度，取 $h=1\mathrm{m}$。

略去微分高次项，即得：

$$\mathrm{d}m=\frac{\rho}{g}r\cdot\mathrm{d}r\cdot\mathrm{d}\varphi \tag{6-6}$$

$$\mathrm{d}P=\frac{\rho}{g}r^2\omega^2\mathrm{d}r\cdot\mathrm{d}\varphi \tag{6-7}$$

则作用在钢模上单位长度的总压力 P 为：

$$P=\int_0^{2\pi}\int_{r_1}^{r_2}\frac{\rho}{g}r^2\omega^2\mathrm{d}r\,\mathrm{d}\varphi=\frac{\rho}{g}\omega^2\int_0^{2\pi}\int_{r_1}^{r_2}r^2\mathrm{d}r\,\mathrm{d}\varphi=\frac{2\pi\rho\omega^2}{3g}(r_2^3-r_1^3) \tag{6-8}$$

式中 r_1 和 r_2 分别为制品的内、外半径。作用在钢模单位面积上的压力 P_0 为

$$P_0=\frac{\rho}{2\pi r^2}=\frac{\rho\omega^2}{3g}\left(r_2^2-\frac{r_1^3}{r_2}\right) \tag{6-9}$$

因为 $\omega=\frac{2\pi n_{快}}{60}$，若取 $\rho=2400\ \mathrm{kg/m^2}$，$g=9.81\ \mathrm{m/s^2}$，令 $A=\left(r_2^2-\frac{r_1^3}{r_2}\right)$，则

$$n_{快}\approx\sqrt{1.12\frac{P_0}{A}} \tag{6-10}$$

由式（6-10）可知，离心密实成型阶段的转速应由制品的截面尺寸和密实拌和物所需的压力来决定。P_0 一般可取 $0.05\sim0.1\mathrm{N/mm^2}$，但 P_0 取高限时算出的 $n_{快}$ 很大，这时钢模将产生剧烈的跳动，甚至有从托轮上飞出的危险，并使混凝土强度下降。为了避免出现这种情况，实际生产中常采用不太大的 $n_{快}$，再适当延长离心时间来弥补快速离心转速较理论值偏低的不足，以达到混凝土所需的密实度。转速 $n_{快}$ 一般为 $400\sim900\mathrm{r/min}$，结合混凝土制品的直径进行选择。

（3）过渡阶段转速（中速）$n_{中}$ 的确定

实验表明，最佳的 $n_{中}$ 和 $n_{快}$ 存在式（6-11）的关系：

$$n_{中}=\frac{n_{快}}{\sqrt{2}} \tag{6-11}$$

目前生产中常采用的中速转速为 $250\sim400\mathrm{r/min}$。

2. 离心延续时间

离心过程中各阶段的延续时间，一般由实验来决定。其延续时间的长短，会对混凝土制品的质量起很大的影响作用。

（1）慢速离心时间的确定

慢速阶段所需时间主要随管径大小和投料方式而变化，一般控制在 $2\sim5\mathrm{min}$。

在其他工艺参数不变的条件下，慢速时间、混凝土强度和拌和物坍落度三者关系如图 6-15 所示。由图 6-15 可见，经离心成型并养护至 28d 时，混凝土的强度随着慢速时间延长而逐渐提高，当混凝土强度达到最大后，如再延长时间，强度反而有降低的趋势，混凝土强度最大值时所要求的慢速时间即为最佳慢速时间。混凝土的坍落度越小，则最佳慢速时间越长。

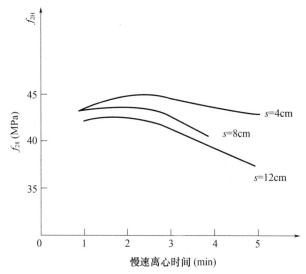

图 6-15　不同坍落度拌和物慢速离心时间与硬化后强度的关系

（2）快速离心时间的确定

快速离心时间随管径的不同而变化，且时间也有最佳值。如快速离心时间过短，拌和物中多余水分未完全排出，即水灰比未能降低至最佳值；相反，如快速离心时间过长，又会使混凝土产生裂缝，从而使制品的强度降低。

快速离心时间、转速和硬化后混凝土强度三者有如图 6-16 所示的关系。该图中所用混凝土的配合比为：水泥：砂：砾石＝1：1.5：2.7，在小型轴式离心机上成型，慢速转速为 125r/min，慢速旋转时间为 3min。

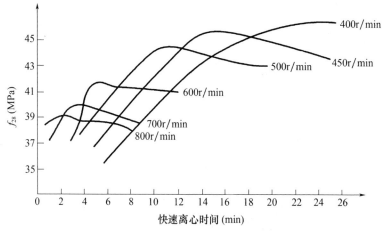

图 6-16　不同转速时混凝土强度与快速时间的关系

由图 6-16 可见，当快速离心速度一定时，随着离心时间的延长混凝土 28d 抗压强度逐渐降低，每一快速离心速度均有一个强度高峰值及与之相对应的最佳离心时间。随着离心速度的增加，最佳离心时间越来越短，而混凝土 28d 抗压强度也越来越低，这是受剩余水灰比过大和材料内分层现象的影响所致。另外，当快速离心时间和转速不同时，剩余水灰比就不相同，故也使混凝土强度出现一定的波动。因此，合理选择快速离心时间，不仅有利于提高混凝土强度和生产率，还可以改善混凝土的性能。快速离心时间一般为 10～20min。

（3）中速离心时间的确定

中速离心时间的确定，应尽量减少甚至克服离心力的突增现象，这样能使拌和物很好地分布就位，初步形成混凝土骨架和毛细管通道，并使多余的水分和空气沿此通道及时排出，从而减少内分层现象，提高制品的密实度和抗渗性。中速时间一般控制在2～5min。

当混凝土配合比及慢速离心制度与前相同，而快速离心速度与时间不同时，中速离心时间对混凝土强度的关系见图 6-17。由图 6-17 可见，中速离心时间也不是越长越好；不同的中速离心速度，硬化后强度的最高值也不同；中速离心速度越大，达到强度最高值的中速延续时间越短。所以要选择合适的中速离心速度。

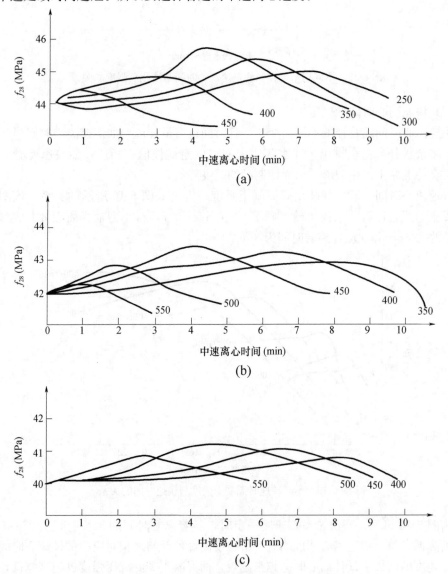

图 6-17　不同转速的中速离心时间与混凝土强度的关系

（a）转速为 500r/min，时间为 10min；（b）转速为 600r/min，时间为 5min；（c）转速为 700r/min，时间为 3min

三、离心成型混凝土配合比设计的特点及离心成型混凝土的性能

1. 离心成型混凝土配合比设计的特点

离心混凝土配合比的设计可用质量法或体积法进行，但必须考虑到离心工艺的以下特点：

① 离心过程中拌和物会挤出 20% 左右的水，流失 5%～8% 的水泥；

② 离心后，拌和物体积缩小 10%～12%，表观密度增加 8% 左右；

③ 在水灰比相同的条件下，离心混凝土 28d 强度比一般振实混凝土强度提高 20%～30%；

④ 离心混凝土的水泥用量一般不低于 350～400kg/m³；

⑤ 采用质量法时，混凝土的假定表观密度为 2650～2700kg/m³；

⑥ 离心混凝土宜采用洁净的粗细骨料，粗骨料最大粒径不应超过制品壁厚的 1/3～1/4，并不能大于 15mm；砂率应为 40%～50%；拌和物的坍落度应控制在 3～7cm。

2. 离心成型混凝土的性能

（1）强度

原始水灰比相同时，由于离心脱水的作用，离心成型混凝土的强度比振动成型混凝土的强度高，由表 6-2 看出，随着原始水灰比的增大，强度提高系数也增大，这是由于剩余水灰比大大小于振动成型混凝土的水灰比所致。

表 6-2　离心密实成型混凝土与振动密实成型混凝土的强度对比

原始水灰比	28d 抗压强度（MPa）		强度提高系数
	离心成型	振动成型	$f_{离}/f_{振}$
0.70	50.3	23.0	2.19
0.60	52.1	25.9	2.01
0.50	63.8	31.9	2.00
0.45	66.8	35.3	1.89
0.40	70.7	46.2	1.53

（2）抗渗性

由于离心过程中拌和物各组分的沉降速度不一，因而形成了各层组分比例不同的混凝土层状结构。从离心前后各层材料的组成情况（表 6-3）可见，离心后混凝土各层的剩余水灰比由内壁到外层递增，水泥含量则由内层到外层递减。在管芯内壁的水泥浆层主要起抗渗作用，壁厚为 30mm 的预应力管芯，抗渗试验的压力可在 1.5MPa 左右，较普通混凝土高。

表 6-3　离心密实成型前后混凝土各层的材料组成

项目	离心前	离心后		
		水泥浆层	砂浆层	混凝土层
层厚（mm）	70	5	12	53
水灰比	0.45	0.22	0.26	0.30

续表

项目	离心前	离心后		
		水泥浆层	砂浆层	混凝土层
砂率（%）	44	0	100	39.1
水泥含量（kg/m³）	625	1045	620	576
体积密度（kg/m³）	2100	1275	1560	2480
配合比	水泥：砂：石：水 =1：1.2：5：0.45	水泥：水 =1：0.22	水泥：砂：水 =1：1.26：0.26	水泥：砂：石：水 =1：1.18：1.83：0.30

（3）抗冻性

由于离心成型混凝土剩余水灰比大大低于原始水灰比，所以硬化以后的孔隙率和吸水率均较小。因此，在混凝土原始配合比相同的条件下，离心成型混凝土抗冻性提高。

四、常用的混凝土离心成型设备

图 6-18 所示为常用的离心成型设备示意图，该设备架设在底座的托轮上，托轮在电动机带动的主轴旋转下将作用力传递给环状模具，经模具再将动力传到从动轮上，从而使环状模具在电动机作用下产生不同速率的转动，最终使模具内的拌和物在所产生的离心力作用下脱水密实成型。

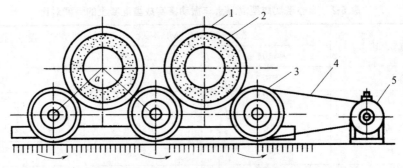

图 6-18　离心成型设备工作原理示意图

1—滚圈；2—环状模具；3—托轮；4—传动皮带；5—电动机

第三节　真空密实成型工艺

在混凝土浇筑施工中，为了获得良好工作性，一般都采用有较大流动性的混凝土。混凝土经振捣后，其中仍残留有多余的游离水和气泡。混凝土的真空吸水处理，就是利用真空泵和真空吸盘将混凝土中的游离水和气泡吸出，同时利用模板外大气压力对模板内的混凝土进行压实，从而达到降低水胶比、提高混凝土早期强度、改善混凝土物理力学性能、加快施工进度的目的。该工艺在道路、楼板、停车场、飞机场及水工构造物等现浇混凝土方面应用较为广泛。

一、真空脱水密实成型原理

真空脱水密实成型原理主要有过滤脱水原理和挤压脱水原理，这两种原理相互补充且不矛盾。

1. 过滤脱水原理

过滤脱水原理认为混凝土拌和物是一个滤水器，在压差作用下，滤液（游离水）通过过滤介质而脱出，并假定真空向拌和物内部传播时，被束缚在拌和物中的小气泡产生附加膨胀压力，使其容积增大，产生挤水作用。

这一原理只有在混凝土一面有可能从外部渗入空气的情况下才成立，没有考虑在脱水过程中拌和物的体积压缩和三相结构不断变化对脱水密实的影响。

2. 挤压脱水原理

挤压脱水原理认为混凝土拌和物为由水饱和的分散介质，在拌和物内部存在两种压力：一是中和压力，即作用在液体上产生的静水压力；二是有效压力，即作用在固体颗粒上而产生的挤压力。拌和物借助于中和压力而达到平衡。当对拌和物进行真空处理时，中和压力降低，有效压力提高，使固体颗粒紧密排列，并挤出多余水分。从均匀连续相体系的条件出发，在完全密封的情况下，脱水仅仅在固相密实时进行，脱水量应符合拌和物的孔隙变化。

挤压脱水原理在完全密封、不能从外部渗入空气的情况下是基本正确的，脱水量近似于拌和物的体积压缩量。按此原理，当拌和物内部剪切应力增加到能承受相当于真空度的外部荷载时，固相密实与脱水过程即告终止。可见，这一原理的局限性在于，没有考虑到在有可能从外部渗入空气的情况下，拌和物的体积虽未压缩，但脱水仍在进行。

二、真空脱水密实成型分类

按真空作业方式不同，真空密实成型可分为上吸法、下吸法、侧吸法及内吸法四种方式，如图 6-19 所示。

上吸法是将真空吸盘安装在混凝土的上表面，通过真空泵抽吸混凝土中的部分水分进行真空脱水，适用于现浇混凝土楼板、地板、路面、机场跑道以及预制构件等。下吸法是将真空吸盘安装在构件的底面，从下部进行真空脱水，适用于现浇混凝土薄壳、隧道顶壁以及预制构件等。侧吸法是将真空吸盘安装在构件的侧面进行真空脱水，适用于现浇竖直混凝土构件、水池、桥墩、水坝等。内吸法是将一组包有滤布的真空芯管埋置在混凝土内部进行真空脱水，适用于现浇混凝土框架、预制混凝土梁、柱以及大体积混凝土结构等。

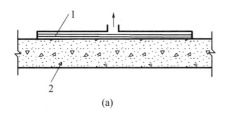

(a)

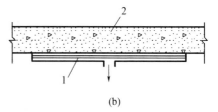

(b)

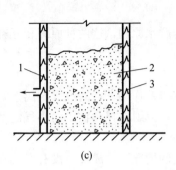
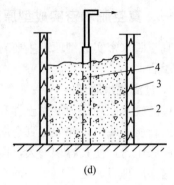

(c)　　　　　　　　　　　　　　　(d)

图 6-19　真空脱水方法

（a）上吸法；（b）下吸法；（c）侧吸法；（d）内吸法

1—真空吸垫；2—混凝土；3—模板；4—内吸管

三、真空脱水密实成型过程

基于对过滤脱水和挤压脱水两种脱水密实成型原理的阐述，结合实际工艺过程的分析表明，真空脱水密实成型过程分为三个阶段。

（1）初始阶段

由脱水之初到固相颗粒开始接触形成复合骨架为止，该阶段称为初始阶段。固相颗粒未接触之前，屈服剪应力 τ_0 与黏度系数 η 均变化不大，因此脱水速度近似于常数。脱水和密实同时进行，脱水量与时间大体呈直线关系，拌和物体积被压缩，复合骨架逐步形成。该阶段的特点是脱水量较大，脱水持续时间短，密实度增大效果显著。

（2）延续阶段

由固相颗粒开始接触形成复合骨架到颗粒紧密排列为止，该阶段称为延续阶段。混凝土的可压缩性显著降低，液相的连续性不断被破坏，颗粒之间的水膜层厚度减小。τ_0 与 η 增大，以致固相承受的外部荷载增大而水所承受的荷载减小，因而脱水速度减慢。

（3）停止阶段

脱水结束，拌和物已经形成物理密实堆积结构，该阶段称为停止阶段。当作用在混凝土上的荷载等于其剪应力及水的残余压力时，真空处理过程也就随之结束。在此阶段，混凝土体积不再压缩，除局部区域在气相膨胀（气泡膨胀及水分汽化膨胀）作用下仍有少量脱水外，脱水密实过程基本停止。继续进行真空处理，只能导入过量的空气，形成贯穿毛细孔。

真空脱水密实成型是脱水与密实同步进行的过程，在理想状态下，体积脱水量 ΔV_w 应等于混凝土体积压缩量 ΔV_c。试验结果表明，真空脱水量通常大于混凝土体积压缩量 $\Delta V_w > \Delta V_c$。也就是说，脱水以后固相颗粒未能填充所有孔隙，而 ΔV_w 与 ΔV_c 的差值即为孔隙体积的增量 ΔV_p。因此，真空混凝土的孔隙率实际上高于振实混凝土的孔隙率，而硬化后的强度则稍低。

真空脱水密实成型混凝土的这种特征，与真空处理过程中的脱水阻滞及混凝土的分层离析现象有关。局部区域颗粒间摩擦阻力过大，细颗粒无法填充脱水空穴，使脱水受阻，形成负压空间，即发生脱水阻滞现象。靠近真空腔的混凝土表面形成薄而密实的砂浆层，又称表面结皮。在该层中，细骨料颗粒及水泥含量增大，使远离真空腔的水分无法排出。因而，表面水灰比常低于内层，强度也有一定差异。

四、振动真空密实成型工艺制度

为了提高真空处理的有效系数，常将真空密实工艺与振动密实工艺配合使用，从而进一步提高混凝土的密实度。试验表明，真空处理时辅以间歇振动比持续振动效果更佳。真空处理时振动时间的长短虽然对脱水量及剩余水灰比无显著的影响，但施加振动可使混凝土处于液化状态，消除脱水阻滞现象，均匀脱除内部多余水分和排出气泡，使细颗粒填入脱水空穴，最终使混凝土在压力差的作用下达到更高的密实度。

真空处理时，振动延续时间不宜过久，因为真空密实成型处理的后期，混凝土已由流动性变为干硬性，尤其对于薄壁构件（厚度为 60～100mm），振动过久将导致混凝土开裂。

振动真空工艺制度包括真空腔的真空度、真空处理延续时间及真空处理时的振动制度。

1. 真空度

真空处理时，足够的真空度是建立压力差、克服拌和物内部阻力、排除多余水分及空气的必要条件。真空度越高时，脱水量越大，脱水停止之后真空延续时间越短，混凝土也就越密实。在实际生产中，一般选用的真空度为 500～600mmHg（$1mmHg=1.3\times10^2Pa$）。一般情况下，当真空度低于 400mmHg 时，总脱水量较少，真空处理时间延长，生产效率相应降低。

2. 真空处理延续时间

真空处理延续时间与真空度、混凝土制品的厚度、水泥品种和用量、混凝土拌和物的坍落度及温度等因素有关。

（1）混凝土厚度对真空处理延续时间的影响

真空度和混凝土配合比一定时，混凝土厚度越大，真空所需的延续时间越长。在 500mmHg 真空度下，用水灰比为 0.60～0.65 的普通混凝土所做的试验结果列于表 6-4。

表 6-4　混凝土厚度与真空处理延续时间的关系（真空度为 500mmHg）

混凝土厚度 d（cm）	真空处理延续时间（min）	混凝土厚度 d（cm）	真空处理延续时间（min）
<5	$0.7d$	16～20	$16+2(d-15)$
6～10	$3.5+(d-5)$	21～25	$26+2.5(d-20)$
11～15	$8.5+1.5(d-10)$		

还应指出，真空处理开始时有大量多余水分和空气从混凝土中排出，随着真空处理过程的延续，脱水效率急剧下降。实际真空度低于 500mmHg 时，真空处理时间应比表 6-4所列数值延长很多。因此，实际真空度较低时，制品厚度不宜过大。

（2）水泥用量、品种及拌和物坍落度对真空处理延续时间的影响

一般情况下，水泥用量越大，混凝土拌和物坍落度越大，真空处理时间就越长。如

采用火山灰水泥，由于其保水性较大，所需真空度及真空处理时间应适当提高和延长。在相同真空度下，其延续时间较普通水泥混凝土延长 1.5 倍。因此，每一特定情况下的真空处理时间应从试验中获得。

（3）真空处理时的振动制度

真空处理时的长时间振动将引起混凝土的分层离析，因此宜进行短暂间歇振动，每次振动时，应暂停抽真空。因为真空腔内的真空度较大时，作用于混凝土拌和物的压力差使空隙内进入空气而提高压力，而混凝土内部仍处于真空状态，这时若进行振动，混凝土内部阻力最小，振动效果最好。

五、真空脱水密实混凝土的性能

1. 初始结构强度

真空处理结束后，混凝土内的孔隙由于失去部分水分而形成弯月面，并产生使孔壁收缩的微管压力，从而将混凝土的颗粒骨架约束在一起。此外，密实成型后，混凝土的内摩擦力也必然增加。在微管压力和内摩擦力的作用下，混凝土具有较高的结构强度。因此，真空处理后，混凝土制品可以立即脱模，从而大大提高模板、模具的周转率。

2. 不同龄期的强度

在自然养护条件下，振动真空密实混凝土的强度增长较快。与未经真空处理的普通振动混凝土相比较，3d 抗压强度约提高 46%，7d 抗压强度约提高 35%，28d 抗压强度约提高 25%；7d 抗拉强度约提高 21%，28d 抗拉强度约提高 15%。真空密实成型混凝土强度提高的主要原因是：因初始含水量较高，和易性较好，因而易于搅拌均匀；经真空处理后，水灰比降低；真空脱水密实与振动密实相结合，可达到较好的密实效果。

3. 收缩率、抗渗性及抗冻性

由于真空混凝土的密实度较高，其初期的收缩与膨胀同采用最优配比的振动混凝土基本一致，其后期的收缩与干硬性混凝土没有本质上的区别，而较普通振动混凝土则小得多。对于真空密实成型砂浆，其收缩率的降低更为明显，只相当于振动密实成型砂浆的一半，与普通混凝土相近。

真空密实混凝土因具有密实度高、毛细管小、孔隙率降低、表面坚实光滑的特点，所以不易透水。一般其饱和吸水率比振动密实成型混凝土低 40%～50%。因此，真空密实混凝土的抗渗性好。

由于真空密实混凝土具有坚实的表面，因而其抗冻性也比一般混凝土提高 2～2.5 倍。

4. 表面硬度与耐磨性

真空混凝土由于水灰比降低、密实度提高而使表面硬度增大，耐磨性能提高。这在真空吸盘一侧表现得更为显著，如在真空处理后立即进行机械抹光，则其表面硬度与耐磨性还能得到进一步提高。

六、真空密实成型混凝土设备

混凝土真空吸水设备通常由真空吸水泵、真空吸盘等组成，如图 6-20 所示。

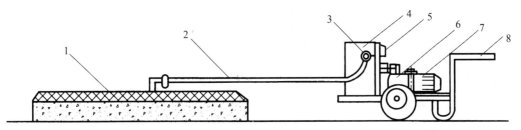

图 6-20　真空吸水设备工作示意图

1—真空吸盘；2—软管；3—吸水进口；4—集水箱；

5—真空表；6—真空吸水泵；7—电动机；8—手推小车

真空吸水泵一般安装在可移动的小车上，在放置真空吸盘前应先铺设过滤网，过滤网须平整紧贴在混凝土上，以防止吸入水泥等颗粒，并应保持其良好的透水性能；放置真空吸盘时应注意周边的密封，防止漏气，并保证两次抽吸区域有 30mm 的搭接。真空吸水后要进一步对混凝土表面碾压抹光，保证表面的平整。

第四节　压制密实成型工艺

在一般情况下，混凝土拌和物经振动处理，可以获得较好的密实成型效果。但是，其不足之处在于整体振动时由于带动模型一起振动，能量使用不够合理，能耗较大，对于水灰比较小的干硬性拌和物，其振动能耗更大，振动时间也较长，振幅衰减大，因而很难达到较高的密实度。

压制密实成型工艺，并不是将能量均匀分布到混凝土的整个体积中，而是集中在局部区域内，形成应力集中，使混凝土容易发生剪切位移，颗粒产生移动。这样，在外部压力的作用下，混凝土拌和物即发生排汽和体积压缩过程，并逐渐波及整体，最终达到较好的密实成型效果。随压力的大小及拌和物性能的不同，有时压制工艺仅起密实成型作用，有时则在密实成型的同时还可起到脱水的作用。

混凝土拌和物是在搅拌过程中混入大量空气，因而拌和物应视为一个三相系统，即由固相、液相及气相所组成。固相颗粒有大有小，呈不规则的形状，表面或致密或多孔，随着粒径的减小和比表面积的增加，颗粒相互靠近时所产生的附着力增大。除参与水化作用的水外，拌和物中多余的水分起下列作用：

① 润湿固体颗粒并使颗粒间发生湿接触；

② 提高拌和物塑性并降低成型时的摩擦力；

③ 有助于较为均匀地成型并制取强度较高的制品；

④ 由于毛细管压力而集结粉状材料，有助于提高颗粒之间的黏结力。

但是拌和物中过多的水分也是有害的，因为在成型时水分妨碍颗粒的相互靠近，增加了弹性变形并会助长裂纹和层裂。这是由于压制成型时，部分水膜从颗粒间的接触处被挤入气孔中，当卸去外压力后，水又重新进入颗粒之间，将颗粒推开，使成型结束的试件发生膨胀。因此，从拌和物的均匀性和密实性考虑，在压制成型时，适宜的液相量是极其重要的。

在成型时，拌和物中所含的空气不论在什么条件下都起着不良作用：妨碍填充密实，降低颗粒的堆积密度和影响颗粒的均匀分布，造成成型密度不匀并且增大残余应力。成型后留在制品中的空气会造成附加的弹性力，此时随其他因素一起，在卸去负荷后，引起了制品的弹性变形。

一、压制成型过程

（1）压制开始前

压制开始前，拌和物是一种不密实的、松散的宏观均质体，只有在自身所受重力作用下才发生塑性变形，并认为它是各向同性的。

（2）压制开始后

压制开始后，拌和物即处于三向应力状态，拌和物在模头的压力下发生压缩变形，首先受力的是大粒径骨料，并楔入比较小的颗粒，颗粒之间互相靠近，重新组合，空气通过颗粒间隙排出，坯体体积显著减小，气孔率下降，颗粒接触面积增大。由于毛细管压力，固体颗粒松散的均质体转变为连续的、有一定密实度的均质体，坯体的塑性强度提高。模箱侧壁由于受到模头压力使坯体产生侧向膨胀压力而变形，变形值根据模箱刚度而定，变形值的大小就是坯体侧向膨胀值。当继续加大压力时，颗粒产生塑性、脆性及弹性变形，颗粒接触表面有可能遭到破坏，内部空气通路堵塞，内部空气受到压缩并部分溶于液相。由于水膜的黏滞力和颗粒的机械咬合作用而阻碍颗粒的迅速移动，延长了颗粒的移动时间，因而坯体的弹性变形增大，坯体已转变为成型的制品。

（3）制品推出模箱后

制品推出模箱后，由于模头压力和模箱侧压力突然消失，制品内部的压缩空气压力及颗粒的弹性膨胀力使制品在三维方向产生弹性膨胀，制品尺寸将大于模箱尺寸，制品的湿体积密度降低。

二、压制成型方法

压制密实成型工艺方法一般有静力压制、振动加压、挤压或振动挤压等。

（1）静力压制工艺制度包括成型最大压力、压制延续时间及加压方式。该种成型方法需采用较高的成型压力，其压强达几兆帕至几十兆帕。因为静力压制工艺所需的成型压力较大，故一般只适用于成型小型制品。加压时间一般以较缓慢为宜，这样拌和物中的气体在压力作用下较易排出，但会导致生产效率降低。

（2）振动加压工艺是先对拌和物施加振动，使之达到初步密实和表面平整；再进行加压振动，以达到最终密实成型状态。

（3）挤压或振动挤压工艺则是利用螺旋铰刀挤压拌和物，或再辅以振动，使混凝土拌和物成型和密实。挤压成型工艺的工作原理如图 6-21 所示。混凝土拌和物通过料斗由螺旋铰刀向后挤送，在此过程中，受已成型制品阻力作用而被挤压密实，挤压机在反作用力的作用下，朝相反方向前进，挤压机后面则形成一条连续的混凝土制品。挤压成型实现了混凝土成型过程的机械化，可降低劳动强度，提高生产效率，节约模板。

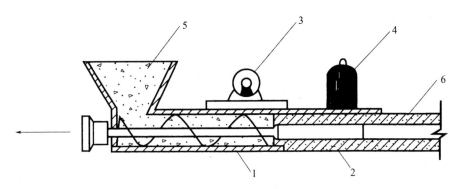

图 6-21　挤压成型原理示意图

1—螺旋铰刀；2—成型管；3—振动器；4—压重；5—料斗；6—已成型空心管

第五节　喷射成型工艺

喷射混凝土是借助喷射机械，利用压缩空气或其他动力，将按一定配合比的水泥、砂、石子及速凝剂等拌和料，通过喷枪喷射到受喷面上，在数分钟之内凝结硬化而成型的混凝土。

与传统的现场浇筑混凝土不同，喷射混凝土一般不需立模，也不用振捣，而是依靠高速喷射的压力，将拌和物连续喷覆到受喷面上，通过冲击、挤压使混凝土达到密实。在物相组成与结构上，喷射混凝土与普通混凝土没有本质区别，但由于其施工技术及施工工艺特点与传统现浇混凝土不同，因此喷射混凝土的物理力学性能及工程应用范围与现浇混凝土有着显著的不同。喷射混凝土在土木建筑工程中得到广泛应用，主要应用领域见表 6-5。

表 6-5　喷射混凝土的主要应用领域

序号	工程类型	应用对象
1	地下工程	矿山竖井、巷道支护、交通或水工隧道衬砌、地下电站衬砌
2	边坡加固或基坑护壁	公路、铁路、水库区护坡，厂房或建筑物附近护坡，建筑基坑护坡
3	薄壁结构	薄壳屋顶、蓄水池、预应力油罐、灌渠衬砌
4	建筑结构工程修补	修补水池、水坝、水塔、烟囱、住宅、厂房、桥梁等
5	耐火工程	烟囱和各种热工窑炉衬里的建造修补
6	建筑工程加固	各类砖石或混凝土结构工程的加固
7	防护工程	各种钢结构的防火、防腐层

喷射混凝土均采用速凝剂，速凝剂的作用是使混凝土喷射到工作面后很快能凝结。其基本特点是：它能使混凝土的早期强度在较短时间内（一般 3～5min 初凝，10min 以内终凝）明显提高，而后期强度降低幅度不大（小于 30%）；使混凝土具有一定的黏度，以防回弹量过高；使混凝土保持较小的水灰比，以防收缩过大，并提高混凝土的抗渗性能。

常采用的速凝剂按组分分为铝氧熟料加碳酸盐类、硫铝酸盐类、铝酸盐类及水玻璃类；按状态分，有粉状速凝剂和液体速凝剂。

喷射混凝土的工艺流程主要有干喷、潮喷、湿喷、混合喷射等，它们之间的主要区别在于各工艺流程的投料程序不同（主要是加水和速凝剂的时间不同）。以下主要介绍干喷法和湿喷法。

一、干喷工艺

1. 干喷工艺流程

干喷工艺施工流程如图 6-22 所示。干喷工艺是将水泥、砂子、石子、粉状速凝剂等按一定比例混合成干拌和料后，用强制式拌和机拌和均匀，再投入干式喷射机内，用压缩空气输送到喷头，在喷头处加入水混合之后，以一定的压力、一定的距离喷射到受喷面上的方法。

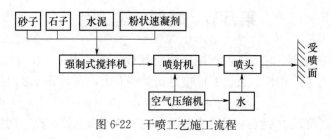

图 6-22　干喷工艺施工流程

2. 干喷工艺的特性

① 施工工艺流程简单、方便，所需施工设备机具较少，只要有强制搅拌机和干喷机械即可。

② 输送距离长，施工布置较方便、灵活，输送距离可达 300m，垂直距离可达 180m。

③ 速凝剂可在进入喷射机前加入，拌和较容易均匀。

④ 干喷工艺工作面粉尘及回弹量均较大，工作环境差，喷料时有脉冲现象，喷射出的混凝土均匀度较差。

⑤ 拌和用水在喷头处才施加，喷射混凝土的均匀性较差，实际水灰比不易准确控制。

⑥ 喷射施工人员的经验和临场应变调节能力对喷射混凝土质量影响很大，喷射混凝土质量受施工人员操作能力波动较大。

二、湿喷工艺

1. 湿喷工艺流程

湿喷工艺是为了克服干喷工艺粉尘浓度大、回弹损失大等缺点而发展起来的。湿喷工艺流程如图 6-23 所示。湿喷工艺是将所有喷射骨料和胶凝材料事先加水拌和拌匀，即各材料进入喷射机前或在喷射机中加入足够的拌和用水（扣除液体速凝剂所占的水量）拌和均匀，再由各类湿喷机喷送到受喷工作面上。

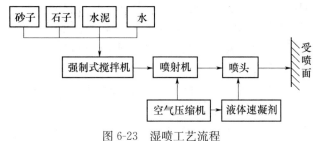

图 6-23　湿喷工艺流程

2. 湿喷工艺的特性

① 喷泥凝土拌和料可掺入全部拌和用水，充分拌和，这有利于水泥充分水化，因而混凝土强度较高。

② 水灰比能较准确地控制，但比干喷法用水量大。

③ 速凝剂一般不能提前加入。

④ 粉尘、回弹量均较低，生产环境状况较好。

⑤ 湿喷机具设备较复杂。

⑥ 输料距离和高度远比干喷法要小，喷射系统布置需靠近工作面。

⑦ 由于拌和物事前加水，故施工中途不得停机，停喷后要尽快将设备冲洗干净。

⑧ 水泥用量相对干喷法要多，一般达 $500kg/m^3$。

三、工艺参数选择与比较

为了说明湿喷工艺与干喷工艺各自的工艺特点，把各指标的性能比较列于表 6-6。

表 6-6　干喷工艺与湿喷工艺技术性能比较

指标	干喷法	湿喷法（风动型）	湿喷法（泵送型）
机械设备	简单	较简单	较复杂
粉尘浓度	一般大于 $50mg/m^3$	可降低 $50\%\sim80\%$	可降低 80% 以上
耗风量	较大	可降低 50% 左右	可降低 50% 以上
回弹率	$20\%\sim40\%$	可降低至 10% 左右	可降低至 $5\%\sim10\%$
水灰比	$0.4\sim0.5$	$0.5\sim0.55$	0.55（掺入高效减水剂）
压送距离（m）	$200\sim300m$	水平 $60n_1$，垂直 $30m$	水平 $100m$，垂直 $30m$
设备清洗	容易	困难，中途不能停歇	困难，中途不能停歇
水泥用量（kg/m^3）	400	$450\sim480$	$480\sim560$
混凝土所需坍落度（mm）	$50\sim70$	$80\sim100$	$100\sim120$

四、喷射混凝土特性

喷射混凝土的性能除与原材料的品种与质量、拌和物的配合比、施工工艺和施工条件有关外，还与施工人员的技术水平有直接关系。

1. 抗压强度

当拌和物高速喷向受喷面时，水泥颗粒和骨料的重复猛烈冲击使混凝土层连续受到挤压。同时，喷射工艺可以采用较小的水胶比，这可以保证喷射混凝土有较高的抗压强度和抗拉强度。掺加速凝剂的喷射混凝土，由于速凝剂对胶凝材料水化具有促进作用，可使混凝土的早期强度明显提高，1d抗压强度可达$6.0\sim15MPa$；但由于速凝剂对后期强度具有负面效应，28d抗压强度较不掺速凝剂的混凝土而言降低约$10\%\sim30\%$。

2. 黏结强度

喷射混凝土的黏结强度与受喷面的基材材质以及基层处理质量有关。喷射混凝土与坚硬岩层或坚固旧混凝土的黏结强度一般为$1.0\sim2.0MPa$。高速喷射混凝土可嵌入受喷面裂缝中，增加黏结强度，喷射前对受喷面进行有效清洗，喷射时正确的操作，对提高黏结强度和提高钢筋握裹力均有重要影响。

3. 变形性能

与普通混凝土一样，喷射混凝土的收缩包括干燥收缩、温度变形和化学收缩等。由于喷射混凝土中的水泥用量大、砂率大而粗骨料用量小，单位面积绝对用水量较大，以及由于回弹使粗骨料中的大粒径数量减少等原因，喷射混凝土的收缩值要比普通混凝土大得多。收缩容易引起喷射层开裂，微裂缝可能不影响安全性，但会降低抗渗性。加强早期养护有利于减少收缩裂缝，使用纤维混凝土是减少收缩的有效措施。

喷射混凝土的徐变早期发展很快，但稳定期较早。速凝剂的掺入使喷射混凝土的徐变加大，这是由于后期水泥矿物的水化受到阻碍，后期强度相比普通混凝土有所降低所引起的。

4. 耐久性

喷射混凝土具有较好的抗冻性，是因为喷射成型过程中引入了一定量的空气，在喷射层中形成了贯穿的气孔，有利于提高喷射混凝土的抗冻性。另外，由于喷射混凝土的水胶比较小，密实度较高，也是抗冻性较好的原因。

喷射混凝土的抗渗性稍差，对于有特殊抗渗要求的喷射混凝土，除选择级配良好的骨料外，还要采取掺入防水剂、纤维等措施。

五、混凝土喷射机

按照混凝土拌和料的加水方法不同，喷射机可分为干式、湿式和介于两者之间的半干式三种；按照喷射机结构形式不同，喷射机可分为缸罐式、螺旋式和转子式三种，其差异性见表6-7。

表6-7 喷射机结构形式与性能

型式	性能
缸罐式	坚固耐用，但机体过重，上、下钟形阀的启闭需手动繁重操作，劳动强度大，且易造成堵管，故已逐步淘汰
螺旋式	结构简单、体积小、重量小、机动性能好，但输送距离超过30m时容易返风，生产效率低且不稳定，只适用于小型巷道的喷射支护
转子式	具有生产能力大、输送距离远、出料连续稳定、上料高度低、操作方便、适合机械化配套作业等优点，并可用于干喷、湿喷和半湿喷等多种喷射方式，是目前广泛应用的机型

以广泛使用的转子式喷射机（ZP-V111型）为例，简述其工作原理及构造。

1. 工作原理

如图 6-24 所示，电动机动力经过减速器减速后，通过输出轴带动转子旋转，料斗中的混凝土拌和料经搅拌后落入直通料腔中，当拌和物随转子转到出料口处时，压缩空气经上座体的气室，吹送至料腔中的物料进入出料弯头，在此处通过助吹器，另一股风呈射流状态再一次吹送物料进入输料管，再经喷头处和水混合后，喷至工作面上。转子连续旋转，料腔依次和弯头接通，如此不断循环，实现连续喷射作业。

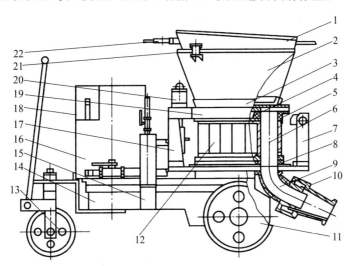

图 6-24　转子式喷射机外形结构示意

1—振动筛；2—料斗；3—上座体；4—上密封板；5—衬板；6—料腔；7—后支架；8—下密封板；
9—弯头；10—助吹器；11—轮组；12—转子；13—前支架；14—减速器；15—气路系统；
16—电动机；17—前支架；18—开关；19—压环；20—压紧杆；21—弹簧座；22—振动器

2. 喷射机构造

转子式喷射机主要由驱动装置、转子总成、压紧机构、给料系统、气路系统、输料系统等组成。

（1）驱动装置

驱动装置由电动机和减速器组成。电动机轴端连接主动齿轮轴，通过减速器减速后，驱动安装在输出轴上的转子旋转，传动齿轮由减速器箱体内的润滑油飞溅润滑，并由测油针测定油位。

（2）转子总成

转子总成主要由防粘料转子、上衬板、下衬板、上密封板及下密封板组成。防粘料转子的每个圆孔中内衬为不易黏结混凝土的耐磨橡胶料腔，该结构提高了喷射机处理潮料的能力，减少了清洗和维修工作。转子上、下料各有一块衬板，采用耐磨材料制造，使用寿命较长；上下密封板由特殊配方的橡胶制成，耐磨性较好。

（3）压紧机构

压紧机构由前支架、后支架、压紧杆、压环等组成。前后支架在圆周上固定上座体，压紧杆压紧后通过压环把压力传递给上座体，使转动的转子和静止的密封板之间有一个适当的压紧力，以保持结合面间的密封。拆装时，压环带动上座体绕前支架上的圆销转动，可方便维修和更换易损件。

（4）给料系统

给料系统主要由料斗、振动筛、上座体和振动器等组成。上座体是固定料斗的基础，其上设有落料口和进气室。振动器为风动高频式，有进气口（小孔），安装时注意进气口处的箭头标志，防止反接。

（5）气路系统

气路系统主要由球阀、压力表、管接头和胶管等组成。空气压缩机通过储气罐提供压缩空气，三个球阀分别用于控制总进气和通入转子料腔内的主气路以及通入助吹器的辅助气路，另外一个球阀用以控制向振动器提供压缩空气。系统中设有压力表，以便监视输料管内的工作压力。

（6）输料系统

输料系统主要由出料弯头和喷射管路等组成。出料弯头设有软体弯头和助吹器，用以减少或克服弯头出口处的黏结和堵塞，喷头处设有水环，通过球阀调节进水量。喷射管路装置结构如图 6-25 所示。

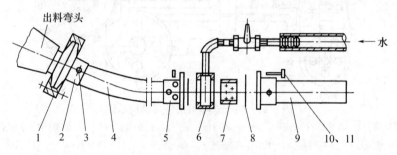

图 6-25　喷射管路装置结构示意图

1—卡套；2—输料管接头；3—木螺钉；4—输料胶管；5—连接套；6—外套；
7—铜水环；8—橡胶垫板；9—螺旋喷嘴；10—螺栓；11—螺母

复习思考题

1. 简述混凝土的密实成型工艺种类及基本原理。

2. 阐述振动密实成型工艺的原理、振动参数及振动制度。

3. 简述常用的混凝土振动器的工作原理及适用范围。

4. 阐述混凝土离心密实成型工艺的原理及工艺制度。

5. 简述混凝土真空密实成型工艺的原理。

6. 简述混凝土压制密实成型工艺的原理。

7. 简述混凝土喷射成型工艺的原理、种类及适用范围。

第七章 混凝土的养护工艺

混凝土拌和物经密实成型后，其凝结硬化继续进行并逐步成为坚硬的结构。为使混凝土充分进行水化反应，并达到所需的物理力学性能及耐久性等指标所采取的工艺措施称为混凝土养护。

混凝土养护是水泥及混凝土硬化正常发展的重要条件，是降低失水速率、防止混凝土产生裂缝、确保达到各项力学性能及耐久性的重要措施，也是获得优质混凝土的关键工艺之一。

第一节 混凝土养护的分类

湿度、温度及时间是养护工艺控制过程中的三大要素，根据介质温度和湿度条件的不同，养护工艺可分为标准养护、自然养护及快速养护三种类型。

一、标准养护

标准养护是指混凝土在温度（20±2)℃、相对湿度95%以上的条件下进行的养护。

采用标准养护的目的是为工程实际提供科学合理的测试数据，揭示混凝土的强度及其他性能指标发展变化的规律，预测实际混凝土在自然养护或快速养护条件下的性能指标。

二、自然养护

自然养护是指在自然气候条件下，采取保湿、保（降）温等措施进行的养护。

自然养护多用于现浇混凝土结构（或构件）的养护，主要有洒水、覆盖保湿、喷涂养护剂、冬期蓄热等方法。对于高强高性能混凝土而言，为降低混凝土在低水胶比下因自干燥带来的危害，通常采用内养护的方法。

三、快速养护

凡能加速混凝土硬化过程或强度发展过程的工艺措施，均属于快速养护。

因自然养护时混凝土的硬化过程相对缓慢，通常不能满足混凝土制品生产所要求的生产效率，或特殊工程所要求的早期强度要求，所以混凝土制品生产和对早期强度要求较高的混凝土工程中常采用快速养护的工艺方式。采用快速养护不仅有利于缩短生产周期，提高模板和设备的利用率，还可以降低生产的综合成本。

快速养护按其作用的实质可分为热养护法和化学促硬法。

1. 热养护法

热养护法是利用外界热源加热混凝土，以加速水泥水化从而加速混凝土强度增长，或使硅质材料和钙质材料发生水热合成反应，是混凝土制品生产中使用最广泛的养护方法。

使用的加热介质和加热方式有饱和蒸汽、热空气、热水、热油、太阳能、电能、远红外线、微波等。根据热养护过程中的湿度条件，热养护又可分为湿热法和干热法。湿热养护法是以相对湿度90％以上的热介质加热混凝土，升温过程中仅有冷凝而无蒸发过程发生；干热养护是指混凝土制品可不与热介质直接接触，或以低湿介质升温加热，升温过程中以蒸发过程为主。

热养护法是快速养护的主要方法，提高生产效率的效果虽然显著，但能耗也相对较高。

2. 化学促硬法

化学促硬法是采用早强快硬水泥作为胶凝材料，或利用化学外加剂促进水泥强度发展的养护工艺。低碱度硫铝酸盐水泥、快硬硅酸盐水泥等早强快硬水泥，因水化过程迅速均可使混凝土在早期即获得较高的强度；早强剂通过加速水泥水化可使混凝土获得较高的早期强度。该类方法简便易行，且节约能源。

第二节　混凝土的自然养护

一、自然养护的通用措施

为获得优质混凝土工程，混凝土现场施工后必须确保正确的养护条件。现浇混凝土多采用自然养护，就其实质而言，养护就是在适宜的温度条件下，为防止水分蒸发而采取的一系列措施。

自然养护常采用的措施有：潮湿养护、保水养护及保温养护等方法。潮湿养护又分为洒水养护、蓄水养护、湿砂养护、湿布养护等方法。保水养护包括薄膜养护、内养护及喷涂养护剂养护。

潮湿养护和保水养护更多的是防止炎热环境及大风环境下防止水分过分蒸发而采取的养护措施，而保温养护则主要是针对低温环境下采取的养护措施。工程实际中经常是不同自然养护方法的综合应用。

混凝土浇筑后应及时进行保湿养护，保湿养护可采用洒水、覆盖、喷涂养护剂等方式。选择养护方式应考虑现场条件、环境温湿度、构件特点、技术要求、施工操作等因素。以下为对混凝土养护的一些规定〔《混凝土结构工程施工规范》（GB 50666—2011）〕。

1. 养护时间

混凝土养护时间包含混凝土未拆模时的带模养护时间以及混凝土拆模后的养护时间，应根据所采用的水泥品种、外加剂类型、混凝土强度等级及结构部位进行确定。粉煤灰或矿渣粉的数量占胶凝材料总量不小于30％的混凝土，以及粉煤灰加矿渣粉的总量占胶凝材料总量不小于40％的混凝土，都可认为是大掺量矿物掺合料混凝土。由于地下室基础底板与地下室底层墙柱以及地下室结构与上部结构首层墙柱施工间隔时间通常较长，在这较长的时间内基础底板或地下室结构的收缩基本完成，对于刚度很大的基础底板或地下室结构会对与之相连的墙柱产生很大的约束，从而极易造成结构竖向裂缝产生，对这部分结构增加养护时间是必要的，养护时间可根据工程实际按施工方案确定。具体而言，应符合以下的规定：

① 采用硅酸盐水泥、普通硅酸盐水泥或矿渣硅酸盐水泥配制的混凝土，不应少于7d；采用其他品种水泥时，养护时间应根据水泥性能确定。

② 采用缓凝型外加剂、大掺量矿物掺合料配制的混凝土，不应少于14d。

③ 抗渗混凝土、强度等级C60及以上的混凝土，不应少于14d。

④ 后浇带混凝土的养护时间不应少于14d。

⑤ 地下室底层和上部结构首层柱、墙混凝土，带模养护时间不宜少于3d；带模养护结束后可采用洒水养护方式继续养护，必要时也可采用覆盖养护或喷涂养护剂养护方式继续养护。其他部位柱、墙混凝土可采用洒水养护，必要时也可采用覆盖养护或喷涂养护剂养护。

2. 洒水养护

混凝土早期塑性收缩和干燥收缩较大，易于造成混凝土开裂。混凝土养护是补充水分或降低失水速率，防止混凝土产生裂缝，确保达到混凝土各项力学性能指标的重要措施。在混凝土初凝、终凝抹面处理后，应及时进行养护工作。混凝土终凝后至养护开始的时间间隔应尽可能地缩短，以保证混凝土养护所需的湿度以及对混凝土进行温度控制。覆盖养护可采用塑料薄膜、麻袋、草帘等进行覆盖；喷涂养护剂养护是通过养护液在混凝土表面形成致密的薄膜层，以达到混凝土保水的目的。洒水、覆盖、喷涂养护剂等养护方式可单独使用，也可同时使用，采用何种养护方式应根据实际情况合理选择。

对养护环境温度没有特殊要求的结构构件，可采用洒水养护方式。混凝土洒水养护应根据温度、湿度、风力情况、阳光直射条件等，通过观察不同结构混凝土表面确定洒水次数，以确保混凝土处于饱和湿润状态。当室外日平均气温连续5日稳定低于5℃时应按冬期施工相关要求进行养护；当日最低气温低于5℃时，已处在冬期施工期间，为了防止可能产生的冰冻情况而影响混凝土质量，不应采用洒水养护。

3. 覆盖养护

对养护环境温度有特殊要求或洒水养护有困难的结构构件，可采用覆盖养护方式。对结构构件养护过程有温差要求时，通常也采用覆盖养护方式。覆盖养护宜在混凝土裸露表面覆盖塑料薄膜、塑料薄膜加麻袋、塑料薄膜加草帘进行。覆盖养护应及时，尽量减少混凝土裸露时间，防止水分蒸发。

覆盖养护的原理是通过混凝土的自然温升在塑料薄膜内产生凝结水，从而达到湿润养护的目的。在覆盖养护过程中，应经常检查塑料薄膜内的凝结水，确保混凝土裸露表面处于湿润状态。

采取覆盖养护时，每层覆盖物都应严密，要求覆盖物相互搭接不小于100mm。覆盖物层数的确定应综合考虑环境以及混凝土温差控制要求。

二、养护剂养护

传统养护方式存在一些问题，如耗水量大、费时费力、养护不彻底、混凝土的匀质性得不到保证、养护成本高等。在冰冻地区，大量的养护水流入基础会造成冻害，另外水养护也必须在混凝土终凝后才能进行，在一定程度上延误了养护时机，若在刮风季节，混凝土表面会由于早期失水形成许多干裂缝，还会造成不可挽回的破坏。薄膜养护也存在易被大风刮走、破损后养护效果大幅降低的缺点，另外薄膜养护也不适宜应用在一些复杂结构的混凝土养护上。

养护剂养护是一种新型、高效的混凝土养护方式，发展时间较短，发展迅速。养护剂是一种喷涂或涂刷于混凝土表面，能在混凝土表面形成一层连续不透水的密闭养护薄膜的乳液或高分子溶液。养护剂薄膜使混凝土表面与空气隔绝，降低水分蒸发，从而使混凝土最大限度地利用自身水分完成水化作用，而混凝土自身的水分足以保证混凝土达到养护效果。

对养护环境没有特殊要求或洒水养护有困难的结构构件，可采用喷涂养护剂养护方式。对拆模后的墙柱以及楼板裸露表面在持续洒水养护有困难时，可采用喷涂养护剂养护方式；对于采用爬升式模板脚手施工的工程，由于模板脚手爬升后无法对下部的结构进行持续洒水养护，可采用喷涂养护剂养护方式。

养护剂具有以下几个优点：节约水资源，适用于缺水地区；适用于混凝土构筑物的立面或结构复杂的部位；适用于不允许用水养护的地区，如飞机场、跑道等；节省覆盖、浇水的物力和人力，可降低成本；延长养护时间，提高混凝土后期强度及匀质性；可以避免干缩裂纹。

目前，养护剂种类主要包括 4 类：水玻璃类、乳液类、有机溶剂类、有机-无机复合类。

1. 水玻璃类养护剂

水玻璃类养护剂的主要成分是硅酸盐，其水溶液俗称水玻璃。主要作用机理是利用一定模数的水玻璃与水泥水化产物 Ca(OH)$_2$ 迅速反应生成硅酸钙胶体，在混凝土表面形成一层胶体薄膜，以阻止混凝土内部的水分蒸发。其主要反应式见式（7-1）。

$$Ca(OH)_2 + Na_2O \cdot nSiO_2 \longrightarrow 2NaOH + (n-1)SiO_2 + CaSiO_3 \qquad (7-1)$$

水玻璃类养护剂的优点在于渗透性强，且反应生成的无机胶体薄膜与混凝土基体连成一体，实际上也是混凝土的一部分，因此对以后的混凝土表面装饰无任何不利影响。该类养护剂主要缺点为保水性能差，保水率低，通常保水率仅为 20%～30%。

2. 乳液类养护剂

乳液类养护剂主要包括石蜡乳液、沥青乳液以及高分子乳液（主要为丙烯酸系高分子乳液），制备工艺是将石蜡、沥青、高分子树脂通过添加乳化剂以及其他助剂乳化而成。其主要作用机理是乳液水分蒸发后，乳液颗粒聚拢形成透湿率较小的薄膜，这层薄膜能够附着在混凝土表面，有效防止混凝土表面水分蒸发。

乳液类养护剂的优点在于操作安全、无毒，保水率可达 70%～80%，性能明显优于水玻璃类。该类养护剂的主要缺点是在混凝土表面自由水存在的情况下，石蜡乳液容易被混凝土表面水分稀释成低黏度的乳液，这种被稀释的石蜡乳液会随着混凝土的凝结而被吸收，不仅破坏了石蜡养护膜的形成，还会影响到水泥水化产物的凝聚结晶，大大降低混凝土表面耐磨度和强度。

3. 有机溶剂类养护剂

有机溶剂类养护剂是通过有机溶剂将树脂等材料溶解而形成，养护机理与乳液类养护机理相似，溶剂挥发后溶液中的树脂颗粒通过干燥聚拢成膜，形成的有机薄膜可以防止混凝土面层水分蒸发。该类养护剂的优点是保水率较高。其主要缺点为价格偏高，且含有有机溶剂，不安全，对人体有害。在喷涂于混凝土表面层后，有的溶剂会进入混凝土表层内部，对混凝土强度有不利影响。

4. 有机-无机复合类养护剂

有机-无机复合类养护剂通常是将无机增密材料和有机成膜材料有效复合，例如水玻璃与石蜡乳液复合、水玻璃与高分子乳液复合，复合后的养护剂性能得到有效提高。

有机-无机复合类养护剂主要作用机理：有机组分通过自身聚合和空气氧化作用形成连续柔软薄膜黏附在混凝土表面，降低了混凝土表面水分蒸发，同时无机组分能够渗透到表面混凝土的毛细孔中，发生化学反应后形成胶体物质，这种胶体物质能有效地填塞毛细孔，从而降低水分蒸发。相对其他类养护剂而言，有机-无机复合类的双重养护效果使其具有良好的保水性能，保水率可大于80%。

三、内养护

高强混凝土（High Strength Concrete，HSC）和高性能混凝土（High Performance Concrete，HPC）的出现，在很大程度上推动了现代混凝土理论研究与应用技术的发展，低水胶比、高效减水剂以及各种矿物外加剂的大量掺入，使其具有优异的力学性能和耐久性，因此在大跨度桥梁、高层建筑中得到了日趋广泛的运用。但是高强、高性能混凝土早期自收缩（指混凝土成型后，在与环境无水分交换条件下，由于水泥水化导致混凝土内水分减少而发生的体积减缩）明显，容易引起混凝土开裂。

Powers与Brownyard提出的硬化水泥浆相体积分布经验模型奠定了当今高强、高性能混凝土内养护技术的基础。当水泥完全水化时，1g水泥大约结合0.23g水（化学结合水）以及存在0.19g凝胶水，需要的水灰比大约为0.42。水灰比小于0.42时，就会存在大量的未水化水泥熟料，并且由于内部相对湿度的降低引起不可逆的自收缩变形。而高强、高性能混凝土的水胶比往往低于0.42，也就是说高强、高性能混凝土的自收缩是不可避免的。

针对低水胶比水泥基材料自收缩的机理以及影响因素，一般采用以下方式来减少其自收缩：一是原材料的优化，以及材料配比的优化；二是选择抑制收缩或者补偿收缩的方式来实现，例如掺入纤维、膨胀剂或减缩剂等；三是加强水泥基材料的养护，针对超高性能水泥基材料结构密实、表面水分难以进入其内部，因而容易出现自干燥这一问题。近年来，很多人开始着手于研究内养护技术在低水胶比水泥基材料中的应用。

1. 内养护的概念

混凝土的内养护同样也可称为自养护，是指在混凝土中引入一种组分作为养护剂，它均匀地分散在混凝土中，起到内部蓄水池的作用，当混凝土水化过程中出现水分不足时，养护剂中的水分便补给水化所需的水分，支持混凝土水化反应继续进行。

2. 内养护材料

内养护材料也被称为内养护剂，混凝土中内养护材料往往都含有多孔结构。一般有大量的孔隙或者是三维网络状结构。混凝土中内养护的水是由掺入的内养护材料预先吸水来提供的，而预吸水的内养护材料往往被当作"蓄水池"来看待，养护材料不参与混凝土早期的水化反应，但当自由水减少到一定程度时，"蓄水池"开始释放水分，提供水化反应需要的水。

内养护材料的释水动力有两条：一是水泥浆体与内养护化材料之间毛细管压力的差值，由于自干燥现象的产生，在混凝土毛细孔和内养护材料的孔隙之间产生压力差；二是内养护材料与水泥浆体孔隙之间的湿度差，在混凝土内部水分往往由湿度高的一方向湿度低的一方迁移。

国内外常用的混凝土内养护材料包括饱水轻骨料（Light Weight Aggregate，LWA）和高吸水树脂（Super-absorbent Polymer，SAP）。

（1）饱水轻骨料内养护

轻骨料为烧结熔融材料，其内部分布着直径 $10\sim100\mu m$ 近似于球形的孔隙。轻骨料的吸水率与其内部连续孔的数量存在必然联系。一般用于高性能混凝土的轻骨料其吸水率约为 5%。

根据物理化学知识，随表面张力变化而变化的毛细孔中水的蒸汽压降低，并与混凝土干燥过程中水分的迁移和失水存在密切联系。可用式（7-2）表达。

$$P_v - P_c = \frac{2\sigma\cos\theta}{r} \tag{7-2}$$

式中　σ——水/水蒸气界面张力，N/m；

$\quad\quad\theta$——润湿角，°；

$\quad\quad P_c$——水的压力，Pa；

$\quad\quad P_v$——水蒸气的压力，Pa；

$\quad\quad r$——呈新月形孔的半径，m。

压差为轻骨料及硬化水泥浆体中毛细水的迁移提供了动力。研究表明，在给定非饱和状态下，存在一个临界孔径，所有小于临界孔径的毛细孔均为饱水孔，所有大于临界孔径的毛细孔均为干涸孔，且水分总是从大孔向细孔迁移。假定高性能混凝土中的轻骨料均匀分布于混凝土中，则可将轻骨料中的孔与硬化水泥浆体中的孔作为一个整体来加以研究。由于轻骨料中孔的尺度远大于水泥基材中毛细孔的尺度，因而轻骨料中的水将逐渐向硬化水泥浆体迁移，形成微养护机制。

（2）高吸水性树脂内养护

高吸水性树脂又称超强吸水剂，其分子结构如图 7-1 所示。作为一种新型功能性高分子材料，一般是由亲水性单体共聚或接枝共聚并低度交联而成的三维互穿网络结构（Interpenetrating Polymer Network，IPN）。

高吸水性树脂特殊的互穿网络结构能使其吸收自身重量百倍甚至千倍的水。溶胀的吸水树脂会在介质 pH 或反离子浓度（通常指阳离子）增大的情况下释放出水分。如，水泥矿物成分开始水化以后，由于水化生成的阳离子（主要是 Ca^{2+}）溶解到水中，体系的 pH 可在数分钟内达到 $12\sim13$，促使 SAP 不断释放出水来，供给水泥进一步水化。另外，由于 SAP 中未被释放的水与树脂是以氢键形式结合的，因而这部分水的蒸发所消耗的能量较大，加之 SAP 粒子表面成膜，使干燥速度减慢，从而减缓了由蒸发引起的水分损耗。

因此，从理论上推测，SAP 可以使水泥水化体系在较长时间内保持较高的内部相对湿度，这便保证了水泥水化的持续进行及抑制了早期干燥。

研究结果表明，SAP 对混凝土收缩开裂性能有显著的改善作用，且其效果优于预

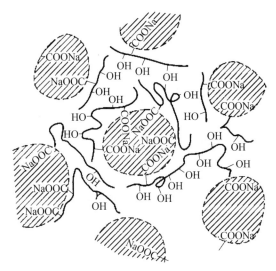

图 7-1　高吸水性树脂的结构

湿轻骨料的作用效果。

3. 内养护对混凝土性能的影响

（1）对混凝土工作性能的影响

高吸水性树脂为代表的有机内养护材料掺入混凝土中会降低其流动度、坍落度，让混凝土的工作性变差。

（2）对混凝土体积稳定性的影响

掺内养护材料在抑制混凝土的早期收缩中达成一致，即掺入内养护材料能降低混凝土的自收缩、干燥收缩，提高内部相对湿度。

（3）对混凝土力学性能的影响

掺入内养护材料对混凝土在强度方面的变化趋势目前研究存在一定分歧。其中有认为掺 SAP 提高了砂浆强度，主要原因是水分的充分释放促进了水化反应速率。而发现掺入内养护材料降低混凝土早期强度，主要是掺入的内养护材料降低了早期混凝土的密实度，从而导致了强度的降低。

（4）对混凝土耐久性的影响

掺内养护剂能提高混凝土的耐久性，其抗冻性、抗氯离子渗透、抗碳化性和抗硫酸盐腐蚀等性能得到了提升。在水泥的水化中，内养护材料中水的释放促进了其水化反应的充分进行，提高了水化程度，使混凝土更密实，同时，掺入的内养护材料改善了混凝土内的孔结构，进一步阻止了外部环境中气体和液体等有害物质的侵入，从而提高了混凝土的耐久性。

四、冬期混凝土养护

1. 冬期施工与养护方法

新浇筑的混凝土如果受冻，混凝土中的游离水分结冰后体积增大约 9%，产生的膨胀使混凝土内部产生微裂纹、孔隙等缺陷，从而严重影响混凝土的质量。混凝土初期受冻后再置于常温下养护，其强度虽仍能增长，但强度损失非常大，已不能恢复到未遭受冻害前的水平，而且遭冻越早，后期强度的恢复越困难。同时，内部缺陷对混凝土的抗渗性能、抗冻性能等影响更大。

对于冬期施工和养护，《建筑工程冬期施工规程》（JGJ/T 104—2011）中规定了表 7-1 中的各类方法。

表 7-1　冬期施工与养护方法

序号	施工与养护方法	定义	要点	规定温度	受冻临界强度
1	蓄热法	混凝土浇筑后，利用原材料加热以及水泥水化放热，并采取适当保温措施延缓混凝土冷却，在混凝土温度降到0℃以前达到受冻临界强度的施工方法	1. 混凝土具有一定的初始温度； 2. 具有满足要求的水泥用量，可以利用水泥水化热； 3. 适当保温	0℃	1. ≥设计强度等级的30%（采用硅酸盐水泥、普通硅酸盐水泥时）； 2. ≥设计强度等级的40%（采用矿渣水泥、粉煤灰水泥、火山灰水泥、复合水泥时）
2	综合蓄热法	掺早强剂或早强型复合外加剂的混凝土浇筑后，利用原材料加热以及水泥水化放热，并采取适当保温措施延缓混凝土冷却，在混凝土温度降到0℃以前达到受冻临界强度的施工方法	1. 掺加早强剂或早强型复合外加剂； 2. 混凝土具有一定的初始温度； 3. 具有满足要求的水泥用量，可以利用水泥水化热； 4. 适当保温	0℃	1. ≥4.0MPa（室外气温不低于−15℃）； ≥5.0MPa（室外气温不低于−30℃）
3	电加热法	冬期浇筑的混凝土，利用电能加热的养护方法	利用电能对浇筑后的混凝土加热	无规定	≥设计强度等级的50%
4	电极加热法	用钢筋作电极，利用电流通过混凝土所产生的热量对混凝土进行养护的施工方法	利用电能对浇筑后的混凝土加热	无规定	≥设计强度等级的50%
5	电热毯法	混凝土浇筑后，在混凝土表面或模板外覆盖柔性电热毯，通电加热养护混凝土的施工方法	利用电能对浇筑后的混凝土加热	无规定	≥设计强度等级的50%
6	工频涡流法	利用安装在钢模板外侧的钢管，内穿导线，通以交流电后产生电流，加热钢模板对混凝土进行加热养护的施工方法	利用电能对浇筑后的混凝土加热	无规定	≥设计强度等级的50%
7	线圈感应加热法	利用缠绕在构件模板外侧的绝缘导线线圈，通以交流电后在钢模板和混凝土内的钢筋中产生电磁感应发热，对混凝土进行加热养护的施工方法	利用电能对浇筑后的混凝土加热	无规定	≥设计强度等级的50%
8	暖棚法	将混凝土构件置于搭设的棚中，内部设置散热器、排管、电器或火炉等加热棚内空气，使混凝土处于正温环境下养护的施工方法	1. 浇筑后的混凝土处于正温环境； 2. 暖棚内温度不低于5℃	无规定	1. ≥设计强度等级的30%（采用硅酸盐水泥、普通硅酸盐水泥时）； 2. ≥设计强度等级的40%（采用矿渣水泥、粉煤灰水泥、火山灰水泥、复合水泥时）

续表

序号	施工与养护方法	定义	要点	规定温度	受冻临界强度
9	负温养护法	在混凝土中掺入防冻剂，使其在负温条件下能够不断水化，在混凝土温度降到防冻剂规定温度前达到受冻临界强度的施工方法	1. 掺入防冻剂；2. 仅适用于不易加热保温且对混凝土强度增长要求不高的一般混凝土结构工程	无规定	1. ≥4.0MPa（室外气温不低于−15℃）；≥5.0MPa（室外气温不低于−30℃）
10	硫铝酸盐水泥混凝土负温养护法	冬期条件下采用快硬硫铝酸盐水泥且掺入亚硝酸钠等外加剂配制混凝土，并采取适当保温措施的负温施工方法	1. 采用硫铝酸盐水泥；2. 掺入亚硝酸钠等外加剂；3. 适当保温。	不低于−25℃	无规定

注：1. 不管采用何种措施方法，当混凝土设计强度等级≥C50时，混凝土受冻临界强度不宜小于设计强度等级的30%；

2. 抗渗混凝土，混凝土受冻临界强度不宜小于设计强度等级的50%；

3. 有耐久性要求的混凝土，混凝土受冻临界强度不宜小于设计强度等级的70%；

4. 当采用暖棚法施工的混凝土中掺入早强剂时，可按照综合蓄热法控制受冻临界强度；

5. 当施工需要提高混凝土强度等级时，应当按照提高后的强度等级确定受冻临界强度。

2. 冬期施工养护方法选择

冬期施工期间，应根据气温条件、结构形式、进度计划等因素选择适宜的养护方法，这样既能保证混凝土工程质量，也可有效降低工程造价，提高建设效率。

① 当室外最低气温不低于−15℃时，对地面以下的工程或表面系数不大于$5m^{-1}$的结构，宜采用蓄热法养护，并应对结构易受冻部位加强保温措施。

② 对表面系数为$5\sim15m^{-1}$的结构，宜采用综合蓄热法养护。

③ 对不易保温养护且对强度增长无具体要求的一般混凝土结构，可采用掺防冻剂的负温养护法进行养护。

④ 对上述方法无法满足养护要求时，可采用暖棚法、蒸汽加热法、电加热法等方法进行养护。

五、大体积混凝土养护

大体积混凝土是指体量较大或预计会因胶凝材料水化热引起混凝土内外温差过大而容易导致开裂的混凝土。大体积混凝土的养护，主要是通过一系列的工艺措施，控制混凝土的尺寸变化，避免混凝土温度裂缝的产生。

大体积混凝土是结构物实体最小几何尺寸不小于1m的大体量混凝土，或预计会因混凝土中胶凝材料水化引起的温度变化和收缩而导致有害裂缝产生的混凝土。因大体积混凝土体量大，由于水泥水化热产生的温度应力或由于干燥收缩而产生的收缩应力的变化引起混凝土体积变形而产生裂缝的危险增大。特别是随着混凝土设计强度等级的提高，水泥等胶凝材料细度的提高，各种外加剂的掺入，使大体积混凝土裂缝防控问题更为突出。大体积混凝土的裂缝控制，不仅应采取合理的配合比以降低水化热，还应加强保温保湿养护工作。

1. 温度控制

控制混凝土入模温度，可以降低混凝土内部最高温度，必要时可采取技术措施降低原材料的温度，以达到降低入模温度的目的，入模温度可以通过现场测温获得。一般而言，混凝土入模温度不宜高于 30℃，宜采用遮盖、洒水、加冰屑等降低混凝土原材料温度的措施。混凝土加冰屑时，冰屑的质量不宜超过剩余加水量的 50%，以便于冰的融化。

控制混凝土最大温升是有效控制温差的关键，减少混凝土内部最大温升主要从配合比上进行控制，最大温升值可以通过现场测温获得；在大体积混凝土浇筑前，为了对最大温升进行控制，可按现行国家标准《大体积混凝土施工标准》（GB 50496—2018）进行绝热温升计算，绝热温升即为预估的混凝土最大温升，绝热温升计算值加上预估的入模温度即为预估的混凝土内部最高温度。

大体积混凝土工程对于混凝土浇筑体与表面（环境）温度的差值是有要求的，当基础大体积混凝土浇筑体表面以内 40～100mm 位置的温度与环境温度的差值小于 25℃时，可结束覆盖养护，柱、墙、梁等大体积混凝土也可参照此规定确定拆模时间。

混凝土浇筑体表面温度是指保温覆盖层或模板与混凝土交界面之间测得的温度，表面温度在覆盖养护或带模养护时用于温差计算；环境温度用来确定结束覆盖养护或拆模的时间，在拆除覆盖养护层或拆除模板后用于温差计算。由于结束覆盖养护或拆模后无法测得混凝土表面温度，故采用在基础表面以内 40～100mm 位置设置测温点来代替混凝土表面温度，用于温差计算。

当混凝土浇筑体表面以内 40～100mm 位置处的温度与混凝土浇筑体表面温度差值有大于 25℃趋势时，应增加保温覆盖层或在模板外侧加挂保温覆盖层；结束覆盖养护或拆模后，当混凝土浇筑体表面以内 40～100mm 位置处的温度与环境温度差值有大于 25℃的趋势时，应重新覆盖或增加外保温措施。

2. 大体积混凝土的养护措施

① 保湿养护时间要长，一般不得少于 14d，裸露表面应采用覆盖养护方式以保持混凝土表面湿润。

② 保温养护是大体积混凝土施工的关键环节。保温养护的主要目的，一是通过减少混凝土表面的热扩散，从而降低混凝土里外温差值，降低自约束应力；其次是降低混凝土的降温速率，延长散热时间，充分发挥混凝土强度的潜力和材料的松弛特性，利用混凝土的抗拉强度，以提高混凝土承受外约束力时的抗裂能力，达到防止或控制温度裂缝的目的。

③ 保温覆盖层的拆除应分层逐步进行，当混凝土的表面温度与环境最大温差小于 20℃时，可全部拆除。

第三节　混凝土制品的蒸汽养护

混凝土制品的养护工艺作为生产过程中的一个重要环节，对加速模型、设备和设施的周转，提高生产效率和产品质量具有重要的意义。混凝土制品的养护方式按照养护介质的不同，一般包括湿热养护（蒸汽养护、压蒸养护）、干热养护及干湿热养护。蒸汽养护和压蒸养护是混凝土制品常用的两种养护工艺方式。

混凝土制品蒸汽养护的实质是使混凝土在湿热介质的作用下，发生一系列化学、物理化学及物理的变化，从而加速其内部结构的形成，并获得快硬早强、缩短生产周期的效果。混凝土制品的结构形成和破坏是贯穿于热养护过程中的一对主要矛盾，热养护制度的确定和所养护混凝土的性能取决于这对矛盾的正确解决。

蒸汽养护混凝土的性能与标准养护混凝土相比有明显区别。蒸养硅酸盐水泥混凝土的 28d 抗压强度比标准养护 28d 低 10％～15％，且蒸汽养护的温度越高、升温速度越快，其 28d 强度相差越大，如快速升温至 100℃的蒸养混凝土 28d 强度较标准养护 28d 降低 30％～40％。蒸养混凝土的弹性模量约比强度相同的标准养护混凝土低 5％～10％，蒸养混凝土的耐久性（如抗冻性）也有所降低，这些数据均表明养护在加速混凝土结构形成的同时，还造成了其结构的损伤。

一、蒸汽养护过程中硅酸盐水泥的化学变化

蒸汽养护过程中，当温度升高时，硅酸盐水泥中的矿物成分溶解度增大，水化反应加速。Ca（OH）$_2$析出量和结合水量的测定结果表明，80℃蒸养与 20℃养护时的水化过程相比，水化反应加速了 5 倍，100℃时更是加速了 9 倍，但这时水化过程进行的总规律未发生根本变化，只是各水化期的延续时间随温度的升高而缩短（图 7-2）。

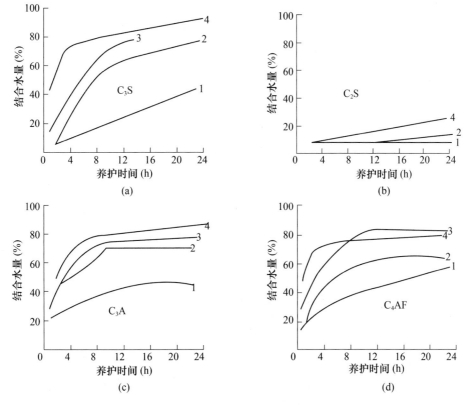

图 7-2　水泥水化速度与温度的关系

1—水化温度 20℃；2—50℃；3—70℃；4—90℃

随着养护时间的延续，温度加速水泥水化进程的影响效果逐渐减小，这是由于水化产物在未水化的水泥颗粒周围形成的屏蔽膜阻碍了水分子向水泥颗粒的渗入，使内扩散减慢。

蒸汽养护时硅酸盐水泥生成的主要水化产物，与标准养护时的水化产物基本相同，其主要组成依然是 C—S—H 微晶或非晶型水化硅酸钙、C_3AH_6 和 $C_4AH_{11\sim19}$ 水化铝酸钙、C_3FH_6 和 C_4FH_{13} 水化铁酸钙、$C_3A \cdot 3CaSO_4 \cdot 32H_2O$ 和 $C_3A \cdot CaSO_4 \cdot 12H_2O$ 水化硫铝酸钙，以及 $Ca(OH)_2$。

水化反应的介质温度、湿度对水化产物的组成及形成过程也有一定的影响，如熟料矿物的溶解度、液相的浓度、被溶解氧化物（CaO、SiO_2、Al_2O_3 等）的比例等。

二、蒸汽养护过程中硅酸盐水泥的物理化学变化

硅酸盐水泥蒸养过程中的物理化学变化，主要表现在水泥颗粒表面屏蔽膜的增厚和增密、晶体颗粒的粗化等方面。这些变化对混凝土结构的形成及其物理力学性能均产生一定的影响。

水泥颗粒与水接触时，由于颗粒表面形成水化物屏蔽膜以及水泥颗粒尺寸减小，反应速度逐渐衰减。屏蔽膜再进一步水化时，更趋密实。这时，不同离子在膜内、外的扩散速度不同，Ca^{2+} 和 OH^- 进入溶液，颗粒表面形成缺钙的富硅层。水泥石密度的测定结果表明，蒸汽养护条件下形成的凝胶体，其密实度比标养条件下提高 15%～20%，因而屏蔽膜更加密实而不易渗透，这对水化系统的内扩散是不利的，并对硬化后期的反应速度和深度产生影响。因此，蒸养混凝土的水化程度和强度均比标准养护的混凝土低。

蒸汽养护过程中，恒温时间越长，温度越高，新生物的结构越粗。根据 T. C. Powers 的测定，室温下硬化 28d 的水泥石比表面积为 210～230m²/g；经 60～90℃ 蒸养后，其比表面则减少 20%～40%；而经 200℃ 下湿热养护 6h，则降至 70m²/g。这说明，热养护时，水泥的水化产物颗粒尺寸由数微米增大到数十微米，分散度降低。

水泥硬化时形成的结构及其物理力学性能，在很大程度上取决于新生成物粒子的分散度及其在单位体积中的浓度，以及新生成物填充水泥石内部空间的程度。新生成物比表面积越大，单位体积浓度越高，则粒子间可能形成的接触点也必然增多。这时，粒子间决定于范德华力及静电引力的结合力就越强，黏结性能就越高，硬化体的强度也就越高，反之则强度越低。

蒸汽养护过程中，增加水泥的水化程度，并不能完全补偿新生物结构粗化对强度的有害作用。因此，水泥石的强度既决定于水泥水化程度及新生物在单位体积中的浓度，还与新生物的分散度有关。凝胶粗化的影响还反映在水泥石和混凝土的其他物理力学性能上，如收缩和蠕变有所减少，弹性增长而塑性降低。

蒸汽养护过程中，凝聚结构初步形成、强度快速增长的同时，部分晶体仍在增长，由此产生的结晶压力引起了结构内部拉应力的出现，这也将使结构强度削弱。可见，蒸汽养护过程中水泥石和混凝土的结构是不断变化着的，其结果是在强度增长的同时，还可能造成某些缺陷，使强度受到损失。

此外，还有一些物理化学因素也可能造成水泥石的结构缺陷和强度损失，如水化初

期生成的亚稳相的解体及变态、水化产物的再结晶、硬化系统中颗粒的重新排列和密实等。

三、蒸汽养护过程中混凝土的物理变化

新成型的混凝土在热介质作用下发生的物理变化，对其结构形成及物理力学性能的影响最为显著。在初始结构强度尚很低的升温期，结构形成及破坏的矛盾尤为尖锐。由物理变化造成的混凝土结构损伤程度，集中表现为混凝土在养护过程中的体积变形。

1. 升温期混凝土的物理变化

升温期是造成混凝土结构破坏的主要阶段，引起其结构破坏的因素有各组分的热膨胀、热质传输过程、混凝土的减缩及干缩等。体积变形就是由这些因素引起的体积变化的综合表现。升温期的体积变形急剧增长，升温末期可能达到最大值。然而，升温期混凝土的初始结构强度较低，如不足以抵抗结构破坏因素造成的内应力，必将产生大量孔隙和微裂缝，使结构受到损伤。与此同时，这种混凝土结构随着水化作用的进行而趋于稳定；因此降温后体积膨胀不能完全清除，这就造成了热养护结束时的残余变形。

（1）混凝土气相中的剩余压力

新成型混凝土的组分如骨料、水、水泥浆及吸入的湿空气，受热均要膨胀。在 $20\sim80℃$ 时的体积膨胀系数（$℃^{-1}$），湿空气为（$3700\sim9000$）$\times10^{-6}$，水为（$255\sim744$）$\times10^{-6}$，水泥石为（$40\sim60$）$\times10^{-6}$，骨料为（$30\sim40$）$\times10^{-6}$。由于水的热胀系数较大，未硬化水泥浆的热胀系数可能大于水泥石。可见，水的热胀超过固体物料 10 倍，气相的热胀超过固体物料 100 倍。一般普通混凝土在养护开始时约含 $170\sim200L/m^3$ 的水和 $30\sim40L/m^3$ 的气相。因此，混凝土气相及液相体积的热膨胀及各组分的不均匀热胀，导致混凝土体积膨胀及结构的内应力。

设被液体包裹的气泡充满湿空气。由于气相体积热胀系数大大超过其液体外壳，所以近似认为气泡是在等容条件下加热的。气泡压力由空气及蒸汽分压力组成。蒸汽分压力随温度的升高而增大，可从饱和蒸汽参数表查得。而空气分压力可根据查理定律算出（将湿空气视为理想气体）。若 $T<100℃$ 时的养护设备与外界相通，$T\geqslant100℃$ 时是在纯饱和蒸汽中加热的，则混凝土孔内将出现超过介质压力的剩余压力。理论计算表明，$80\sim100℃$ 常压蒸养时，混凝土气相的剩余压力约为 $0.064\sim0.122MPa$。

加热时试件封闭与否，水化过程无原则性的区别，但内部却产生了不同的剩余压力。因此可以认为，内外传质过程，尤其是传输方向，对剩余压力有较大影响。由外向里的传质过程越剧烈，内部压力就越大。向里传输的水分，力图使混凝土内部热胀的气相封闭住，使气相热胀的压力与向里传输膨胀的水分对它的附加压力叠加，形成了超出介质压力的剩余压力。在混凝土初始结构强度较低的阶段，这种剩余压力足以使固体组分发生位移，以致孔隙增多，密度降低。当制品较厚时，表层混凝土阻碍深处气相的膨胀，不至于产生明显膨胀和开裂，但表层混凝土却已出现酥松、肿胀、开裂等现象。

（2）混凝土的减缩和收缩

水泥水化过程中，熟料矿物变为水化物，固相体积增大，但"水泥-水"体系的总体积却减少，这种由化学反应所致的体积减小称为化学减缩。以 C_3S 水化前后的体积变化计算过程为例［式（7-3）和表 7-2］，100g 普通水泥最大减缩值平均为 $7\sim9cm^3$，28d

时约为水泥石体积的 $5\% \sim 8\%$。

$$2C_3S + 6H_2O \longrightarrow C_3S_2H_3 + 3CH \tag{7-3}$$

表 7-2　C_3S 水化前后的体积变化

矿物及水化产物	C_3S	H_2O	$C_3S_2H_3$	CH
比密度	3.14	1	2.44	2.23
分子量	228.23	18.02	342.48	74.10
摩尔体积	72.71	18.02	140.40	33.23
体系中所占体积	145.42cm³	108.12cm³	140.40cm³	99.69cm³
反应前后总体积	253.54cm³		240.09cm³	

在低湿介质升温过程中，混凝土由于失水而发生收缩，这是微管（毛细管）中的弯（凹）月面所产生的微管压力引起的，故称为干缩或微管收缩。这时，微管压力 P 与介质相对湿度 φ 的关系可用式（7-4）表达：

$$P = 1300\ln\frac{1}{\varphi} \tag{7-4}$$

此外还有关系 $P = 2\sigma/R$（其中 σ 为液体的表面张力系数，R 为微管半径）。对于圆孔，$P = 4\sigma/D$，则如式（7-5）所示：

$$D = 4\sigma/1300\ln\frac{1}{\varphi} \tag{7-5}$$

对于狭缝，$P = 2\sigma/D$，则如式（7-6）所示：

$$D = 2\sigma/1300\ln\frac{1}{\varphi} \tag{7-6}$$

式中　D——微管直径或狭缝宽度。

由式（7-4）可见，φ 越小，P 越大。在水化的早期，微管收缩使微管直径减小，物体密实度增大。新成型混凝土中微管充满水时，无弯月面形成，$P=0$。介质相对湿度降低，当蒸汽分压低于孔内蒸汽分压时，自由水开始蒸发，依孔径的不同，由大至小，依次失水，微管中弯月面形成。随蒸发孔径的减小，微管中弯月面曲率半径减小，其液面下水的张力增加，微管壁固相必承受相应的微管压力才能达到平衡。随着 P 的增大，混凝土发生收缩，密实度增大，强度也有增长。

图 7-3 所示为混凝土失水时的微管压力及微管半径变化的一组实测曲线。由图 7-3 可见，水泥浆体的微管收缩比混凝土进行得快。失水 20% 时，出现第一个转折点 r_1。这时，由于大孔全部失水，并在所有毛细孔中形成弯月面，使 P 增至 0.2MPa。此后，混凝土水分继续蒸发至 80%（余 20%），水泥浆的水分减至 50% 时，出现第二个转折点 r_2，在更小的毛细孔中形成弯月面，P 又急剧增长。两个转折点之间，水分的蒸发未引起微管压力的显著变化。

微管压力引起混凝土体积的收缩。$P=0.2$MPa 时，混凝土在 $T=24℃$、$\varphi=50\%$ 时的收缩为 0.82mm/m；$P>0.45$MPa 以后，收缩继续增长。热养护过程中，微管压力的增长速度随着混凝土强度的增长而减缓，而且其影响也渐减小。蒸汽养护时，微管半径比标准养护时大。低湿介质养护时，由于微管收缩，微管半径比蒸汽养护时小，而混凝土密实度则有所提高。

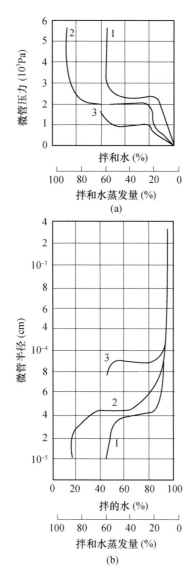

图 7-3　混凝土及水泥浆体微管压力随水分蒸发的变化曲线

（a）微管压力的变化；（b）微管半径的变化

1—水泥净浆 $T=24℃$，$\varphi=50\%$；2—混凝土，$T=24℃$，$\varphi=50\%$，$W/C=0.45$；

3—混凝土，$T=80℃$，2+3+4+22 小时，热养护升温期 $\varphi=40\%$，$W/C=0.45$

　　密闭模养护时，无外传质过程发生，收缩现象将导致内真空的发生。许多实测的混凝土内压力大大低于理论值，说明实测值可能是气相剩余压力与内真空的代数和。可见内真空的产生将有利于减少剩余压力对结构的破坏作用。

　　（3）混凝土的应力状态

　　由温度、湿度及压力差引起的三个参数在制品不同层次中的不均匀分布，将引起温度、湿度及压差应力，若该应力大于当时材料的允许应力，即导致材料的开裂。因此，随着混凝土强度在蒸汽养护过程中的增长，有可能承受不同的应力。

在蒸汽养护过程中，湿度差造成混凝土膨胀，制品表层胀得小，而中心胀得大，由此制品形成了表层受压、中心受拉的受力模式。如果压、拉应力引起的剪应力超过制品的允许应力，将导致制品开裂。温度差产生的应力与湿度差产生的应力有类似的特征。

不过实际带模养护时，并非所有表面均受介质的直接作用，又因模型有一定刚度，所以足以防止混凝土制品的变形。

（4）混凝土的热质传输

混凝土蒸汽养护时，主要有接触加热和经模板传热两种加热方法。接触加热时，蒸汽与制品表面直接接触，发生对流及冷凝换热。经模板传热时，制品表面覆盖着不透气的隔板，蒸汽与制品间无直接换热发生。

1）接触加热时升温阶段的热质传输

接触加热时的常压升温阶段，蒸汽在制品表面迅速冷凝成冷凝水膜，并释放冷凝水加热混凝土。在制品内部温度 T_n、表面温度 T_b、冷凝水温度 T_{sh} 及介质温度 T_j 间形成 $T_n < T_b < T_{sh} < T_j$ 的温度梯度 ∇T，热流 q 则由外界输向内部。冷凝水膜的存在，又形成了由内部指向表层的湿度梯度 ∇U，并使水分由表及里地传输，湿流密度为 q_{mu}，而由 ∇T 产生的湿流密度则为 q_{mt}。

在 ∇U 及 ∇T 作用下传输的湿流，压缩混凝土孔内的气体，使其剩余压力增大，其数值则取决于该气泡至制品表面间的液体阻力。随气泡所处深度的增加，其移至表面所需克服的阻力也增加，由此形成了由表及里的压力梯度 ∇P^{I}，其数值与湿流密度成正比。内部气体力图由内向外迁移，与湿流移动方向相反，∇P^{I} 则阻碍水分向内渗入，而使内部气体排出。

在 ∇T 作用下，制品表层气泡比内部的热膨胀大，这种热膨胀程度的不同在制品截面内造成了气体压力的不同，从而形成了压力梯度 ∇P^{II}，其方向与 ∇P^{I} 相反。

预养期混凝土孔内的空气分压力与介质中的相等，而在常压升温时，热介质中的空气分压力则降低，孔内与介质空气分压的差值增大。因此，产生了压力梯度 ∇P^{III}，在其作用下，孔内的部分空气逸向介质。

在上述压力梯度作用下，混凝土内部的气相力图外逸，其放气量与升温速度成正比，因此快速升温时，常产生较大的结构破坏作用。水分和气体在混凝土内的传输，使其中部分孔串通，形成定向串通孔缝，还使刚形成的晶体骨架受到一定破坏，而放气现象引起的破坏作用则更为显著。

2）经模板传热时升温阶段的热质传输

制品在密闭的模中蒸养是用模板传热的典型方法。此时，制品内部的热质传输，与载热体的类型及性质无关，也与在饱和蒸汽中的接触加热完全不同。

这时，热量以导热的方式由外向内传递，内部的湿迁移对混凝土传热过程的影响比接触加热时小，对于密实混凝土尤其如此。

升温开始后，制品内部形成了由里向外的温度梯度 ∇T，由此产生的湿流密度 q_{mt} 由制品边缘向中心传输。由于制品的含水量不变，所以此时制品中心部分因外缘失水而增湿。这种水分的重分布又引起了与 ∇T 方向相反的 ∇U，在其作用下，水分又从中心向边缘传输。此时，失水区可能暂时出现负压，增湿区则暂时形成剩余压力，这就引起了 ∇P^{I}。由于湿传导与热湿传导方向相反，所以在升温开始后的某一时刻，水分达到动态平衡。

在温度作用下，制品边缘区的气相热膨胀得比中心区快，这就引起了压力梯度 ∇P^{II} 的出现。在其驱使下，部分气相及水分由边缘向中心传输。

经模板传导加热时，由于混凝土和介质之间无传质过程发生，而内部的湿迁移对加热过程影响又不大，因此制品的加热时间将比接触加热时长，结构破坏也较小。

2. 恒温期混凝土的物理变化

在接触加热的升温阶段，制品 T_{n} 滞后于 T_{j}，其厚度越大，温差也越大。当 T_{j} 升至最高值时，即进入了恒温养护阶段。恒温养护开始时，制品内部仍存在温差及湿差。水分在 ∇T 及 ∇U 作用下继续向内部传输。随着 ∇T 及 ∇U 的逐渐消失，制品内部温度场趋于均衡，q_{mt} 及 q_{mu} 的传输渐趋停止，∇P^{I} 也逐渐消失。这时，混凝土的热胀变形已达最大限度，在整个恒温过程中实际上稳定不变。

恒温阶段中，水泥水化反应迅速进展，混凝土的微管多孔结构逐渐形成。常压蒸汽养护时，水泥的放热反应常使混凝土 T_{n} 在某一时刻超出 T_{j} $2\sim7℃$，即产生了由表及里的 $\nabla T'$。

恒温过程中，制品 T_{b} 不变，T_{n} 则不断升高，因此内部水分及气体继续加热膨胀。由于固体骨架的热膨胀比水或气体小几十或几百倍，所以孔内的压力增大，由此使原来形成的由里及表的 ∇P^{II} 逐渐减小，当内部温度高于介质时，使 ∇P^{II} 变为由表层指向内部。∇P^{II} 对总压力梯度的数值及方向影响很大，在其作用下混凝土的含湿量及气体含量均逐渐减少。随着 ∇T 的消失，∇P^{III} 也逐渐平息。

随着水化的进行，减缩也在增加，这也有助于总压力梯度的平息，所以混凝土气相中的剩余压力将降低。在一定条件下还可能出现负压。这使表面的冷凝水可能在内真空的作用下被吸收。

3. 降温期混凝土的物理变化

降温期内，混凝土的结构已经定型。这时，在其内部发生的变化有：温差的产生、水分的汽化、体积的收缩及拉应力的出现。

常压降温时，∇T 及 ∇U 由表及里，水分向表层传输并蒸发。制品由于蒸发、对流、辐射换热而冷却。降温过快及蒸发面的蒸发负荷过大时引起的内应力，若超过硬化混凝土当时的极限抗拉强度，必将引起混凝土的结构损伤。

经模板传热时的冷却阶段，内部热质传输与升温期相反。∇T 指向制品内部，水分向边缘处传输。而边缘区增湿至一定程度后，又由于 ∇U 而形成反向湿流。在 ∇T 作用下产生的 ∇P^{II} 由边缘指向中心。水分及空气在 ∇P^{II} 的驱使下由制品内部向表层传输。

四、蒸汽养护制度

1. 蒸汽养护制度的确定原则

蒸汽养护过程如图 7-4 所示，一般分为预养期 Y、升温期 S（一次升温或分段升温）、恒温期 H 和降温期 J，为便于控制，各期温度均指介质温度。养护过程的主要工艺参数包括升温时间（或升温速度）、恒温时间和恒温温度、降温时间（或降温速度），总称蒸汽养护制度。必要时还应注明介质相对湿度。为便于表达，可联写为 $Y+S+H+J$ $(t℃)$。

制品外形尺寸、原料性能、混凝土配比及其他工艺条件一定时，蒸汽养护制度是决定混凝土性能及制品质量的重要因素。

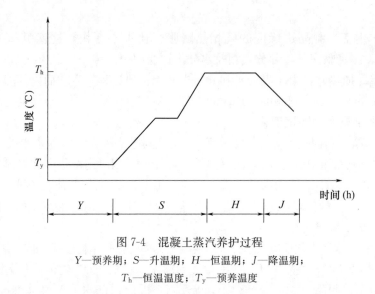

图 7-4　混凝土蒸汽养护过程

Y—预养期；S—升温期；H—恒温期；J—降温期；

T_h—恒温温度；T_y—预养温度

（1）预养期

为增强混凝土对升温期结构破坏作用的抵御能力，制品成型后和蒸汽养护开始前应先行预养护，或在适当工位室温上静停，或在窑内余温预养。预养的实质在于提高水泥在热养护开始前的水化程度。一方面使水泥浆体中形成一定量的高分散水化物填充在毛细孔内并吸附水分，从而减少加热过程中危害较大的游离水；另一方面，使混凝土具有一定的初始结构强度，增强了抵御蒸汽养护对结构破坏的能力。

随预养期的延长，混凝土的初始结构强度增高，残余变形减小，密实度增大，养护后的强度显著提高（图 7-5）。临界初始结构强度是指在一定的养护制度下，能使残余变形 ε 最小、获得最大密实度及最高强度的最低初始结构强度。而达到临界初始结构强度所需的预养时间，则为最佳预养期。

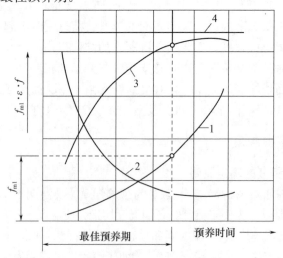

图 7-5　预养期对混凝土强度及变形的影响

1—混凝土的初始结构强度（f_{ml}为临界初始结构强度）；2—蒸养后的残余变形 ε；

3—脱模蒸养后的混凝土强度 f；4—密闭模蒸养混凝土强度

临界初始结构强度与蒸汽养护制度密切相关。带模养护、慢速升温及恒温温度较低时，相应的临界初始结构强度也较低，最佳预养期也较短。蒸汽养护过程中以外力（气压、水压或荷重）抑制体积膨胀时，可以缩短甚至取消预养期，并可快速升温。升温速度为 25℃/h，恒温温度为 100℃ 的养护制度下，建议砂浆以 2.4～2.9MPa 的初始结构强度决定最佳养护期，混凝土则为 0.39～0.49MPa。

（2）升温期

混凝土的结构破坏主要发生在升温期。未达到临界初始结构强度即进入升温期，将使结构受到损伤，养护结束后即构成残余变形，混凝土的性能也受到损害。因此，升温期是混凝土结构的定型阶段，在热养护过程中最为重要。

升温期混凝土结构破坏的主要表现是粗孔体积增大，这是由于内部气、液相在温、湿梯度作用下膨胀和迁移造成的。气、液相数量越多，升温速度越快，破坏作用就越大，所需临界初始结构强度也越高（图 7-6）。

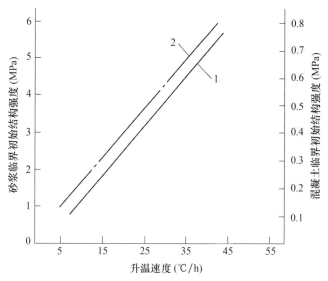

图 7-6　升温速度与临界初始结构强度的关系

1—砂浆；2—混凝土

升温期混凝土的结构形成过程取决于初始结构强度、升温速度、内部气相及液相的含量和养护条件等。采用合理预养、限制升温速度、变速升温及分段升温、改善养护条件等措施，可减少升温期混凝土的结构破坏程度。一般情况下，升温速度不宜超过15～20℃/h，具体可参照表 7-3 选用。

表 7-3　最大升温速度

预养期 （h）	拌和物的维勃稠度 （s）	最大升温速度（℃/h）		
		密封养护	带模养护	脱模养护
>4	>30	不限	30	20
	<30	不限	25	—

续表

预养期 （h）	拌和物的维勃稠度 （s）	最大升温速度（℃/h）		
		密封养护	带模养护	脱模养护
<4	＞30	不限	20	15
	＜30	不限	15	—

（3）恒温期

恒温期是混凝土强度的主要增长期，也是混凝土结构的巩固阶段。在恒温期，决定混凝土强度及物理力学性能的工艺参数是恒温温度和恒温时间。

混凝土在恒温时的硬化速度取决于水泥品种、水灰比及恒温温度。在恒温温度和水灰比相同的条件下，硅酸盐水泥混凝土的强度增长最快。水灰比越小，混凝土硬化越快，所需恒温时间越短。如 $W/C=0.4$ 的硅酸盐混凝土在 80℃下达到 $70\% f_{28}$ 的时间，比 $W/C=0.8$ 时缩短了 50%。恒温温度越高，强度增长越快，如 $W/C=0.4$ 的硅酸盐混凝土，80℃和60℃时达到 $70\% f_{28}$ 的时间分别为 5h 和 7h。

恒温温度决定着不同品种水泥混凝土的硬化速度。硅酸盐水泥混凝土在 100℃下恒温养护时间过长，强度将下降，这可能与高温养护对混凝土结构的破坏作用较大，以及混凝土强度的波动现象有关，因而硅酸盐水泥混凝土的恒温温度不宜超过 80℃。矿渣水泥在 100℃下的养护效果较好，达到 $70\% f_{28}$ 所需的时间比 60℃和80℃下的恒温时间缩短 3~13h，火山灰质水泥混凝土与之类似。

（4）降温期

降温期混凝土结构的损伤主要表现为表面龟裂及酥松等现象。过快降温将使强度损失，甚至造成质量事故；同时，若降温过程中失水过多，还将减缓后期水化速度。

降温期的结构损伤，与降温速度、混凝土强度、配筋情况等多种因素有关。强度低、配筋少的制品宜慢速降温。降温速度应按表 7-4 控制，出池时混凝土表面温度与气温温差限值按表 7-5 控制。

表 7-4　最大降温速度（℃/h）

水灰比	厚大构件	细薄构件
≥0.4	30	35
<0.4	40	50

表 7-5　混凝土表面温度与气温温差限值

混凝土强度/MPa	混凝土表面温度与气温温差（℃）
≤30.0	≤60
≥45.0	≤75

2. 蒸汽养护制度的改进措施

（1）变速升温及分段升温制度

连续升温是蒸汽养护常用的一种升温制度，该升温速度（直线斜率）依混凝土的工作性能、制品厚度、养护条件等因素的差异而变化。这种制度，按 2h 预养、15～30℃/h 升温速度，总周期长达十余个小时，这是消极抑制升温速度的一种方法。

变速升温及分段升温制度则较为合理。随着混凝土强度的逐渐增长，在它所能承受的蒸汽作用范围内变速升温或分段升温，可使制品内的温差减小，结构破坏大大减弱。此法无需预养，在水泥用量不变的条件下可缩短养护周期 2～3h，有可能实现每日两次周转。

（2）微压养护制度

抑制热养护过程中混凝土内部剩余压力的方法有很多。在刚性模型中以机械施加挤压力的同时进行热养护的是机械挤压养护法。这时，由于挤出部分拌和水，限制了内部空气含量，并以外力克服升温时的破坏作用，因而提高了混凝土的密实度和强度。还有将混凝土制品置于充满热水的密闭容器内进行热养护的水压养护法。水受热膨胀，产生巨大的压力，故可制得总孔隙率比标准养护时还低的高强混凝土。

微压养护法则是在升温的同时，快速升高介质的压力，使之超前于混凝土内部剩余压力的出现，以限制其破坏作用。介质工作压力基本上可消除混凝土内部剩余压力的破坏作用，与蒸汽养护相比，强度可提高约 20%。在相同条件下，由于抑制了结构破坏因素，可以快速升温，缩短养护周期 2.5～4.5h。脱模制品不经预养即可快速升温。

（3）热介质定向循环养护法

常规的蒸汽养护设备用开有若干 $d=3～5mm$ 小孔的花管送汽，蒸汽进入养护设施后动能迅速消失，因此制品处于不流动的介质中养护。养护室内蒸汽分布不均，上下温差常高达 25～30℃。花管小孔常被堵塞，养护难以正常进行。若采用普通供汽管向一处集中供汽，不但无益于介质分层的解决，又易造成室内温度场的差异。传统供汽法无法在室内造成压力差，热介质无法进入制品间隙及其工艺孔洞，其中仍充满冷空气，造成了制品受热不均。静止态的热介质中即使只含少量空气，也会明显减弱热质交换效果。

热介质定向循环蒸汽养护法以蒸汽为热源，运用养护窑内不同区域存在的温差，使热介质在窑内实现定向循环，在此环境下对混凝土进行蒸汽养护。热介质的定向循环将有助于热质交换过程的改善，可克服上下部制品强度的不均匀性。

在实际生产应用时，可根据制品生产工艺的要求，采用带架养护窑和牛腿窑等养护窑形式，这样既可加速混凝土制品的水化、保证产品质量，又可缩短养护时间。

五、蒸汽养护的设备

1. 间歇养护设施

（1）普通养护坑

蒸汽养护坑是传统的热养护设备，应用最为广泛，我国养护坑养护的制品产量在全部制品中占相当大的比例。

养护坑的构造如图 7-7 所示。它是一种半地下式或地下式的构筑物，坑底一般用钢筋混凝土建造，坑壁为钢筋混凝土或砖砌筑。养护坑可设在露天场地上，也可设在工厂车间内。

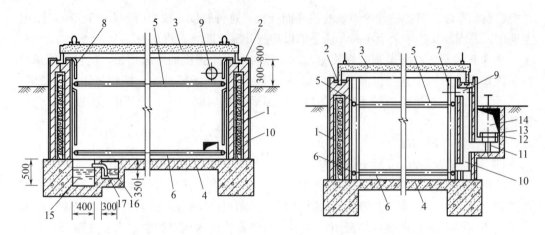

图 7-7　普通养护坑的构造图

1—围护结构；2、12—水封；3—坑盖；4—底板（厚 150～200mm，向集水坑方向坡度 $i=0.005$）；
5—上部蒸汽管；6—下部蒸汽管；7—自动横担；8—保护槽钢；9—上部抽风口；
10—通风管；11—导管；13—通风阀门；14—通风道（一般为 700mm×400mm～700mm×600mm）；
15—集水坑；16—排水沟；17—溢水管，DN50

坑的几何尺寸可从两方面来考虑决定：一是制品及模板的外形尺寸；二是成型台面的尺寸，详见表 7-6。

表 7-6　养护坑净空尺寸参考表

类型		净空尺寸（mm）		
		长	宽	深
成型台面尺寸（mm）	2000×6000	7000	2500	2500
	3000×6000	7000	3750	2500
	3000×1200	14500	4000	3000
按单一产品及模板外形尺寸决定	1. 养护坑净深：$H=nh_1+h_2+(n-1)h_3+h_4$ n—模板块数；h_1—模板高度；h_2—坑底垫块高度，约为 150～200mm；h_3—模板间空隙，约为 30～50mm；h_4—顶部预留间隙，约为 200～300mm 2. 模板水平间隙，大于 200mm； 3. 模板与坑壁（或保护滑轨）间距，200～300mm			

坑的平面尺寸根据模具的尺寸确定。一般模具间和模具与坑壁之间的距离不应小于 0.2m，以利于装坑和出坑。养护坑深度取决于车间高度、钢模刚度、坑内温差、地下水位及工人劳动条件等因素，一般不超过 3.5～4.0m，通常为 2.5m 左右。坑盖是散热的主要部位，因此要求坑盖的保温性能和密封要好，质量要小。目前以型钢骨架、内外薄钢板包盖、内填保温材料的坑盖应用较多。

蒸汽送入养护坑的方法是借助于敷设在养护坑底面四周的蒸汽花管送入，坑底向排水孔方向稍有坡度，以便及时排除坑底的冷凝水。

为了降温阶段加速制品冷却和利用余热，养护坑也可与通风设备连接。

养护坑的优点：设备构造简单，建造容易，耗钢量和投资少，见效快，能较好地适应产品品种和规格的变化，实施变温变湿养护工艺比连续作业窑方便等。

但养护坑也有缺点，主要的缺点如下：

① 蒸汽空气混合物介质沿坑的高度产生分层现象（蒸汽在上部，空气在下部），上、下部介质的最大温差在 10～15℃ 之间，导致上、下层构件强度差异较大；

② 坑中的蒸汽与空气混合物基本上处于静止状态，使位于构件水平孔洞及模具间隙中的空气不易排除，造成同一制品的不同部位加热不均匀；

③ 使用条件较为恶劣，变温变湿，温差大，温度高，有腐蚀性冷凝水侵蚀并易与机械碰撞等；

④ 围护结构的热容量大，使蓄热量相当大，防水防蒸汽渗透未能很好地解决，致使保温层失效或水泥砂浆开裂、剥落，增大了热损失；

⑤ 密封不严和坑的"呼吸"现象（即忽而呼出蒸汽-空气混合气体，忽而吸入冷空气）使介质逸漏损失大，恒温状态不稳定。

在坑的密封上存在着两个互相矛盾的因素，即从减小逸汽方面希望尽可能密封，但坑内蒸汽空气混合物温度的升高，导致坑内压力也随之升高。在完全封闭的情况下，坑内总压会超过大气压。通常的围护结构受不了如此大的内部压力，混合气体只能从薄弱部位（如墙缝隙、地漏，尤其是水封薄弱处）外逸，增大了热损失，养护温度越高，这部分损失的占比越大。同时，这种逸汽对车间环境也不利。此外，蒸汽花管的供汽小孔易堵塞。

为了提高养护坑的技术经济效果，经研究和试验后，已改进为无压纯饱和蒸气养护坑、热介质定向循环养护坑及微压养护坑等。

（2）无压纯饱和蒸汽养护坑

无压纯饱和蒸汽养护坑如图 7-8 所示。在这种养护坑中，混凝土制品的加热是利用纯饱和蒸汽的高凝结放热能力。养护坑中除了有下部供汽的管道之外，还有上部供汽管道和与外界空气相通的带有控制作用的冷凝器 4。冷凝器通过排气管 3 与室内相通。

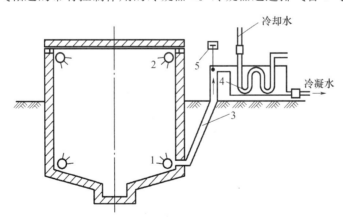

图 7-8　无压纯饱和蒸汽养护坑构造图
1—下部喷气花管；2—上部喷气花管；
3—排气管；4—冷凝器；5—接点温度计

养护坑开始工作时，先打开下部蒸汽管道的阀门，蒸汽通入坑内。当养护坑加热到 85～95℃ 时，停止用下部的蒸汽管道供汽，而改用上部管道供汽。由于纯蒸汽充满了养护坑上部，并往下挤压蒸汽-空气混合气体，于是蒸汽-空气混合气体就从下面的回气管和控制式冷凝器排出坑外。当养护坑一旦被纯蒸汽充满，进入控制式冷凝器的多余蒸汽已不含空气，此时通过自动调节元件，关闭上部蒸汽管。

这种养护坑由于设置了回气管，使得养护坑与外界相通，过多的蒸汽-空气混合物将沿此管排出，这样不会造成大量蒸汽损失，也避免了冷空气的漏入，因此使得养护坑的温度分布较均匀。

（3）热介质定向循环养护坑

热介质定向循环养护坑的构造如图 7-9 所示。与无压纯蒸汽养护坑不同，这种坑式养护不必排除混合介质中的空气，而是通过拉伐尔喷嘴的增速作用，使坑内基本静止的混合气体产生定向强制的循环流动，流经制品和模具的所有热交换表面和孔洞。它主要是改变坑内介质的静止状态和通过改善坑内的热交换强度达到养护均匀、缩短周期、节约能源的目的。

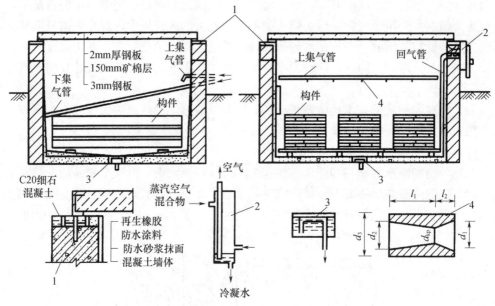

图 7-9　热介质定向循环养护坑构造示意图
1—坑盖水封；2—冷凝水水封；3—坑底水封；4—喷嘴示意

热介质定向循环养护坑与普通坑的主要区别之一是供气系统。为了使进坑蒸汽压力自动稳定在一定范围，并能在运行中方便地进行调节，供气管路中装有减压阀门及阀前、阀后压力表。此外还装有蒸汽电磁阀，作为简单自动控制系统的执行机构。为了在养护坑内保持较恒定的接近大气压的压力，坑外装有冷凝式水封，它的回气管经密封通过坑墙伸入坑内，其下端距坑底 200mm。

根据制品种类及堆码方式恰当地布置集气管，以得到最佳循环回路是该工艺的关键之一。对于多孔板，集气管的轴线应垂直于多孔板的孔洞方向，以利于循环介质流排除孔洞中停滞的空气。上部集气管在坑高的 2/3 处，其上的喷嘴方向朝下，向着养护坑的自由空间。下部集气管在坑高的 1/3 处，其上喷嘴的方向朝上。由于产品种类、尺寸、堆码方式的多样化，热介质循环回路也可相应地变化。

定向循环养护坑与普通养护坑的热工状况有较明显的区别。上下层介质温差大为减小。尤为重要的是混凝土制品的加热速度可以通过改变进汽压力加以合理调整。能够根据构件种类、原材料和配合比以及其他工艺因素预先拟定加热速度，并以与之相适宜的进汽压力来实现所规定的养护制度。实施该工艺必须保证进坑蒸汽压力在 $0.1\sim0.15MPa$ 左右，以得到必要的流速和加热强度。

（4）微压养护坑

微压养护坑内介质的剩余压力为 $0.02\sim0.06MPa$。微压坑式养护的原理是以足够快的升压速度，迅速提高坑内介质压力，使之提前超过混凝土内部产生的最大剩余压力，用以有效地抑制升温期混凝土内部产生的破坏作用，从而达到显著提高制品质量、节约能源、缩短养护周期的目的。

微压养护坑的坑壁和坑底一般由 $500mm$ 厚的混凝土构成，为了保证养护坑的密封性，坑内衬有厚 $6mm$ 的不锈钢钢板，坑内设有导向和防护轨。除坑体外，该养护坑还有锚栓底部支架和坑盖上的液压传动装置，用于关闭和开启坑盖。盖子由型钢外包薄钢板和内填保温材料构成，盖子的上、下型钢带有一定形状的沟槽，用以设置橡胶密封胎带。为了保证盖子有效密封而形成介质剩余压力，在坑盖盖上之后，向空心的橡胶胎内部空腔中充入压力为 $0.5\sim0.6MPa$ 的压缩空气。

密封好的微压养护坑通入蒸汽升温时，在 $20\sim30min$ 内使坑内介质剩余压力达到 $0.06MPa$，在 $60min$ 之内使坑内介质温度达到 $95\sim105℃$。

微压养护坑内的剩余压力和升温速度应根据混凝土的工作性能而定，如对于塑性混凝土，其升温速度为 $60℃/h$，剩余压力为 $0.02\sim0.03MPa$；对于 $20s$ 和 $40s$ 的干硬性混凝土，相应的升温速度可为 $60\sim70℃/h$ 和 $90℃/h$，剩余压力均为 $0.06MPa$；当最高养护温度为 $100℃$ 左右时，热养护周期约为 $5\sim5.5h$。

实践证明：微压养护能够提高制品养护质量，大幅度减少蒸汽用量，并能缩短养护周期，提高生产效率。

2. 连续式养护窑

国内连续式养护窑分为水平隧道窑、折线形隧道窑及立窑，水平隧道窑又分为单层和双层两种。双层窑上下之间有隔开和连通两种方式，单层隧道窑又分升温、恒温、降温带隔开与不隔开四种方式。该养护窑不仅适用于蒸汽养护加热，也适用于干热养护加热。

（1）水平隧道窑

水平隧道式蒸汽养护窑如图 7-10 所示。它近似于长条形的窑洞，故称隧道式养护窑。这类设备大多属于地上式构筑物，养护窑侧壁与间壁墙用砖砌筑并抹水泥砂浆面层，墙中间设有保温层，顶部用钢筋混凝土做成拱形（预制或现浇均可），也可砌筑而成，拱顶上部设有保温层。养护窑顶层拱形是为了使冷凝水沿壁流下，以防止损坏制品的表面。

水平隧道式养护窑两端设门的称为贯通式养护窑，一端设门的称为尽头式养护窑。对于贯通式养护窑，载有制品的小车由一端进入，养护结束后从另一端出去。对于尽头式养护窑，载有制品的小车由同一个门进、出养护窑。贯通式养护窑符合生产直线流水

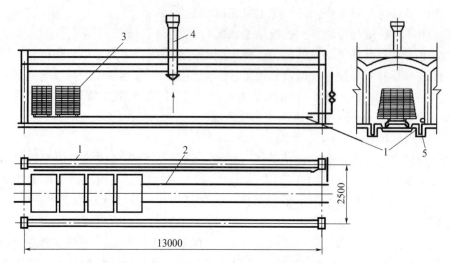

图 7-10　水平隧道式蒸汽养护窑
1—蒸汽管道；2—轨道；3—热养护小车；4—排气孔；5—排水沟

的原则，应用较多。但它要求车间应有足够的长度，并且多一道窑门，而窑门与窑体接合处是逸汽的主要部位。尽头式养护窑少一道窑门，漏气部位较贯通式少，布置时对场地长度要求不高，主要缺陷是不能实现工艺直线流水。

养护窑的侧壁墙上设带孔的蒸汽管，向窑内供汽。蒸汽管可以安装在侧壁的上部或下部，也可以上、下部同时安装。一般将蒸汽管置于排水沟上部。蒸汽管的直径约为40～50mm，沿管长每间隔150～200mm 钻有直径为 3～4mm 的朝下小孔，目的是使经由小孔流出的蒸汽喷至地面之后再向上，以提高加热的均匀性。

养护窑顶设带有蝶阀的排气孔，以便排湿或排气。养护窑底部设有冷凝水排水系统。养护窑内一般设有轻轨，小车在轻轨上运动，小车的移动用人力或机械牵引。根据生产规模与制品情况，又分为双轨和单轨两种形式。

养护窑的净空尺寸取决于制品和小车的尺寸，一般宽 1.5m，高 1.8～2.0m，长10～25m。养护窑的填充系数（养护窑内制品所占体积与养护窑净空容积之比）在0.08～0.10 范围之内。

水平隧道式养护窑的优点为投资和耗钢少，建造和管理方便，实施变温变湿养护工艺容易；其缺点是间歇式升温和冷却，热耗大，生产率低，机械化和自动化程度低。

（2）折线形隧道窑

折线形隧道窑尺寸比例与水平隧道窑类似，它的突出特点是具有折线形外形，即它的纵断面相似于养护制度曲线。在折线形隧窑内有明显的升温区、恒温区及降温区。升温区和降温区的窑体纵断面为斜坡形，一般升温区的坡度较降温区小。恒温区的窑体纵断面是水平时，由于窑体具有弓背形的纵断面，密度较小的蒸汽将上升并聚集于水平恒温区段，使该段保持稳定的高温高湿介质条件，以利于混凝土的结构形成和强度发展。折线形隧道窑的外形及窑内温度分布如图 7-11 所示。折线形隧道窑的两端不设窑门，蒸汽靠折线起拱高度造成的几何压头来阻止其外溢。

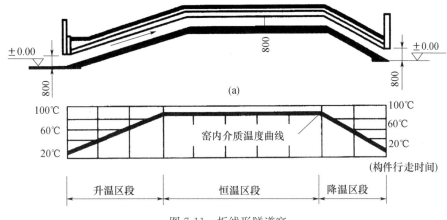

图 7-11 折线形隧道窑
(a) 纵断面图;(b) 温度分布图

这种折线形隧道窑利用了热介质密度不同而分层的规律,使窑内温、湿度的分布依窑的外形而"自然地"与混凝土热养护历程和介质温度相适应。据测定,恒温区内各处的温度较稳定。介质的相对湿度一般在95%以上。在升、降温区介质温度则近似呈直线上升和下降。当窑的起拱高度合适并且窑口处风力不大时,基本上不从窑口逸出蒸汽,即它具有较好的保汽性。折线形隧道窑在载制品小车的移动方式上保留了水平隧道窑的小车驱动方式,而与水平隧道窑相比,除了热工分带容易,不需要特殊的分段措施(如风幕、水幕等)外,水平隧道窑窑口外逸蒸汽较严重的弊病基本上得以克服。

3. 台座法

当采用台座法生产混凝土制品时,为了加快台座的周转,常采用热台座的养护方式,热台座上或加养护罩,或盖两层塑料布。

露天混凝土热台座纵向每隔 10m 高设一温度缝,台座内加热管的布置应使其加热均匀,并设排气孔及排水孔,如图 7-12 所示。

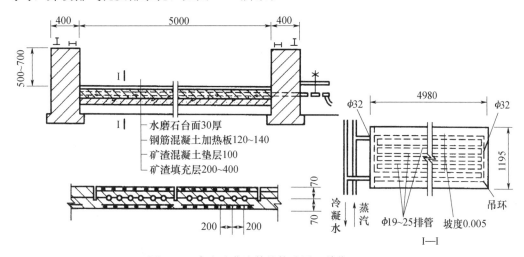

图 7-12 台座法蒸汽养护构造图(单位:mm)

201

第四节 混凝土制品的压蒸养护

对多孔混凝土制品或混凝土桩等高强混凝土制品，其养护时需要 100℃ 以上的温度，常压蒸汽养护条件无法达到此温度，就需要蒸压釜增加饱和蒸汽压力，以提高养护温度。通常情况下，釜内压力可达 6~20 个大气压，养护温度为 160~210℃。

一、压蒸养护原理

硅质材料和钙质材料在 $T>100℃$ 的饱和蒸汽介质中进行水热反应时，能生成结晶度较好、强度较高的托勃莫来石。在 100~200℃ 之间，饱和蒸汽的温度 T（℃）和绝对压力 P（MPa）之间的近似关系为：

$$P=0.0965（T/100）^4$$

控制了饱和蒸汽的压力，就可以保证所需的温度，因而称为高压湿热养护，简称压蒸养护。

二、压蒸养护过程中混凝土的物理变化

1. 升温期的应力状态

进入该阶段时，∇T、∇U 及 q_{mt} 和 q_{mu} 的起因、方向和相互关系与常压升温阶段相同。由 ∇U 及 ∇T 产生的湿流密度 $q_{mt}+q_{mu}$ 向混凝土内部传输，使孔内气相剩余压力增大，形成了由表及里的压力梯度 ∇P^{I}。为了判断 $q_{mt}+q_{mu}$ 及 ∇P^{I} 的变化，可先分析在开模中超压升温的试件温度的变化（图 7-13）。由图 7-13 可见，随着介质升温并分别达到 75℃、120℃ 及 150℃ 时，上表面温差 θ_1、下表面温差 θ_2 及截面温差 θ 先后达到峰值，然后均迅速减小。随着各温差的增大，冷凝速度、表面含湿量、湿流密度 q_{mu} 也相应增大，而且热交换速度、截面温差 θ，及与之有关的 ∇T 及 q_{mt} 也均在增长。各温差达峰值后，随着截面温差 θ 的减小，∇U、∇T 及 q_{mp} 与 q_{mt} 也相应减小。由于 ∇P^{I} 数值上与 q_m 成正比，方向也一致，所以只要材料在增湿，∇P^{I} 即指向内部，一旦增湿越过峰值后，随着 q_m 的减小，∇P^{I} 也即变为反向。

超压升温阶段中，随着介质压力的升高，其空气分压力降低的速度减慢，混凝土孔内空气分压力降低得更慢，这使 ∇P^{III} 仍由表层指向内部，并保持于升温全过程中，∇P^{III} 的存在使内部气相及水分力图外逸。

由于介质继续升压，以致孔内的压力滞后于周围介质的压力，这就造成了由内向外的附加压力梯度 ∇P^{IV}，它使水分及气相向制品内部传输。∇P^{IV} 和釜内升压速度成正比，并保持到升温结束。

超压升温阶段总的压力梯度等于各分项的代数和。一般情况下，∇P^{III} 及 ∇P^{IV} 的方向保持不变，而 ∇P^{I} 及 ∇P^{II} 的数值及方向则变化很大，所以它们将决定着制品内压力变化的趋势及其放气现象的特征和速度。

缓慢升压时，起初介质压力大于制品内部压力。经一定时间后，后者超过前者，放气现象加剧。介质压力达最高值时，该压力差也达到最大值，放气现象达高潮，在恒温阶段中才平息下来。

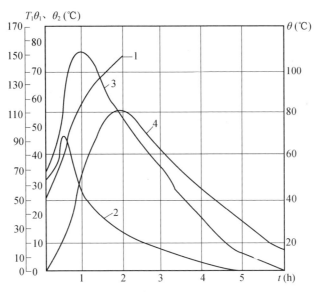

图 7-13　在开模中压蒸的密实混凝土试件的温度变化
1—介质温度 T；2—上表面温差 $\theta_1 = T_j - T_1$；
3—下表面温差 $\theta_2 = T_j - T_2$；4—截面温差 $\theta = T_b - T_{min}$

快速升压时，$T_n < T_b$。在介质压力达最高值之前，混凝土含水量就可能已渐趋峰值。随着制品截面温差的减小，水分开始向表层迁移，以致在恒温开始以前混凝土含水量即已开始下降。

超压升温阶段，混凝土含水量的增量，比常压升温时增多 3～5 倍。随着釜内压力的升高，孔内的气体被压缩，所余空间又被冷凝水填充。空气的导热系数仅为 0.029W/（m·K），而水则比之大 19 倍，混凝土的充水使其导热系数大增。随着水分的渗入，混凝土的热阻及温度梯度均逐渐减小，所以从裸露面传给混凝土的热量远远超出来自封闭面的热量。

2. 恒温期的应力状态

超压升温才产生的 ∇P^{III} 及 ∇P^{IV}，可能持续到恒温阶段。快速升压时，这种可能性更大。∇P^{III} 由表层指向内部，使水分及气体排出体外；而 ∇P^{IV} 则相反，阻碍制品脱水及放气。进入恒温一段时间后，这两个梯度均逐渐消失。

3. 降温期的应力状态

超压冷却阶段，随着介质的降温降压，混凝土内部形成了由表及里的 ∇T、∇P 及 ∇U，这使混凝土的自由水吸收体内大量热量急剧汽化。这一过程始于表层，并迅速向内部扩展。因此在 ∇P^{I} 的作用下，有大量气液混合物向外蒸发。

一般情况下，制品除蒸发散热外，还因对流及辐射换热而冷却。介质降压速度越快，对流及辐射换热方式散热的成分就越少，而蒸发散热的成分则增大，但总的散热量保持不变。因此，快速降压时，制品最终的湿度要比慢速冷却时低得多。

三、压蒸养护的设备、方法及制度

1. 混凝土压蒸养护釜

压蒸养护釜是一种间歇作业的高温高压湿热养护设备，表压力一般为 0.8～1.2MPa 左右，温度升高能进一步加速混凝土的水化硬化过程，而介质剩余压力的存在又有利于抑制结构破坏作用。

压蒸釜的结构示意如图 7-14 所示，它由筒体、阀盖、吊架与起重设施、用于旋转釜盖的涡轮减速机构、安全阀、压力表、排出冷凝水阀门、固定支座、蒸汽管、手柄及滑动支座等组成。筒体用锅炉钢板或普通钢板焊接而成，端部装有铸钢或锻钢制成的釜盖。两端设釜盖的为贯通式釜，一端设釜盖的为尽头式釜。

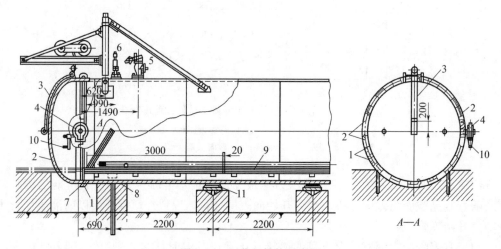

图 7-14　压蒸釜结构示意图

1—筒体；2—阀盖；3—吊架与起重设施；4—用于旋转釜盖的涡轮减速机构；5—安全阀；
6—压力表；7—排出冷凝水阀门；8—固定支座；9—蒸汽管；10—手柄；11—滑动支座

筒体下部设有进气管和冷凝水排出管，上部设排气管、压力表及安全阀。有些工厂为了在升温初期排出筒体内残留空气，而将进气管放在上部，排气管设在下部。

筒体外部包有隔热材料，以减少散热损失，隔热材料外面还包有薄铁皮。筒体的支座在中部或端头有一个支点是固定的，其余支座是可滑动的，以便适应筒体热胀冷缩时的变形。

压蒸釜存在的主要问题是筒体内残留空气排除不尽，影响热养护的效率，也降低了产品质量。例如当釜内压力为 0.8MPa（表压力）时，纯饱和蒸汽温度应为 174℃，而实际釜内温度仅为 155～160℃，这就使得介质的放热系数大为下降，增大了热能消耗，并使制品质量不均匀。

为了消除或减少釜内空气对热养护效果的影响，可采取排气、抽真空及早期快速升压等措施，以提高热养护的均匀性和热利用率。

2. 压蒸养护方法与制度

根据升压方法的不同，压蒸养护可分为排气法、真空法及快速升压等几种方法，其压蒸制度也各不相同。确定压蒸养护制度的关键在于解决快速升（降）温时结构形成与结构破坏过程的矛盾。

（1）排气法

制品在100℃以下的介质中加热时，釜内的空气使介质的含热量及放热系数大大降低。因此，必须在压蒸升温之初就用饱和蒸汽排净滞留于釜内的空气，这样既为制品的迅速加热创造了必要条件，又可确保恒温期介质压力和温度的对应性，这就是排气法的实质。

排气法的压蒸制度，按釜内的压力变化及加热过程可分为四个时期，如图7-15所示。

第Ⅰ期，打开排气阀，送入饱和蒸汽，排除空气。升温至100℃时，空气全部排出，釜内充满饱和蒸汽（压力为0.1~0.12MPa）。

第Ⅱ期，关闭与外界连通的阀门（包括冷凝水阀），继续送入高压饱和蒸汽，升压至给定压力即可保证釜内饱和蒸汽的相应温度。这时的热交换过程完全决定于纯饱和蒸汽的放热系数。在此过程中，制品表面温度迅速上升，逐渐接近于介质温度。

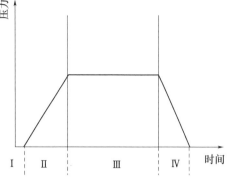

图7-15 排气法压蒸养护制度示意图
Ⅰ、Ⅱ、Ⅲ、Ⅳ—压蒸养护各时期

第Ⅲ期（恒压期），介质的温度及压力保持在最高值，制品逐渐达到完全加热。这是混凝土结构形成和强度增长的主要阶段。压蒸混凝土的基本反应是CaO［或Ca（OH）₂］与SiO_2水热合成为托勃莫来石。当$T<100℃$，该反应的速度很慢，强度较低。当$T>150℃$（0.4MPa）时，开始激烈反应，温度越高，反应速度越快。工业实用的反应温度为183~214℃（1~2MPa）。若其他条件相同，$T_{max}≤200℃$时，温度较高，混凝土的抗压强度也越高；温度由200℃升至214℃时，抗压强度趋于稳定；超过这个温度，强度反而下降。当温度一定时，在一定时间内混凝土的强度随恒温时间的延长而增长；时间过长，强度发生波动。对于不同原料及配比，都有一个最佳恒温温度及最佳恒温时间。在具体条件下，必须权衡"提高压力缩短时间"与"较低压力较长时间"两种方案所得制品质量及成本的全面技术经济效果，决定恒温压力及时间。

第Ⅳ期（降压期），釜内压力降至0.1MPa。这时，混凝土孔内的水分及釜内积留的冷凝水由于达到过热状态而沸腾。迅速汽化的水分由混凝土体内蒸发出来，同时将混凝土内的热量带出，使温度随之下降。混凝土中的自由水，对于混凝土的降温来说是足够的，故此时其内部温差不致过大。待釜内压力与外界压力均衡后再开釜，将温度为100℃左右的制品送入保持一定温度的冷却间继续冷却。快速降压生成的大量蒸汽由混凝土内部急剧蒸发，这时可能产生超过混凝土抗拉强度的内应力。为了防止开裂，降压速度应尽可能使混凝土蒸发出的蒸汽体积在整个降压过程中均匀一致。因而在危险性最大的降压末期，降压速度应减慢。降温速度还与混凝土强度、制品厚度、混凝土的品种及体积密度有关。

（2）真空法

真空法与排气法的不同点是：在第Ⅰ期关釜后立即用真空泵将釜内抽成负压，如图7-16所示。其目的在于抽出釜内的空气，以利于用饱和蒸汽传热升温；还可抽出混凝土制品孔内的大部分气体（空气、氢气、水蒸气等），建立体内负压，以利于送气升温时饱和蒸汽迅速渗入制品内部，均匀快速升温，减小制品截面温差和温度应力的破坏作用，并加速水化过程。真空法多用于多孔混凝土制品生产中。

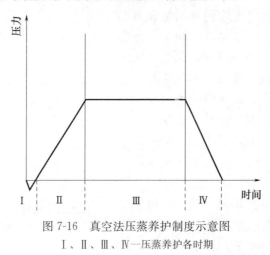

图 7-16 真空法压蒸养护制度示意图

Ⅰ、Ⅱ、Ⅲ、Ⅳ—压蒸养护各时期

真空度及抽真空速度取决于混凝土坯体的性能，如初始结构强度、透气能力和含气量等。入釜时坯体的初始结构强度高，透气性好，则可用快速抽真空及较高真空度。抽真空时，抽真空速度应保持适当，一般在 20～50min 内抽至绝对压力－0.08～－0.06MPa，速度过快势必造成坯体内外压力梯度过大、内部气相膨胀扩散过快，以致坯体结构遭受破坏。

抽真空后即关阀，并送入饱和蒸汽持续升压。由于此时坯体强度很低，必须规定合理的升温速度，防止坯体塌陷。待饱和蒸汽已渗入坯体一定数量后，即可采用较快速度升压，因为此时介质压力对坯体有一定的抑制作用，而内部气相又是高温饱和蒸汽，比常压湿热养护时混凝土内部的空气受热膨胀的破坏作用小得多。一般升压时间为1～2.5h。

降压期，为保证多孔混凝土的保温隔热性能，常在降压至 0.1MPa 后用釜内抽真空的方法降低混凝土的含水量。抽真空时间为 1～2h，抽真空前应先排除冷凝水。

（3）早期快速升压法

排汽法在升温至 100℃之前是最危险的阶段。采用真空法时，仍有可能因内部气相膨胀过大、水分迁移过快而使混凝土遭受破坏。然而，从压蒸开始就使制品在介质的工作压力下进行升温，可以有效地防止上述现象的发生，这就是早期快速升压法的特点。

按早期快速升压法压蒸制品时，送气前先关闭与外部连通的阀门，然后送入大量饱和蒸汽，在釜内迅速建立起超出混凝土体内气相压力的介质工作压力。在 0.5～2h 内快速升压至给定的最高值。此时，混凝土内气相受热膨胀的压力低于外部介质工作压力。混凝土结构形成是在限制其自由膨胀的外部压力作用下进行的，再加上可加速水化反应的温湿条件，因而对于致密结构的形成及强度的增长极为有利。

用早期快速升压法压蒸制品，由于压蒸温度与纯饱和蒸汽温度相比约低 5～8.3℃，所以最高压力需相应提高 0.1～0.15MPa。为防止多孔混凝土的均匀塌陷，坯体在压蒸前应具有不低于 0.35MPa 的初始结构强度。表 7-7 所列为早期快速升压法及一般方法效果的比较。从表中数据可见，此法对于不同品种不同配比的混凝土均可使用，特别适用于含气量较高、脱模、不经预养即进行压蒸的混凝土。应用此法可缩短压蒸养护周期 2～3h，脱模压蒸的混凝土强度提高 1.5～2 倍，吸水率减少 15％～20％，抗冻性也有所提高。

表 7-7　早期快速升压法压蒸后的混凝土强度（MPa）

混凝土类型及配合比	压蒸制度 （$P=0.8MPa$）＊（h）	一般压蒸制度		早期快速升压法 压蒸制度	
		脱模	带模	脱模	带模
普通混凝土：1∶1.87∶2.78， $W/C=0.45$	0.5＋1＋4＋2	25.0	40.2	40.3	41.2
普通混凝土：1∶1.87∶2.78， $W/C=0.45$	0.5＋3＋4＋2	20.8	42.8	39.2	43.1
陶粒混凝土：1∶1.71∶1.43， $W/C=0.7$	0.5＋0.5＋4＋1	12.2	22.0	18.0	22.8
陶粒混凝土：1∶1.71∶1.43， $W/C=0.7$	0.5＋2＋4＋1	16.2	2.0	23.7	28.1
砂浆：1∶3，$W/C=0.4$	0.5＋2＋4＋1	18.0	26.0	26.8	29.8

注：＊系指恒压时的表压。

四、压蒸养护过程对混凝土制品力学性能的影响

压蒸过程中混凝土的结构形成过程分为三个阶段，如图 7-17 所示。

在升温至最高温度的第 I 阶段，若升温速度快而初始结构强度越低，由于结构破坏的作用，使强度略有下降［图 7-17（a）］。反之，则强度略有增长［图 7-17（b）］。

第 II 阶段的主要特征是水化反应速度逐渐增至最高值，在此阶段中，压蒸制品的结构基本形成。第 II 阶段的时间，随升温速度的不同延续至恒温初的 2h。在此期间内，混凝土的弹性模量和强度均增至压蒸后最终值的 30％～40％。

在第 III 阶段，结晶结构的形成速度减缓，这时高碱度的水化硅酸钙再结晶为较低碱度水化硅酸钙，最终形成具有纤维状连生体的托勃莫来石及水石榴子石。

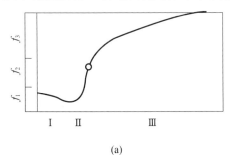

(a)

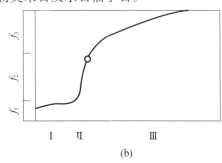

(b)

图 7-17　压蒸养护时混凝土的结构形成过程

（a）强度略有下降；（b）强度略有增长

第五节　混凝土制品的其他养护方式

一、干热养护和干湿热养护

湿热养护的发展及改进过程中，仅从传热学角度选择高湿介质的参数，改进供热方法，力图强化对流换热过程，以加速混凝土强度的增长，却忽视了湿热膨胀的结构破坏作用。因此，又不得不以限值升温、变速升温及预养等措施对力求强化的对流换热过程进行消极的反限制。其目的、措施和效果自相矛盾，难以获取既缩短养护周期，但又能改善混凝土性能和制品表面质量的综合效益。

干热养护和干湿热养护，打破常规，以低湿介质进行升温，混凝土不增湿或少增湿，甚至以蒸发过程为主，削弱对结构破坏作用，有利于结构的形成。

1. 低湿介质升温原理

湿热养护混凝土的结构破坏主要发生在升温期，而干热及干湿热养护的主要特点在于低湿介质升温可以削弱结构破坏过程，使混凝土的变形随介质相对湿度的降低而大幅度减小。热养护时混凝土的结构破坏过程随介质相对湿度的降低而减弱的主要原因在于混凝土的加热速度减缓，最高温度有所降低，混凝土内部气相剩余压力降低，以及早期干缩变形抵消了部分湿热膨胀变形。

（1）混凝土加热速度减缓

用蒸汽作热介质时，混凝土的加热速度决定于介质与制品间的外部热交换和制品自身的内部传热过程。就前者而言，介质的温度、湿空气的饱和程度（相对湿度）、介质的含热量均决定着升温过程中蒸汽冷凝的数量和时间，因而也就最终决定着制品的加热速度和可能达到的最高温度。表7-8所列是不同温度饱和蒸汽空气混合物的含热量。随着温度从100℃递降，饱和蒸汽空气混合物含热量减少的幅度要比饱和蒸汽大得多。因此，其可能放出的热量也要比纯饱和蒸汽低得多。混合物中的空气含量越多，相对湿度越低，混凝土加热的速度越慢，其结构破坏作用越小，越有益于形成较为致密的结构。待混凝土强度增长至具有抵抗高温高湿热养护的强度时，就可进入用高湿介质加热养护的阶段，为水泥水化创造更为有利的条件。

表7-8　饱和蒸汽及饱和蒸汽空气混合物的含热量

温度（℃）	100	90	80	70	60	50	40	30	20	10	0
饱和蒸汽含热量（kJ/kg 蒸汽）	2671.9	2656	2639.3	2622.5	2605.4	2587.8	2570.3	2552.3	2533.9	2515.9	2497.6
饱和蒸汽含热量（kJ/kg 混合物）	2671.9	1588	988.2	623.2	397.1	252.1	157.2	97	56.6	29.2	14

（2）混凝土加热的最高温度降低

低湿介质养护过程中，由于水分蒸发开始早，持续久，介质与混凝土之间的热交换效率降低，水泥水化过程略显延缓，所以制品的中心温度达不到介质的最高温度。值得注意的是，高温介质养护时的试件冷却速度比低湿介质中的快，因为低湿介质养护时，水分蒸发过程早已开始，这就势必使降温期的蒸发量减少，降温速度必将减慢。

（3）混凝土内部气相剩余压力降低

低湿介质中养护时，混凝土的湿度梯度与温度梯度方向相反，由外部指向内部。这时，在湿度梯度的作用下，部分湿流力图向外界蒸发，而受温度梯度作用的部分湿流仍向内部传输。但必须指出，低湿介质养护时的温度梯度小于高湿介质，而湿度梯度则较大，所以水分迁移的总趋势是由内向外。与此同时，内部受热膨胀的气相，也必须随着向外迁移的水分外逸。热质迁移和热质交换的这种变化，必须使混凝土内部气相的剩余压力大大降低，因而作为结构破坏过程综合表征的变形值也明显减小。

（4）混凝土变形减小

在低湿介质中加热时，混凝土部分水分蒸发，原来充水的微管中形成弯月面，微管压力大大增加，以致产生收缩变形。由于干缩变形抑制并取代了高湿介质条件下可能产生的较大湿热膨胀变形，因而残余变形大大低于湿热养护时的数值，混凝土的致密程度和强度均将提高。

综上所述，低湿介质养护时，由于各因素的综合作用，混凝土的结构破坏过程削弱，湿热膨胀变形减小，这对于混凝土的结构形成及物理力学性能的提高均将有所裨益。

2. 干热及干湿热养护混凝土的结构与强度

热养护时的介质相对湿度对混凝土孔结构的形成过程有明显的影响。图 7-18 所示是介质相对湿度与微管半径的关系。对比图 7-18（a）中曲线 1、2 可知，相对温度 $\varphi=40\%$ 时，随着混凝土的失水，混凝土的微管半径比在相对温度 $\varphi=100\%$ 时有所减小。升温期，由于微管压力的增长，孔径迅速减小。恒温期，随着凝聚结构的形成及强度的增长，微管多孔结构已趋稳定。降温时，水分虽继续蒸发，微管压力又略有增大，但孔径已无明显变化。对比图 7-18（a）曲线 2 及图 7-18（b）曲线 1 可见，低温介质养护混凝土的孔径，虽略低于高湿介质养护所得的数值，但仍比一般自然养护混凝土的孔径大。

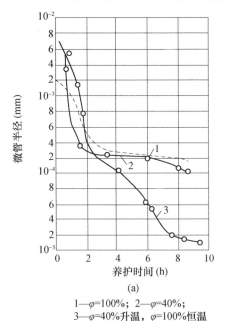
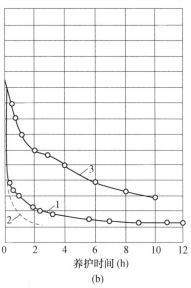

1—$\varphi=100\%$；2—$\varphi=40\%$；
3—$\varphi=40\%$升温，$\varphi=100\%$恒温

1—混凝土，$W/C=0.45$；2—水泥浆体，$W/C=0.5$；
3—水泥浆体，密闭养护，$W/C=0.25$

图 7-18　热养护时的介质相对湿度对混凝土和水泥浆微管半径的影响

（a）混凝土：热养护 3h＋4h（80℃）＋2h　（b）在 $T=24$℃ 及 $\varphi=50\%$ 条件下养护

干湿热养护时，孔结构形成过程的特征则发生了较大变化［图 7-18（a）曲线 3］。恒温期，随着介质相对湿度升至 100%，微管半径持续减小，直至降温期中稳定在 1.7×10^{-4} mm 左右，比高湿介质养护形成的孔径 2×10^{-3} mm 小一个数量级，而与图 7-18（b）曲线 1 混凝土的孔结构接近。这表明干湿热养护混凝土的结构比干热养护的更为致密。

干湿热养护和湿热养护混凝土强度的比较见表 7-9。由表可见，干湿养护混凝土的强度比湿热养护提高 15%～24%，而且在后期养护中仍可继续增长，28d 强度与标准养护很接近。带模制品采用干湿热养护效果也很好。

表 7-9　干-湿热养护和湿热养护混凝土抗压强度的比较（MPa）

介质温度（℃）	养护制度 $\dfrac{h}{\varphi}$（%）	热养护后立即测定的强度		28d 龄期强度		标准养护 28d 龄期强度
		带模	脱模	带模	脱模	
80	$\dfrac{3}{100}+\dfrac{6}{100}+2$	22.8	17.5	35.4	26.5	35.2
	$\dfrac{3}{60}+\dfrac{6}{100}+2$	22.5	19.7	38.3	29.1	37.2
	$\dfrac{3}{40}+\dfrac{6}{100}+2$	22.4	21.6	38.4	33.3	34.5
	$\dfrac{3}{逐渐降至 20}+\dfrac{6}{100}+2$	24.1	20.0	35.9	34.8	37.0

注：试验所用的普通混凝土配合比为 1∶1.87∶2.78，$W/C=0.45$，水泥强度等级为 42.5 级。

几种养护方法相对强度的比较见图 7-19。干湿养护的强度明显高于全干热和全湿热法。就热态强度而言，也应如此，因为图 7-19 中所示的全湿热养护周期长达 17h，在相同养护周期的条件下，全湿热养护的强度必将大大低于图示数值。全干热及全湿热强度的对比数值，由不同资料数值所得结论不尽一致。

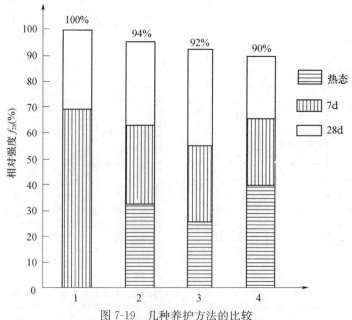

图 7-19　几种养护方法的比较

1—标准养护；2—干湿热养护（80℃，干 2h、蒸 5h、降 2h）；
3—全干热养护（80℃，干 8h）；4—蒸汽养护［3h+4h+8h（80℃）+2h］

综上所述，低湿介质升温，虽然具有结构破坏作用小、养护周期短、制品表面质量较好等优点，但全干热法却存在混凝土失水过多、水泥水化条件欠佳、后期强度损失较大、降温效果较差等弊端。而干湿热养护除具有低温介质升温的一般优点外，还具有混凝土结构较致密、水泥水化条件较合理、降温效果较好、养护后的混凝土无严重失水现象、后期强度仍可继续增长等特点。

二、二氧化碳养护

二氧化碳（CO_2）养护混凝土是指新拌混凝土在水化尚未完成时，由水泥熟料中的硅酸钙、铝酸钙和部分的水化产物 Ca（OH）$_2$ 与 CO_2 发生作用，生成 $CaCO_3$ 和硅凝胶，使混凝土强度快速增长的一种养护方式。

CO_2 养护混凝土不同于混凝土碳化，混凝土碳化是指水泥的水化产物与环境中的 CO_2 作用，生成 $CaCO_3$ 或其他物质的现象。虽然两者都是由 CO_2 参与反应，但是在反应机理、控制反应的参数等情况之间存在着重大的差异。

1. CO_2 养护混凝土的原理

CO_2 养护混凝土是一个急速的反应过程，反应时会放出热量。在水泥碳化生成 $CaCO_3$ 的过程中，主要是水泥矿物组分和 CO_2 气体溶解在微孔水中形成离子发生反应。来自水泥的 Ca^{2+} 离子和来自 CO_2 气体的 CO_3^{2-} 离子发生化学反应生成 $CaCO_3$，并以晶体的形式析出。Ca^{2+} 离子含量降低或 CO_3^{2-} 离子浓度降低都会使反应速率变慢。离子浓度低有两个原因，一方面有可能是碳化反应已经很充分，没有碳化活性的组分存在；另一方面有可能是离子的迁移受到限制，阻碍了反应的继续进行。

CO_2 养护混凝土过程，主要是刚成型的混凝土暴露在高浓度 CO_2 环境中，CO_2 不仅会与水泥的水化产物 Ca（OH）$_2$、水化硅酸钙 C—S—H 进行化学反应，而且可以和硅酸三钙和硅酸二钙等矿物发生碳化反应，生成的产物都是难溶的 $CaCO_3$。

（1）Ca（OH）$_2$ 的碳化

水泥的所有水化产物中，Ca（OH）$_2$ 是最容易与 CO_2 发生反应的物质。CO_2 与溶解的 Ca（OH）$_2$ 反应，在孔隙中生成难以溶解的 $CaCO_3$，见式（7-7）。

$$Ca（OH）_2 + CO_2 \longrightarrow CaCO_3 + H_2O \tag{7-7}$$

Ca（OH）$_2$ 的碳化涉及三个主要的步骤：第一步，Ca（OH）$_2$ 的溶解；第二步，CO_2 的吸收及 CO_3^{2-} 离子的形成；第三步，生成 $CaCO_3$ 沉淀。在碳化开始的早期，CO_2 通过碳化层扩散的速率会直接影响 Ca（OH）$_2$ 的碳化速率。尽管 CO_2 在孔隙中扩散的速率比在水汽中扩散更快，但水汽的存在是碳化反应所必需的。在碳化的后期，Ca（OH）$_2$ 晶体表面会形成一层 $CaCO_3$，从而会影响 Ca（OH）$_2$ 晶体的碳化速率。$CaCO_3$ 晶体在 Ca（OH）$_2$ 晶体表面是随机形成的，这可能起源于位错。最终 Ca（OH）$_2$ 表面作为成核的位置，$CaCO_3$ 晶体逐渐长大并覆盖。

（2）水化硅酸钙的碳化

研究表明，可通过 C_3S 浆体来分别确定 Ca（OH）$_2$ 和 C—S—H 的碳化速率，结果显示，虽然 Ca（OH）$_2$ 的初始碳化反应速率较快，但会慢慢降低，并最终被 C—S—H 凝胶的碳化反应速率超越，这主要是因为在 Ca（OH）$_2$ 晶体表面形成了一层微晶 $CaCO_3$ 层。

C—S—H 凝胶的碳化会使钙离子脱出形成无定形二氧化硅凝胶和不同晶型的

$CaCO_3$。反应如式 (7-8) 所示。

$$(CaO)_x \ (SiO_2) \ (H_2O) \ +xCO_2\longrightarrow$$

$$xCaCO_3+SiO_2 \ (H_2O)_t+ \ (z-t) \ H_2O \tag{7-8}$$

C—S—H 凝胶初始的碳化程度和结晶类型取决于凝胶的钙硅比。C—S—H 凝胶碳化会使钙硅比下降并形成类似无定形二氧化硅的多孔状。C—S—H 碳化分解的速率会随着钙硅比的减小而增加，而通过 C—S—H 凝胶碳化形成 $CaCO_3$ 的量会减少。通过核磁共振研究表明 C—S—H 碳化分解涉及两个步骤：①C—S—H 凝胶逐渐脱钙，钙从水化硅酸钙链层和缺陷部位移走直到钙硅比达到 0.67，即与理想的水化硅酸钙链层对应；②主层的钙被消耗，最终导致 C—S—H 凝胶的分解和无定形硅胶相的形成。

C—S—H 凝胶的碳化程度也和 CO_2 浓度及环境状态有关，碳化速率随 CO_2 浓度增加，另外也发现像 $Ca \ (OH)_2$、钙矾石、铝酸盐等含钙相的碳化与浓度无关，它们都可以被完全碳化。C—S—H 凝胶的碳化可以形成方解石、文石和球霰石三种晶型，文石及球霰石的形成和高浓度的 CO_2 使 C—S—H 凝胶脱钙有关。

（3）其他含钙相的碳化

其他含钙相也容易被碳化，其原因是水泥中的 C_3S、C_2S 会和 CO_2 发生反应，反应方程式如式 (7-9) 和 (7-10)。

$$3CaO \cdot SiO_2+3CO_2+nH_2O \longrightarrow SiO_2+nH_2O+3CaCO_3 \tag{7-9}$$

$$2CaO \cdot SiO_2+2CO_2+nH_2O \longrightarrow SiO_2+nH_2O+2CaCO_3 \tag{7-10}$$

钙矾石和 CO_2 反应分解为石膏和铝胶，反应方程式如式 (7-11)。

$$3CaO \cdot Al_2O_3 \cdot 3CaSO_4 \cdot 32H_2O+3CO_2\longrightarrow$$

$$3CaCO_3+3 \ (CaSO_4 \cdot 2H_2O) \ +Al_2O_3 \cdot xH_2O+ \ (26-x) \ H_2O \tag{7-11}$$

2. CO_2 养护混凝土的性能

（1）力学性能

CO_2 养护可以快速提高水泥基材料制品的强度，CO_2 养护过程中，C—S—H 和 $Ca \ (OH)_2$ 与 CO_2 发生碳化反应，其中 C—S—H 凝胶碳化是强度增加的主要因素。强度的增加和龄期、胶凝材料类型及 CO_2 养护程度有关。水化反应刚开始的前几小时，水泥水化形成的强度还很小，此时碳化效果十分明显。实际上，以标准养护作为对比，水泥制品 20h 内吸收约 8% 的 CO_2，能比正常情况下未碳化的水泥制品强度高出 40%。以不同的胶凝材料制备的混凝土 CO_2 养护 1d 的 CO_2 吸收程度和强度增长区别不明显。尽管早期强度被认为与 CO_2 吸收呈正相关，但是对于不同的混凝土拌和物（不同水灰比、不同水泥/骨料）和不同的养护状态（CO_2 压力、浓度、温度），实际强度提高程度会有所不同。尽管如此，CO_2 养护相比于标准养护能使混凝土在 1d 内强度提高 20% 左右，最高能达到 2 倍的强度增长，与抗压强度类似，抗折强度也会提高，但提高幅度较小。砂浆和混凝土砌块都在 CO_2 养护和非 CO_2 养护两种情况下强度进行了对比，并给予足够的水分。掺有粉煤灰的水泥试件制品，90 天强度会比较低，可能是因为碳化消耗了水泥试件中的 $Ca \ (OH)_2$，阻碍了火山灰反应的进行。

CO_2 养护与传统的蒸汽养护相比，能更有效地提升混凝土的强度发展。一般情况下，CO_2 养护的混凝土砌块强度可以达到甚至超过蒸汽养护的混凝土，但是，对于截面较厚或较密实的混凝土，CO_2 扩散受到阻碍从而影响到混凝土碳化程度，此时蒸汽养护更利于早期强度。CO_2 养护没有发现对早期强度产生不利影响，除非水灰比过高（大于 0.7），多余的水分会阻碍二氧化碳扩散，强度增长较慢。

（2）耐久性

CO_2 养护通过提高混凝土微观结构的致密度，从而改善了混凝土的耐久性。但是，CO_2 养护降低了混凝土的高碱性，使得存在钢筋表面附近氯离子有破坏钢筋表面钝化层并引发钢筋腐蚀的风险性。但同时，CO_2 养护降低了混凝土的渗透性，阻碍了氯离子通过混凝土表面进入混凝土，从这一方面是降低了钢筋锈蚀的风险。另外，适当的后续养护可以使 pH 恢复到 12 以上，混凝土内部的 pH 仍会维持在耐腐蚀临界点以上。

三、红外线养护

红外线辐射作为空间"光场"发生，冲击一种吸收物质，使介质分子作剧烈运动，而转换为热能。用红外线辐射器加热混凝土，促进其硬化过程的方法称为红外线养护。

红外线加热混凝土一般有两种方法，一种是向混凝土表面辐射，射线穿透防止水分蒸发的覆盖物，而被混凝土吸收；另一种是向金属模板辐射，金属模板吸收射线而得到加热，从而形成了热源，再通过直接接触将热传给混凝土。

1. 红外线养护的优缺点及适用范围

（1）红外线养护的优点

① 养护周期短，不经预养，以红外线加热 4h，再养护 1h，强度可达 $70\%f_{28}$ 以上。

② 混凝土直接吸收红外线，热损失小，辐射加热的热耗量为 $326040kJ/m^3$，而蒸汽加热则需 $1070080kJ/m^3$。

③ 红外线养护混凝土的物理力学性能优于蒸养混凝土，吸水率降低 17%，抗压强度提高 24%，弹性模量提高 10%，而且表面质量好，能源有气体或液体燃料、蒸汽及电能，来源广泛，养护制度便于调节和自控。因此，国内外均有广泛应用的趋势，是一种较有前途的快速养护方法。

（2）红外线养护的缺点

红外线养护时，混凝土迅速形成由外向里的温度梯度，介质湿度又很低，故无防护时，将严重失水，以致后期强度降低。

（3）适用范围

用红外线辐射器从外部辐射只能达到一定的深度，适用于养护厚度不大于 200mm 的薄壁混凝土构件，并且宜采用连续养护方式，以节约能源。

2. 工艺参数

混凝土红外线养护的工艺参数包括：红外线波长、辐射距离及混凝土表面温度。

红外线养护混凝土时，波长以 $0.75\sim6.0\mu m$ 为宜。辐射距离应根据辐射器面积、发热量等条件合理调整，一般不得小于 300mm。混凝土表面温度宜为 $70\sim90℃$，超过此数值，或使养护时间延长，或使混凝土强度降低。

四、电热养护

电热养护具有加热速度很快、能量消耗最低、便于自控、效率高（可达 75%）、设备简单、投资省、收效快等优点。但由于耗用电能，一般情况不宜采用，常用于具有特殊需要的预制或现浇混凝土的养护。

（1）直接电热法

直接电热法是以混凝土或钢筋做加热电阻，或另埋设加热电阻，在混凝土两端以金属电极通电，或以钢筋做电极直接通电，达到加热混凝土的目的，又称电极法。直接电热法由于制品整体接入电路，加热均匀，耗电较少，它适用于预制和现浇混凝土的养护，尤其是对中等构件或低表面系数的构件和空心构件（如混凝土管）等更为有利。

直接电热法可在数分钟至数小时的任一时间间隔内将混凝土加热至给定温度，因此对升温速度要严加控制。为防止过多失水，裸露面应以隔汽及保温材料覆盖。

直接电热法多用 80～110V 或 220～380V 交流电进行，也可用 110～220V 脉冲电流间歇加热，或以低压直流电或高频交流电交替电热，以减少电耗，缩短时间，均衡热场，提高混凝土强度。

（2）间接电热法

间接电热法是以电热模型、台座、罩、窑传导加热混凝土制品的方法，又称电烘法。具有保温隔热层的制品宜用此法双面电烘。

（3）电磁感应法

电磁感应法是利用电磁感应现象，使钢模及钢筋感应生电，从内外两方面加热混凝土，温度场均匀，加热速度快，时间短，便于自控。

（4）微波养护法

微波养护法是由于混凝土的水及某些极性分子在电磁场作用下产生高频振动，既使之迅速加热，又起到微细搅拌作用，对水泥矿物的溶解有利，从而加速水化反应，而且不产生温度应力。

复习思考题

1. 简述混凝土养护方式的种类。

2. 阐述混凝土自然养护的通用措施与规定。

3. 简述养护剂养护的原理。

4. 阐述内养护的方法、原理及对混凝土性能的影响。

5. 阐述湿热养护过程中硅酸盐水泥的化学变化、物理化学变化及物理变化。

6. 简述常压湿热养护制度及确定原则。

7. 简述常压湿热养护的主要设备及工作原理。

8. 阐述混凝土制品的高压湿热养护原理，常用的压蒸方法与制度。

9. 简述混凝土的其他养护方式及原理。

第八章　常见混凝土制品生产工艺举例

当今世界，我国年生产和使用传统的混凝土制品量最多。随着加快推进海绵城市、地下综合管廊、地下储水空间建设，为预制混凝土管、预制混凝土箱涵等混凝土制品的发展提供了新的市场。"一带一路"倡议也推动了我国外向型经济的发展，国内涌现出大量新型的混凝土制品。此外，随着我国经济的发展，基础设施建设规模不断扩大，国家对工程质量的要求也越来越高，因此对混凝土制品的生产工艺提出更高的要求。

混凝土制品的生产过程，由混凝土混合料的制备、钢筋加工、制品的成型及加速硬化等基本工艺过程及辅助工序组成。本章以砂加气混凝土砌块、地铁盾构管片、轨枕及预应力空心方桩为典型实例，简要介绍它们的主要生产工艺过程。

第一节　混凝土制品的主要类型、生产工艺过程及生产组织方法

一、混凝土制品的主要类型

随着社会进步和工程建设的发展，混凝土制品的种类日益增多，其性能和应用也各不相同。现将混凝土制品按胶凝材料、骨料、制品形状、配筋方式及生产工艺等分类归纳见表 8-1～表 8-5。

表 8-1　混凝土制品按胶凝材料分类

胶凝材料种类		制品名称	特点
无机胶凝材料	水泥类	水泥混凝土制品	以硅酸盐水泥及各种混合水泥为胶凝材料，可用于各种混凝土结构
	石灰-硅质胶结材类	硅酸盐混凝土制品	以石灰、各种含硅材料（砂及工业废渣等）通过水热合成胶凝材料
	石膏类	石膏混凝土制品	以天然或工业固废石膏为胶凝材料，可制作内隔墙、天花板或装饰材料制品
	碱-矿渣类	碱-矿渣混凝土制品	以磨细矿渣及碱溶液为胶凝材料，可制作各种结构
有机胶凝材料	天然有机胶凝材料类	—	以天然淀粉胶及矿棉制成半硬质矿棉吸声板，以稻草挤压热聚而成的稻草板等
	合成树脂与水泥	聚合物水泥混凝土制品	以水泥为主要胶凝材料，掺入少量乳胶或水溶性树脂，多用于装饰用制品
	以聚合物单体浸渍	聚合物浸渍混凝土制品	以低黏度聚合物单体浸渍水泥混凝土制品，再使之聚合，如用于制作高压输油管

表 8-2　混凝土制品按骨料分类

骨料种类	制品名称	特点
普通密实骨料	普通混凝土制品	以普通砂、石做骨料，混凝土表观密度为 2100～2400kg/m³，可用于各种结构
轻骨料	轻骨料混凝土制品	采用天然或人造轻骨料，混凝土表观密度小于 1900kg/m³，可用于各种结构
无细骨料	无砂大孔混凝土制品	混凝土表观密度为 800～1850kg/m³，可做墙板、灰砂砖或砌块等
无粗骨料	细颗粒混凝土制品	以胶结材或砂配制而成，可制作钢丝网水泥制品、灰砂砖或砌块等
无骨料	多孔混凝土制品	混凝土表观密度为 400～800kg/m³，按表观密度及抗压强度的不同可制作结构用或非承重用制品

表 8-3　混凝土制品按制品形状分类

制品形状	制品名称	特点
板状	板材	承受弯拉或受压荷载，有实心板、空心板、平板、壳板、槽形板、楼板、叠合板等之分，此外还有钢筋混凝土板、石膏装饰板、硅酸钙板、石棉板等多种类型
块状	砌块、砖等	主要承受压力荷载，且尺寸较小，有实心和空心砌块，大、中、小型砌块；墙体砌块和各种功能砌块；有密实混凝土砌块和加气混凝土砌块；此外还有步道砖、路沿石等
环管状	管、杆、桩、柱、涵管、隧道	依种类不同承载特征各异，管类有无压管和压力管，电杆有等径杆和梢径杆；此外还有管桩、管柱、涵管、隧道构件等
长直形	梁、柱、轨枕、屋架	长细比较大，主要受弯或弯压荷载。如吊车梁、屋面梁、各种柱（除管柱）、铁路轨枕及屋架
箱、罐形	盒子结构、槽、罐、池等	如居室或卫生间结构，渡槽、储罐、种植盒等
船形	船	有囤船、驳船、游览船、运输船、各种工程船等

表 8-4　混凝土制品按配筋方式分类

按配筋方式分类	制品名称	特点
无筋类	素混凝土制品	多用于砌块、砖等受压小型制品
配筋类	钢筋混凝土制品	以普通钢筋增强的混凝土制品
	钢丝网混凝土制品	以钢丝网及细钢丝增强的细颗粒混凝土制品，如薄壳薄壁管、船等
	纤维混凝土制品	增强纤维有金属纤维、无机非金属纤维及有机纤维，可提高基材抗拉强度，延缓裂缝出现，改善韧性及抗冲击性，可制作瓦、板、管及各种异型制品
	预应力混凝土制品	以机械、电热或化学张拉法，在构件制作前（中）或后施加预压应力以提高抗拉、抗弯强度，广泛用于各种工程结构的制品

表 8-5 混凝土制品按生产工艺分类

制品名称	特点
振实及振压混凝土制品	适用于多种制品的生产，振压法可用于生产板材、空心砌块及一阶段压力管等
振动真空混凝土制品	适用于板材、肋形板、大口径管制品及地坪、道路、机场现浇工程
离心混凝土制品	适用于环形截面制品的生产，还可辅以振动、辊压等工艺措施
压制混凝土制品	适用于砖瓦等小砌块的成型
浇筑混凝土制品	适用于加气混凝土制品及石膏混凝土以及采用大流动性自密实混合料的场合
浸渍混凝土制品	适用于聚合物浸渍混凝土制品
灌浆混凝土制品	先将骨料密实填充模型，再压入胶结材浆体，适用于大体积混凝土制品
抄取混凝土制品	适用于石棉水泥制品和硅酸钙板（中碱玻璃纤维复合低碱度水泥板）等

二、混凝土制品的生产工艺过程

在混凝土制品的制作过程中，从原料的选择、储运、加工及配制，到制成给定技术要求的成品的全过程，称为混凝土制品的生产工艺过程。生产工艺过程也可认为是按顺序将原料加工为成品的全部工序的总和。各种工序，按其功能可分为工艺工序和非工艺工序。凡使原料发生形状、大小、结构及性能变化的工序均称为工艺工序（或基本工序），其余的工序则属于非工艺工序。工艺工序是生产过程的主体或基本环节，各工艺工序总称为工艺过程或基本工艺过程。混凝土制品生产中的基本工艺过程包括：原料的加工与处理、混合料的制备、制品的密实和成型、制品的养护、制品的装修和装饰。

在原料的加工与处理过程中，主要对物料进行破碎、筛分、磨细、洗选、预热或预反应，以达到改善颗粒级配、减少粒状物料空隙率、提高温度及洁净度、增大比表面积及提高活性等目的。如对某些原料中不符合质量要求的组分（如某一粒级骨料、针片状颗粒、铁渣、黏土、云母及有机物等杂质）可用筛除、清洗、磁选等措施予以剔除，将有害杂质的影响降低到允许程度以下。物料在原料加工工艺过程中将发生多方面的物理或化学变化，因而原料的加工与处理工序是形成混凝土结构的准备阶段，为后续生产过程的正常进行，以及最终获得合格的成品提供必要的条件。

在混凝土混合料的制备工艺过程中，将合格的各组分按规定的配合比称量并拌和成具有一定均匀性及给定和易性指标的混凝土混合料，应该将其视为混凝土内部结构形成的正式开端。搅拌除考虑均匀外，还应重视搅拌强化。在搅拌工艺过程中，可以采用分段搅拌、轮碾、超声、振动、加热等措施，进行活化、改善界面层结构及加速水化反应，以促进结构形成并提高混凝土的强度。

密实成型工艺利用水泥浆凝聚结构的触变性，对浇筑入模的混合料施加外力干扰（振动、离心力、压力等）使其流动，以便充满模型，使制品具有所需的形状，更重要的是使尺寸各异的骨料颗粒紧密排列，水泥浆则填充空隙并将它们黏结成一坚强整体。因而，密实成型工艺被视为混凝土内部结构形成的关键阶段。在此过程中，为形成密实结构，不仅应少引气或不引气，而且还应使搅拌和浇筑时引进的空气排出；为形成多孔结构，则应构成大量均匀的微小封闭气孔。同时，要力求降低能耗。

由于养护工序在混凝土制品生产过程中历时最长、能耗最大，又在很大程度上影响到制品的物理和力学性能，所以养护是一个重要的环节。对已密实成型的制品进行养护时，应创造使混凝土结构进一步完善和继续水化硬化的必需条件。加速混凝土水化硬化的过程中，必须注意兼顾技术和经济效益，在力求制约或消除导致内部结构破坏的因素并发挥水泥潜在能量的条件下，最大限度地缩短养护周期和降低能耗。

三、混凝土制品的生产组织方法

根据制品成型与养护过程中主要工艺设备、模型及制品在时间和空间上组织形式的不同，混凝土制品的生产组织可分为台座法、机组流水法及流水传送法。在生产中采用哪种方法，取决于产品类型、配筋形式、产量、设备类型、机械化与自动化程度、基建期限及投资等因素。实践证明，在生产中必须根据具体条件，选择适宜的生产组织方法，才能取得良好的经济效益。

1. 台座法

台座法的工艺特点是制品在台座的一个固定台位上完成成型、养护的全部工序，而工人、材料、工艺设备顺次由一个台位移至下一个台位。制品制成后，由起重运输设备将制品运移至成品堆场堆放。这种生产方法设备简单、投资小、生产效率较低，适用于露天预制构件厂和施工现场制作。

简易台座应用广泛，可生产预应力多孔板、墙板及其他配套构件，施工现场制作预制混凝土梁、柱及屋架等，灵活性较大。其成型设备主要是平板振动器和插入式振动器，也可采用某些专用成型机，如拉模、挤压机等。制品多采用自然养护，也可采用太阳能养护罩、蒸汽养护罩或热胎模等以加速混凝土的水化硬化。

随制品外形和配筋工艺的不同，可采用外墙板机械化台座、内墙板成组立模、屋面板或薄壳胎模及吊车梁台座等。图 8-1 所示为先张法生产预应力钢筋混凝土构件长线台座实例，其中一条生产线采用胎模成型板材，另一条采用组合模型制作高度小于 2m 的梁形构件。两条台座均建于养护坑内。

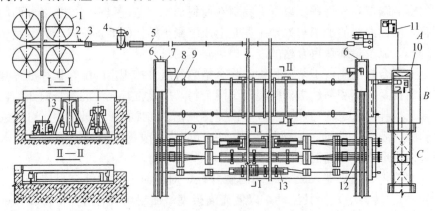

图 8-1　预应力混凝土构件长线台

1—钢丝盘架；2—钢丝定位器；3—阻力机；4—压力机；5—拉伸机；6—钢丝组传送小车；

7—张拉基座；8—钢丝夹具；9—钢丝定位器；10—张拉机；11—油泵；12—预应力钢丝；13—模型

2. 机组流水法

机组流水法生产线划分成若干工位，主要工艺设备组成若干机组，并与操作工人分别固定在相应工位上。制品按工艺流程依次由一个工位移至下一个工位，并在各工位上完成相应的操作。流水方式是非强制性的，可为空间流水或地面流水。制品在各工位上停留的时间（即流水节拍）也可各不相等，因此为使全线生产保持均衡，某些工位应设置中间储备场地。

机组流水法生产建设周期短，投资和耗钢量都较少，它适宜产品变化较多的中型永久性混凝土制品厂。图 8-2 为典型的机组流水工艺示意图。整个生产工艺过程依次在四个工位上完成，即装拆模、钢筋安放及张拉、成型、养护。成型方法可采用振动、振动加压抽芯、离心成型、振动真空成型等。流水可用桥式或梁式吊车进行。这种组织方法灵活性较大，可适应多种制品的生产，但吊车工作负荷重，容易成为阻碍生产效率提高的瓶颈。

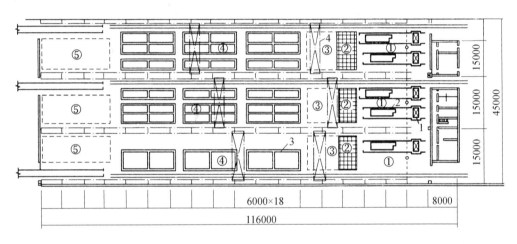

图 8-2 典型的机组流水工艺示意图

1—浇灌机；2—振动台；3—蒸汽养护坑；4—桥式起重机；

①—成型；②—钢筋堆放；③—模型组装；④—养护；⑤—拆模

3. 流水传送法

流水传送法生产线是按工艺流程分为若干工位的闭环式流水线，工艺设备和工人均固定在有关工位上，而制品及模型（或模车）则按照规定的流水节拍，强制地由一个工位移至下一个工位，并在每一节拍内完成各工位的规定操作。

由于生产线上各设备的生产率和各工序作业量的不同，为保证一定的流水节拍和流水传送的正常进行，必须对每一个工位上的工序进行必要的组合和分解，以期达到均衡。这种方法称为工序同期化。只有实现工序同期化，才有利于组织流水线生产，充分发挥流水生产的优越性。

流水传送生产线的成型可用振动或压制等专用设备进行。养护设备可采用平窑、折线窑或立窑。采用隧道窑时，一般有平面循环和竖向循环两种工艺布置形式。图 8-3 所示是采用竖向布置的流水传送法工艺示意，它由成型作业线、连续式养护窑和两端的升降、顶推机构组成一条封闭环式流水传送生产线。

流水传送法机械化、自动化、联动化程度高，适宜三班制连续作业，生产效率高。但这种生产方法设备较复杂，投资大，耗钢量大，建厂周期长，生产线调整较困难。因此，适宜于产品品种单一的大型或中型永久性混凝土制品厂。

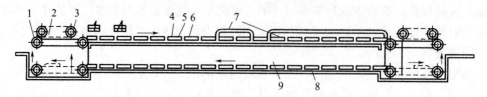

图 8-3　竖向布置的流水传送工艺示意图
1—升降机；2—模型；3—顶推机；4—浇筑机；5—振动成型机；
6—搓平机；7—预养窑；8—模车、制品；9—隧道式养护窑

第二节　加气混凝土砌块生产工艺

一、加气混凝土概述

加气混凝土是以硅质材料和钙质材料为主要原料，掺加发气剂，经加水搅拌，由化学反应形成孔隙，通过浇筑成型、预养切割、蒸压养护等工艺过程制成的多孔硅酸盐制品，其具有质量轻、保温好、可加工、不燃烧等优点，可以制成不同规格的砌块、板材及保温制品，广泛应用于工业和民用建筑的承重或围护填充结构。加气混凝土主要特点表现在以下几个方面。

1. 质量轻

加气混凝土的体积密度一般为 $400\sim700kg/m^3$。相当于实心黏土砖的 1/3，普通混凝土的 1/5，也低于一般轻骨料混凝土及空心砌块、空心黏土砖等制品（参见表 8-6）。因而，采用加气混凝土作墙体材料可以大大减轻建筑物自重，进而可减小建筑物的基础及梁、柱等结构件的尺寸，可以节约建筑材料和工程费用，还可提高建筑物的抗震能力。

表 8-6　几种常用建筑材料的体积密度（kg/m^3）

材料	加气混凝土	木材	实心黏土砖	灰砂砖	空心砌块	陶粒混凝土	普通混凝土
指标	400～700	400～700	1600～1800	1700～2000	900～1700	1400～1800	2000～2400

2. 保温性能好

加气混凝土内部具有大量的气孔和微孔，因而有良好的保温隔热性能，加气混凝土的导热系数通常为 $0.09\sim0.22W/（m\cdot K）$，仅为实心黏土砖的 1/4～1/5、普通混凝土的 1/5～1/10，常见的建筑材料的物理性质参见表 8-7。通常 20cm 厚的加气混凝土墙的保温隔热效果，相当于 49cm 厚的普通实心粘土砖墙，不仅可节约采暖及制冷能源，而且可大大提高建筑物的平面利用系统，是唯一采用单一材料即可达到节能设计标准的新型墙体材料。

表 8-7　主要建筑材料热物理性质

材料种类	体积密度 （kg/m³）	导热系数 [W/（m·K）]	导温系数 （m²/h）	比热 [kJ/（kg·K）]	蓄热系数 [W/（m²·K）]	湿度 （%）
加气混凝土	525	0.128	0.00095	0.92	2.612	0
	700	0.22	0.00085	1.34	3.86	15.3
钢筋混凝土	2500	1.63	0.00280	0.84	15.58	—
黏土砖	1668	0.43	0.00124	0.75	6.23	0
石膏板	872	0.30	0.00112	1.09	4.60	10.07
玻璃	2500	0.76	0.00130	0.84	10.70	—
陶粒	900	0.41	0.00194	0.84	4.71	

3. 良好的耐火性能且不散发有害气体

加气混凝土的主要原材料大多为无机材料，其本身又具有保温隔热性能，因此具有良好的耐火性能，并且遇火不散发有害气体。由于对建筑物中的钢筋具有较好的作用，当加气混凝土建筑遭遇火灾时，往往仅在表面造成损伤，对结构性能并不起根本性破坏。

4. 具有可加工性

加气混凝土不用粗骨料，具有良好的可加工性，可锯、刨、钻、钉，并可用适当的黏结材料黏结，给建筑施工提供了有利的条件。

5. 原料来源广、生产效率高、生产能耗低

加气混凝土可以用砂子、矿渣、粉煤灰、尾矿、煤矸石、生石灰、水泥等原料生产，可以根据当地的实际条件确定品种和生产工艺，并且可大大利用工业固废。加气混凝土是粉煤灰间接利用的极好产品，加气混凝土的资源利用率较高（1m³ 原材料可生产 5m³ 的产品），符合减量化节约原则和循环经济战略。

二、加气混凝土用原材料

生产加气混凝土的原材料，主要看当地的资源条件，生产的产品品种以及工厂的生产、技术、设备条件等。用于生产加气混凝土的材料，可以把其分为四大类，即基本材料、发气材料、调节材料及结构材料，其中结构材料为钢筋类材料，主要用于生产加气混凝土板材制品。

1. 基本材料

基本材料是指形成加气混凝土的主体材料。在配料浇筑和蒸压养护等工艺过程中，这些基本材料将发生一系列的物理化学变化，并相互作用，产生以水化硅酸钙为主要成分的新生矿物，从而使加气混凝土具有一定的强度。

基本材料共分两大类，一类是硅质材料，主要成分 SiO_2，如砂、粉煤灰等；另一类是钙质材料，主要成分是 CaO，如生石灰、水泥、粒状高炉矿渣等。此外，含硅的尾矿砂、煤矸石、石厂加工废弃粉末、水泥管桩生产中产生的废浆等也常被用来作为原料。

2. 发气材料

发气剂的种类比较多，主要可分为金属和非金属两大类，金属发气剂有铝（Al）、锌（Zn）、镁（Mg）等粉剂或膏剂，铝锌合金和硅铁合金等；非金属类有双氧水（H_2O_2）、碳化钙（CaC_2，俗称电石）等。目前，世界各国生产的加气混凝土，绝大多数采用金属法来产生气体，而在金属法中，真正用于工业生产的是铝粉（或铝粉膏）。国际上多采用铝粉作为发气剂，我国过去也是以使用铝粉为主，现在除少数引进生产线外，大多数已改用铝粉膏。相配套的稳泡剂种类也较多，原则上凡是降低固-液-气相表面张力、提高气泡膜强度的物质均可起到稳泡的作用，都是稳泡剂。但从其稳泡功能的强弱和对加气混凝土料浆的适应力来看，目前采用较多的主要是"可溶油"、拉开粉、皂荚粉及某些合成物等。

3. 调节材料

为了使加气混凝土料浆发气膨胀和料浆稠化相适应，使浇筑稳定并获得性能良好的坯体，加速坯体硬化，提高制品强度，避免制品在蒸压过程产生裂缝，都需要在配料中加入适当的辅助材料，使加气混凝土在生产过程中某一工艺环节上的性能得以改善。这些材料统称为调节材料。不同的加气混凝土，需要不同的调节材料，在水泥-矿渣-砂体系中，常用的有纯碱、水玻璃、硼砂及菱苦土；在水泥-石灰-粉煤灰和水泥-石灰砂体系中，常用的有烧碱、水玻璃、石膏等；在生产加筋板材时，则加入菱苦土。

三、加气混凝土生产的工艺流程

加气混凝土各种物理和力学性能取决于蒸压养护后的混凝土结构，包括孔结构及孔壁的组成。加气混凝土孔壁的组成，是由钙质材料与硅质材料在水热处理过程中所生成的一系列水化产物的种类和数量决定的，也是决定加气混凝土具有物理和力学性能好坏的原因。加气混凝土的孔结构，不仅有如同一般硅酸盐混凝土那样的微孔结构，还有铝粉所形成的气孔，这些微孔结构受生产工艺流程的影响很大，也对加气混凝土的物理和力学性能有着极大的影响。

加气混凝土可以根据原材料类别、品质、主要设备的工艺特性等，采取不同的工艺进行生产。但一般情况下，主要工艺流程分原材料制备、钢筋加工、钢筋网组装、配料、浇筑、静停、切割、蒸压养护及出釜等工序，如图8-4所示。

1. 工艺方法及意义

（1）原材料制备

生产加气混凝土首先将硅质材料（如砂子、粉煤灰等）进行磨细，根据原材料要求及工艺特点，有的采取干磨成粉，有的加水湿磨制浆，还有与一部分石灰混磨。其中混磨又有两种方式：一种是干混磨制备胶结料；另一种是加水湿磨，主要为改善粉煤灰或砂的特性，称为水热球磨。工厂购入的石灰大多为块状，因此石灰也必须经过破碎和粉磨。石膏一般不单独磨细，或掺入粉煤灰一同磨细，或掺入石灰一同磨细，也可与石灰轮流使用一台球磨机，其他辅助材料和化学品也经常利用这种方法制备使用。原材料制备工序，是配料的准备工序，是使原材料符合工艺要求的再加工及完成配料前的储备均化陈化过程，是直接影响整个生产过程能否顺利进行、产品质量能否达到要求的最基本工艺环节。

钢筋加工是生产加气混凝土板的特有工序，包括钢筋的除锈、调直、切断、焊接、涂料制备、涂料浸渍及烘干。钢筋是生产加气混凝土板的结构材料，工序控制不仅影响

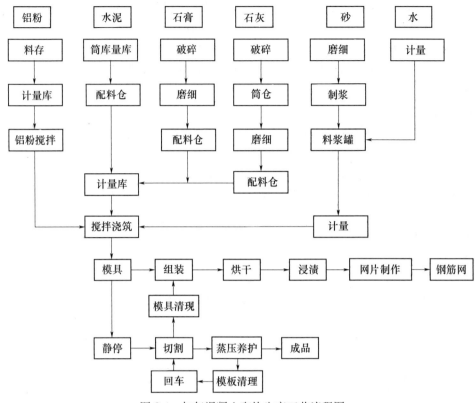

图 8-4 加气混凝土砌块生产工艺流程图

产品质量，更直接影响建筑物的结构性级与安全性。钢筋网组装工序是把经过防腐处理的钢筋网，按工艺要求的尺寸规格和相对位置组合后装入模具中，并使其固定，以便浇筑。

（2）配料

配料是把制备好并储存待用的各种原料进行现场计量，然后按工艺要求，依次向搅拌设备投料。配料是加气混凝土工艺过程的一个关键环节，关系到原材料之间各有效成分的比例，关系到料浆的流动性和黏度是否适合铝粉的发气及坯体的正常硬化等，对发气膨胀、硬化过程及制品性能都有最直接的影响。

（3）浇筑

浇筑工序是加气混凝土区别于其他各种混凝土的独特的生产工序之一。浇筑工序是把前道配料工序经计量及必要的调节后投入搅拌机的物料进行搅拌，制成达到工艺规定的时间、温度、稠度要求的料浆，通过搅拌机的浇筑口（又称浇筑搅拌机）浇筑入模。此时，若生产板材时，模中已置入组装好的钢筋网，料浆在模具中进行一系列物理化学反应，产生气泡，使料浆膨胀、稠化、硬化，形成加气混凝土坯体。浇筑工序是能否形成良好气孔结构的重要工序，与配料工序一道构成加气混凝土生产工艺过程的核心环节。

（4）静停

静停工序主要是促使浇筑后的料浆继续完成稠化、硬化的过程，实际上这一过程从料浆浇筑入模后即开始，包括发气膨胀和坯体养护两个过程，以使料浆完成发气形成坯体，并使坯体达到一定强度，以便进行切割。通常这一过程是在一定温度条件下进行的，所以，又称为热室静停。这一工序没有太多的操作，应避免振动，同时严格注意发气过程浆体的变化，并反馈至配料、浇筑工序。坯体的主要缺陷均在此工序产生，如塌模、坯体开裂、憋气等。

（5）切割

切割工序是对加气混凝土坯体进行分割和外形加工，使之达到外观尺寸要求。切割工艺体现了加气混凝土便于进行大体积成型、外形尺寸灵活多样而能大规模机械化生产的特点，也是加气混凝土有别于其他混凝土的一个较突出的优点，切割工作可以机械进行，也可人工进行。为了提高生产效率和产品质量，设计的专用切割机构成了加气混凝土生产工艺的核心，并形成不同的专利技术。切割工序直接决定加气混凝土制品外观质量和内在性能。

（6）蒸压养护

蒸压养护工序是加气混凝土坯体进行高压蒸汽养护。对加气混凝土而言，只有经过一定温度和足够时间的养护，坯体才能完成必要的物理化学变化，从而产生足够的强度，以满足建筑施工的需要。这个过程通常要在174.5℃以上进行，因而，密封良好的蒸压釜具有一定压力和温度的饱和蒸汽，使坯体在高温高湿条件下充分完成其水热合成反应，得到所需要的新矿物，使加气混凝土具有一定强度及其他物理力学性能。蒸压养护工序决定了加气混凝土内在性能的最后形成。

（7）出釜

出釜是加气混凝土生产的最后一道工序（有些工艺在生产板材时，出釜后还有板材加工工序）。包括制品出釜、吊运、检验、包装及小车、底板的清洁涂油，保证向市场提供合格的产品及下一个生产循环的正常进行，随着市场对制品外观的要求及城市管理的要求，越来越多的加气混凝土生产企业已开始对加气混凝土制品进行包装，相应的包装也由简单打包固定到增设包装机械，一般采用热塑包装。

2. 加气混凝土生产工艺的主要类型

加气混凝土的生产工艺过程如前述，从原材料制备到产品出釜，具体到每个工厂采取的工艺流程及装备又各不相同，但每种专利与技术，主要都是围绕坯体切割来展开。目前，世界上已经形成了伊通（ytong）、西波列克斯（Siporex）、海波尔（Hebel）、乌尼泊尔（Unipol）、求劳克斯（Durox）、塞尔康（Cellcon）及司梯玛（Stema）等专利技术。我国加气混凝土设备的开发也已获得多项成果，并形成特有的工序，如6m翻转式切割工艺、4m预铺钢丝卷切式工艺、3.9m预铺钢丝提拉式切割工艺、海波尔翻板技术（包括JHQ切割机）、司梯玛翻板技术、分步式切割工艺技术（仿伊通）及手工切割工艺。

（1）西波列克斯工艺

西波列克斯工艺是我国引进的首条加气混凝土生产线，装备在北京加气混凝土厂，设计年产量15万m³。工艺过程为：原材料经分别处理后配料；固体物料以重量计量，液体和浆体以体积计算，采用移动式搅拌浇筑机对物料进行搅拌浇筑；模具在注入料浆后就地静停初养，使坯体硬化；切割机为西波列克斯专利，在切割机上，有拆模和合模装置，坯体完成切割后仍然合上模框，实行带模养护，蒸压釜规格为 $\phi2.85m\times25.6m$，模具规格 $6m\times1.54m\times0.65m$，蒸汽压力 1.5MPa。切割时，采用的是将坯体夹起完成横切，然后再将坯体置于纵切输送带上，在坯体推进行走时完成纵切。

（2）海波尔工艺

海波尔工艺是由罗马尼亚抵债而引进的成套技术。原装备在天津加气混凝土厂、上海硅酸盐制品厂及哈尔滨加气混凝土厂，设计规模为年产 20 万 m^3。其特点是：采用胶结料混磨工艺，固定式搅拌浇筑，移动式静停初养，经海波尔切割机切割；制品脱模养护，浇筑与蒸压养护分两种底板，采用 $\phi2.85m\times37m$ 蒸压釜，蒸汽压力 1.2MPa。

（3）伊通工艺

伊通先后已有几种专利技术，目前装备在北京加气混凝土厂（技改线）的是伊通三代，主机设备由德国引进，规模为年产 27 万 m^3。特点是：砂和石灰分别磨细；固定搅拌浇筑，浇筑后的模具通过摩擦轮移动静停初养，采用伊通切割机组，坯体被带模空中侧翻 90°，并改由侧板支承坯体进入切割线完成切割。切割后，坯体不再翻回，以侧立形式入釜养护；蒸压釜规格 $\phi2.85m\times25.6m$，蒸汽压力 1.2MPa。

（4）乌尼泊尔工艺

乌尼泊尔工艺是引进的波兰专利，我国引进关键设备装备了北京现代建筑材料公司、杭州加气混凝土厂和齐齐哈尔建材厂三家企业。设计规模年产 15 万 m^3；特点是：采用干法混磨工艺（将水泥、石灰、石膏及部分粉煤灰混合磨细制成胶结料），全部物料质量计量，定点浇筑，辊道移动式热室静停初养。采用乌尼泊尔切割机组切割，拼装底板脱模养护，蒸压釜规格 $\phi2.6m\times40m$，蒸汽压力 1.2MPa。

（5）司梯玛工艺

司梯玛工艺是丹麦技术。我国引进德国二手设备后装备了南通支云硅酸盐制品有限公司，原设计规模年产 5 万 m^3 加气混凝土砌块。引进时常州建材研究设计所对设备进行了适合国情的改选，并使产量达到 7.5 万 m^3，其特点是采用 $2.1m\times1.25m\times0.6m$ 模具，高速顶推搅拌机，浇筑后推入热室进行静停初养，切割时坯体与底板不分离，切割机共分脱模、横切、纵切及吸去面包头四个工位。蒸压养护配用国产 $\phi2m\times21m$ 蒸压釜，生产过程是一条严密流水线，且全为地面作业，不使用行车，其缺陷是不能生产板材。

（6）威翰工艺

威翰是德国的建材设备制造商，南京建通墙体材料公司引进了威翰Ⅰ型（WEHRHAHNI）二手设备，装备能力为年产 10 万 m^3。其特点是：模具为开启式，浇筑成型的坯体由夹坯装置夹至切割机上，并改由以篦条式蒸养底板支撑，置于横切装置完成横切。引进的威翰Ⅱ型，则参照伊通技术，采用脱模翻转切割，侧立养护工艺，与伊通的区别是沿用了威翰特有的五面开启式模框，完成切割后，再对坯体进行二次 90°翻转，以除去底部余料。

（7）6m 翻转切割工艺

6m 翻转切割工艺，是以中国建筑东北院设计的 6m 翻转式切割机为核心的加气混凝土生产工艺线，年生产能力为 10 万 m^3。其特点是：各种物料分别处理后配料；采用移动式搅拌浇筑机、模具就地静停初养，采用翻转式切割机，机上有脱模装置，坯体脱掉模框后在地面翻转成侧立状切割，切割完毕仍恢复平放，在原底板上入釜养护，蒸压釜的规格化为 $\phi 2.895m \times 25.6m$。工艺中配有湿排粉煤灰脱水浓缩设备。

（8）4m 预铺卷切式工艺

4m 预铺卷切式工艺为上海华东新闻型建材厂自行设计完善，其核心为预铺卷切式切割机，规模为年产 5 万 m^3。其特点是：采用部分粉煤灰与石灰混合磨细；干物料采用杠杆式计量秤计量，固定式浇筑搅拌机；模具规格 4m×1.5m×0.64m，坯体经热室静停，以负压吊吸吊脱离底板后上切割机，切割机上预先放置另一底板，并预铺好切割钢丝，切割后坯体连同底板入釜养护，配合用 $\phi 2.85m \times 25.6m$ 蒸压釜。该工艺同时有 3.9m×1.2m×0.64m 模具，配 $\phi 2m \times 21m$ 反应釜。

（9）3.9m 预铺钢丝提拉式工艺

3.9m 预铺钢丝提拉式工艺基本与预铺钢丝卷切式工艺一致，所不同的主要是切割机的纵切与卷切式不同而采用提拉切割方式，而卷切式则是切割时卷动钢丝，使其逐步收紧缩短，以达到切割目的。

3. 其他加工工艺

各种原材料加工工艺和配料工艺，与以上各工艺相配合，共同构成了加气混凝土的生产工艺，比较典型的有：

（1）混磨制备胶结料工艺

混磨制备胶结料工艺是乌尼泊尔工艺的配套技术（详见"乌尼泊尔工艺"），是区别于通常采用的各种物料单独制备的技术，能有效地改善浇筑稳定性，提高浇筑合格率。

（2）水热球磨工艺

将部分石灰等提前与硅质材料一同加水湿磨，提供了一个石灰预先消化并与硅质材料初步反应的机会。水泥-石灰-砂加气混凝土的水热球磨投入磨细的是全部的砂子、石膏掺入配比中 5% 的石灰（约占有石灰用量的 25%）；水泥-石灰-粉煤灰加气混凝土的水热球磨是全部的粉煤灰和石膏，掺入配比中 5%～10% 的石灰（约占石灰用量的 20%～30%）。该工艺能有效地提高粉煤灰和砂浆的稳定性。

（3）错层配料工艺

错层配料工艺是将配料楼一分为二，高低错开布置，分别满足人员工作的空间要求和设备布置的空间要求，以降低物料落差，简化设备布置和建筑结构，避免各楼层开设楼梯和设备洞口，可以有效地降低建筑高度，方便设备维修保养，减少生产电耗。

四、加气混凝土生产线实例

图 8-5 为西安某加气混凝土制品厂工艺布置图。该厂生产线的主要工序选用国产的切割机组、搅拌机、专用吊车及吊具等。其特点如下：

① 设计能力为年产 30 万 m^3，可同时生产砌块和板材，产品以表观密度为 500kg/m^3 和 600kg/m^3 的砌块为主。

② 适用于水泥-石灰-粉煤灰和水泥-石灰-砂原料体系。

③ 采用干法粉磨工艺，将块状生石灰和部分干粉煤灰混合磨细，然后再与其他物料配料搅拌。

④ 采用螺旋式搅拌机对物料进行搅拌和浇筑，坯体在热室静停初养。

⑤ 采用伊通切割机对坯体进行切割。

⑥ 采用 $\phi2.85m\times39m$ 尽头式蒸压釜进行蒸压养护。制品是脱模养护，养护恒压压力为 1.2MPa。

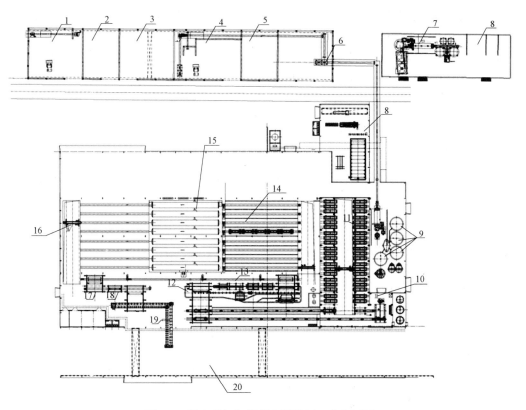

图 8-5　西安某加气混凝土制品厂工艺布置图

1—废砖和废砌块破碎库；2—石屑储存库；3—石英砂储存库；4—毛砂储存库；

5—砂储存库；6—振动受料斗（石英砂、砂）；7—石膏和生石灰库；8—钢筋加工车间；

9—料浆储存罐；10—搅拌楼；11—静停室；12—翻转吊机；13—切割区；14—等待区；

15—反应釜；16—摆渡车；17—分坯吊机；18—掰板机；19—成品打包机；20—堆场

第三节　地铁盾构管片生产工艺

一、地铁盾构管片概述

盾构管片是盾构施工的主要装配构件，是隧道的最内层屏障，承担着抵抗土层压力、地下水压力以及一些特殊荷载的作用。盾构管片是盾构法隧道的永久衬砌结构，盾构管片质量直接关系到隧道的整体质量和安全，影响隧道的防水性能及耐久性能。

盾构隧道预制混凝土衬砌俗称"管片"。盾构机一边往前挖掘，一边在后面用预制好的管片拼装起一环环完整的地铁隧道"混凝土内胆"。国内自 20 世纪 90 年代以来，随着隧道施工技术的不断改进，隧道施工质量得到了很大的提高，对管片的精度、质量要求也大幅度提高。以普通的地铁管片为例，对管片钢筋笼的精度要求达到 5mm，对成型管片的精度要求更是达到了 1mm，特别是对管片的宽度则要求误差在 0.5mm 以内。这样的精度要求，对于预制混凝土构件来说是非常高的。鉴于业内对管片精度的高要求，迫使管片生产单位改进施工工艺，采用先进设备，以确保其生产的管片满足施工要求。目前在地铁隧道盾构施工中，各个大中城市主要采用标准环和转弯环管片对设计隧道平纵曲线拟合，管片一般分为标准环、左转弯环、右转弯环三种管片，每环管片一般由六块管片组成，三块标准块、两块邻接块、一块封顶块，由盾构上的拼装机拼装成一个整环。

二、盾构管片用原材料

1. 水泥

由于管片的生产采用生产线蒸养的方式，为了缩短预养和蒸养的时间，水泥宜采用早期强度较高的水泥，要求水泥中的硅酸三钙含量较高，这样有利于混凝土中早期结构的形成。比表面积 $300\sim350\text{m}^2/\text{kg}$，否则易造成水化热释放集中。另外为避免产生碱-集料反应，水泥的碱含量控制在 0.6% 以下。

2. 粗骨料

不得使用碱活性粗骨料，控制粒形规格。碎石应要求级配良好，最大粒径小于 38mm，且小于钢筋骨架最小净间距的 3/4，含泥量小于 0.7%，泥块含量≤0.3%，针片状含量≤0.8%。

3. 细骨料

不得使用碱活性细骨料，要求使用中砂，细度模数 2.3~2.9，含泥量≤1.5%，泥块含量≤0.5%，同时规定必须选用河沙。

4. 外加剂

外加剂品质应为＞20%的减水率和对胶凝材料有良好的适应性，严禁使用氯盐类外加剂。外加剂一般选用聚羧酸高效减水剂，最高收缩率比不超过 100%。含气量≤3%，对管片气泡和耐久性也有较大的改善。外加剂中不要有引气和缓凝的部分。

5. 掺合料

粉煤灰应为不低于Ⅱ级低钙粉煤灰；矿粉为 S95 级以上矿粉。主要具有降低水化热、补偿收缩等耐久性方面功能，二次水化增加后期强度和降低水胶比等优点。

6. 水

混凝土拌和用水应满足《混凝土用水标准》（JGJ 63—2006）的规定。

三、管片生产的工艺流程

地铁盾构管片的生产工艺流程图如图 8-6 所示。

1. 钢筋模具制造阶段

（1）模具组装步骤

模具组装主要分为以下两步：

① 均衡用力拧至牢固。特别注意，严格使吻合标志完全对正位，并拧紧螺栓，但不得用力过猛。

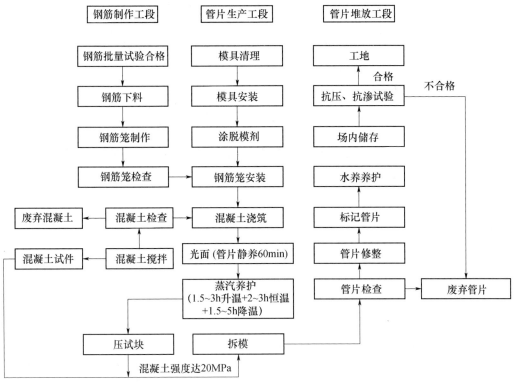

图 8-6 地铁盾构管片生产流程图

② 把侧模板与底模板的固定螺栓装上，用手拧紧后再用专用工具从中间位置向两端顺序拧紧；严禁反顺序操作，以免导致模具变形。

（2）模具调校

组装好模具后，由专职模具检测人员对其宽度、弧长、手孔位进行测量，不合格的及时调校，必须达到模具限定公差范围，以保证成品精度。

（3）钢模橡胶防水密封条检查

钢模橡胶防水密封条属易损件，应每天检查并留有足够的备用件。检查方法：每个工作日由组模人员目视检查是否有破损现象。如有破损，则立即调换新的防水密封条，避免因防水密封条破损而引起漏浆现象发生。

2. 钢筋笼制作与运输

（1）钢筋笼制作步骤

钢筋笼制作主要经过钢筋原材料检验、调直、断料、弯弧、弯曲部件、检查部件、焊接、钢筋骨架成型、焊接、钢筋笼检验等步骤。

（2）钢筋笼制作工艺要点

① 严格控制钢筋的原材料质量，未经检验和检验不合格的钢筋不得使用。

② 钢筋的调直、下料、弯弧、弯曲，均采用人工配合钢筋加工机械完成，然后进行部件检查，对不合格的钢筋部件一律清出。

③ 钢筋用 CO_2 保护焊机焊接成型。

④ 成型后由检验员进行检查，针对管片的块号检查钢筋直径、数量、间距及焊接

牢固的情况、焊接烧伤情况，钢筋笼加工应严格进行自检和监理检查。

⑤ 检查后进行标识，不合格的钢筋笼应予以报废，不得用于管片生产。钢筋笼检验合格后，用门吊将钢筋笼放置在存放区，使用时用转运车辆将其运到混凝土车间。钢筋笼存放时要采取防雨防锈措施。

3. 钢筋笼骨架入模及预埋件安装

（1）由专人按模具的型号规格将钢筋骨架、预埋件、灌浆头、预埋弯管等分别摆放在模具附近指定位置备用。

（2）检查钢筋骨架是否有质检员悬挂的合格标识牌，合格后安装上保护层垫块。垫块根据不同部位分别选用偏心飞轮型和支架型两种。其中，支架型用于底部支撑，偏心飞轮型用于侧面支撑。

（3）检查脱模剂涂抹是否均匀，应尽量使模具内表面均匀分布脱模剂，不积聚、不流淌。

（4）四点吊钩将钢筋骨架按模具规格对号入模。起吊过程必须平稳，不得使钢筋骨架与模具发生碰撞。

（5）安放预埋弯管时，对准手孔座孔位处事先安放的垫圈，固定弹簧顶针。

（6）螺杆头部必须全部插入模孔内，防止连接不紧出现缝隙造成漏浆现象。

（7）专人检查各配件是否按要求安放齐全、牢固，不符合要求的必须进行修正。

（8）检查钢筋骨架保护层垫块是否安放正确，保证主筋保护层厚度误差为 $-3\sim+5$mm。

4. 混凝土搅拌与运输

混凝土配合比必须进行试配，并进行试验以获取正确的养护时间和抗压强度；对混凝土立方体试块进行强度和抗渗试验，以检验混凝土配合比是否满足抗渗和设计强度的要求；对管片吊装孔进行抗拔试验，以检验其最大抗拔能力。

为保证混凝土性能的稳定，定期检验混凝土搅拌站上料系统、搅拌系统及电子称量系统，保证机器运行精度。实验室设专人检查混凝土的搅拌质量，坍落度值一般控制在 $30\sim70$mm 为佳。

冬期施工时，为保证混凝土的性能，采用温水搅拌，如气温较低应适当对砂石进行加热。搅拌时先加入砂、碎石，后加入水泥、外加剂，且保证搅拌时间不少于 1min。混凝土拌制后及时放入料斗，用专用混凝土运输车运到混凝土车间进行浇筑，混凝土应随拌随用。

5. 混凝土浇筑、振捣

浇筑前必须按规定对组装好的模具进行验收，发现任何不合格项目均应通知上道工序返工，经验收合格后取走挂在钢筋笼上的标志牌表示可以浇筑。只有被确认坍落度在设计配合比范围内的混凝土才可使用，否则应废弃。此时注意要采用附着式整体振动器振捣，振动至混凝土与侧板接触处不再有喷射状气泡、水泡，并均匀为止。振捣过程中需观察模具各紧固螺栓、螺杆以及其他预埋件的情况，一旦发生变形或移位，立即停止浇筑、振捣，并尽快在已浇筑混凝土凝结前修整好。最后在全部振动成型完成后，抹平上部中间多余的混凝土。混凝土要分层浇筑，以顶盖板的长度划分浇筑层。

6. 管片抹面

打开顶板的时间一般在混凝土浇筑后 10min 左右，具体时间随气温及混凝土凝结情况而定。打开模板时注意插牢顶板插销，以防顶板落下伤人。根据生产阶段不同，抹面可分为三种情况：

粗抹面：使用木抹子，去掉并刮平多余混凝土（或填补凹陷处），使混凝土表面平顺。

中抹面：待混凝土表面收水后使用铁抹子进行光面，使管片表面平整光滑。

精抹面：用手指轻按混凝土，有微平凹痕时，用铁抹子精工抹平，力求使表面光亮无印痕。在混凝土浇筑完 1h 左右，拔出芯棒并及时清洗干净，涂抹黄油后放在模具的指定位置。

7. 管片蒸汽养护

蒸养是利用外部热源加热混凝土，加速水泥水化反应和内部结构形成的一种加速混凝土硬化的方法。采用蒸汽养护，以提高混凝土脱模强度、缩短养护时间。蒸汽养护要有专人负责，从而为加快模具周转创造条件。

混凝土初凝后合上模具盖板（不用拧紧螺栓），在模具外围罩上一个紧密不透气的养护罩，进行蒸汽养护。混凝土浇筑完成后静置约 2h，加盖养护罩，引入饱和蒸汽进行养护，升温时间控制在 2～3h。为防止温度升高过快造成混凝土膨胀损害内部结构，在自然温度下，每小时升温 10～15℃，不得超过 20℃。恒温阶段一般在 1.5h 左右。蒸养温度为 50～60℃，最高不超过 60℃。降温时间必须控制在 1.5h 以上。到达规定的蒸养时间后关上供汽阀，部分掀开养护罩，让模具和混凝土自然冷却 1h 后再全部揭走养护罩，0.5h 后开始脱模。

8. 管片脱模

混凝土降温后将混凝土试块送实验室进行试压。强度达到设计强度的 40% 以上或 20MPa 以上时，接实验室通知后开始脱模。在管片脱模时，当管片自身温度与大气温度差不超过 20℃时方可脱模。

脱模顺序：松开灌浆孔固定螺杆，打开模具侧模板，打开模具端板，将吊具连上管片，振动脱模。脱模必须使用专用吊具，建议使用真空吸盘机进行管片脱模工序。使用真空吸盘机则必须保证脱模的垂直角度以及起吊的重心位置。将管片吊至翻片机上进行 90° 翻转，再换专用吊具将侧立的管片吊至临时存放场。

脱模过程中严禁锤打、敲击等错误操作。

9. 管片水池养护及喷淋养护

用专用管片转运车辆将管片转运到水养池旁，再用走行式门吊起吊管片，将管片放置于水池中进行养护。水养时要求管片混凝土内外温差、管片温度与水温度相差不超过 20℃。管片在水池中养护 7d 后，用门吊起吊管片。

10. 管片最终检验

（1）成品尺寸检验

用 0～2100mm 和 0～510mm 量程（根据管片设计尺寸配置）的游标卡尺分别测量管片的宽度和厚度；用 5m 规格的钢卷尺测量管片弧长；用 50m 钢卷尺对扭曲变形情况进行检验，每块管片都进行外观质量检验，管片表面应光洁平整，无蜂窝、露筋、裂纹、缺角。对轻微缺陷进行修饰，止水带附近不允许有缺陷，灌浆孔应完整，无水泥浆等杂物。

（2）三环试拼装

管片正式生产前和每生产 200 环管片后，由于管片模具可能尺寸不够精确或生产过程中振动变形，因此需要进行三环试拼装以检查管片几何尺寸和模具是否符合规范要求。为保证拼装质量，需制作一个钢筋混凝土平台，平台确保水平，误差控制在 2mm 以内；制作 12 个拼装支架，支架能够在高度上进行微调，以便矫正管片拼装后的水平。

（3）抗弯检测

采用简支两分点对称集中加荷的方法，利用千斤顶对管片施压，采用分级加荷的方式。初始荷载为 30kN，加荷递增量为 10kN，每级荷载持续 1min，并分别读取荷载点、中心点位移及水平位移值（位移值用百分表 D1～D7 读数计算）。当加荷至一定值时，开始观察管片裂缝，以取得管片初始裂缝荷载值及破坏荷载值。该试验目的是模拟管片环在隧道土体中的受力情况，以检验管片的极限抗裂强度及抗破坏能力是否能满足或承受起隧道土体的土压及地下水压作用。

（4）地铁管片吊装孔螺栓抗拔试验

用螺栓头旋入管片吊装孔螺栓当中，借千斤顶对管片吊装孔螺栓施加拉拔力，采用分级加荷方式，每次加荷增量为 10kN，每级荷载持续 1min，读取管片垂直位移值（位移值用百分表 D1、D2 读数计算）。随时观察管片吊装孔螺栓周围混凝土的情况，当百分表读数突然增大、压力表读数不再上升时，说明吊装孔螺栓被破坏或者螺栓周围的混凝土被破坏，记录此时百分表读数及压力表读数，取得管片吊装孔螺栓极限抗拔能力数据。该试验的目的是模拟管片在吊运和在隧道内施工安装过程中吊装孔螺栓的受力情况，以检验管片吊装孔螺栓抵抗被拔出破坏的能力是否能满足施工要求。

（5）管片抗渗试验

采用水压系统对管片外弧面施加水压，采用分级增加水压的方式，每次增量为 0.2MPa，每级持续时间为 5min。当水压达到设计值后，则持续 2h，以检测管片在设计要求水压下的渗水高度。试验目的是模拟管片经受隧道土体中地下水渗透压力作用的情况，检验管片抵抗渗漏的能力，从一个侧面反映管片内部结构的密实性。

四、管片生产线实例

图 8-7 所示为西安某地铁盾构管片制品厂工艺布置图。该厂生产线的主要工序选用钢筋笼焊接床、强制式混凝土搅拌机、专用吊车及吊具等。其特点如下：

① 设计能力为年产 3 万环地铁盾构管片，规格型号为 YZ6-5500mm×1500mm×300mm 等。

② 强度等级为 C50，结构安全性高，采用低碱水泥、非碱活性骨料，耐久性好，使用寿命为 100 年。

③ 管片精度高，宽度方向误差在 ±1mm 以内，可实现隧道轴线的精确控制。

④ 抗渗性能好，属于自防水混凝土，其抗渗等级可达 P12。

⑤ 预埋槽道技术，减少后期人工开槽对管片的损伤，提高管片耐久性，减少环境污染，缩短工期。

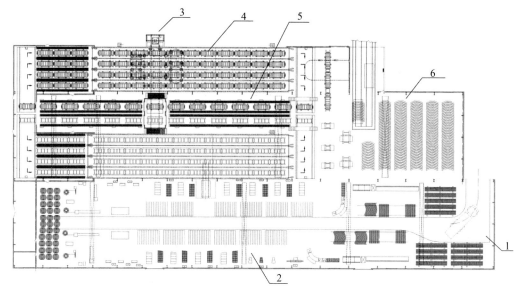

图 8-7　西安某地铁盾构管片制品厂工艺布置图

1—钢筋堆放区；2—钢筋加工区；3—搅拌楼；4—隧道窑；5—浇筑和成型区；6—标识区

第四节　轨枕生产工艺

一、轨枕概述

轨枕是置于钢轨之下、支承钢轨并将钢轨所受荷载传布于道床上的构件，是铁路轨道重要组成部分。轨枕起到固定钢轨位置并保持轨距的作用，轨枕应具有一定的坚固性、弹性、绝缘性及使用寿命。轨枕依据构造及铺设位置不同有横向轨枕、纵向轨枕、梯子形轨枕、短轨枕、双块式轨枕、Y 型轨枕等。轨枕按其使用要求分为普通轨枕、桥梁轨枕、道岔轨枕等。轨枕按其材质分为木枕、混凝土枕、钢枕、塑料枕等。

混凝土枕具有强度高、道床横向阻力大、稳定性好、使用寿命长等特点，同时不受气候、腐蚀的影响，并可节省大量优质木材。其缺点是自重大，维修更换不便，并且混凝土枕刚度大，绝缘性差，但该不足之处可通过扣件解决。我国混凝土轨枕经历了"弦Ⅱ-61A 型""弦-61 型""弦 65B 型""弦 69 型""筋 69 型""丝 79 型""丝 81 型""筋 81型"等型号，其中 69 型设计图纸已作废，工厂不再生产。1984 年铁道部为改变过去混凝土轨枕名称混乱状态，统一了名称并减少类型为"S-1 型""S-2 型""J-2 型""S-3型"预应力混凝土枕，之后又称"Ⅰ型""Ⅱ型"。

Ⅲ型轨枕是 1988 年开始由铁道部专业设计院、铁道部科学研究院等单位研制的，分有挡肩和无挡肩两种形式。轨枕长度为 2.6m。设计参数采用机车（三轴）最大轴重23t、最高速度 160km/h、轨枕配置 1760 根/km 设计。Ⅲ型混凝土枕分为三种：Ⅲa 型枕为有挡肩、用预留孔硫黄锚固来安装扣件；Ⅲb 枕为无挡肩，有预埋铁件来安装扣件；Ⅲc 枕，截面、配筋等和Ⅲa 型枕相同，也为有挡肩，只是预留孔硫黄锚固改为采用塑料套管。

二、轨枕用原材料

水泥应选用硅酸盐水泥或普通硅酸盐水泥，水泥的强度等级不应低于 42.5 级，碱含量应不超过 0.60%，三氧化硫含量应不超过 3%。

粗骨料最好采用 5~25mm 连续级配碎石，最大粒径不超过 25mm。当采用碎卵石时，尽量用大卵石破碎，因为中小的碎卵石破损面应大于 70% 很难做到，会影响混凝土的质量，最终影响结构性能、静载及疲劳。细骨料采用天然中粗河沙，含泥量含质量计不大于 1.5%。拌和水、减水剂及矿物掺合料应符合《铁路混凝土》（TB/T 3275—2018）的规定。

预应力钢丝应符合《预应力混凝土用钢丝》（GB/T 5223—2014）的规定，箍筋采用低碳钢热轧光圆钢筋时，其性能应符合《钢筋混凝土用钢 第 1 部分：热轧光圆钢筋》（GB 1499.1—2017）的规定；采用低碳冷拔钢丝时，其性能应符合《一般用途低碳钢丝》（YB/T 5294—2009）的规定且所用钢材不低于 Q235；箍筋摆放位置不到位，特别是在枕端部，如果间距过大，容易造成端部微细裂纹过早出现，螺旋筋圈数不够或螺距不符合。

三、轨枕生产的工艺流程

轨枕的生产工艺流程图如图 8-8 所示。

1. 钢丝编组

我国混凝土轨枕主要采用直径 7mm 或 6.25mm 的高强螺旋肋钢丝。每根轨枕的数根预应力钢丝是编成一组，以便一次进行张拉。预应力钢丝类型不同，其编组方式也不同。但有些要求是一致的，即在预应力钢丝编组中要注意保持所有钢丝（筋）长度一致，同一轨枕的一组钢丝长度误差不应大于 0.015%。

钢丝作业主要包括钢丝开盘、定长切断钢筋、穿挡板及挂板、镦头、分板及钢丝组入模等工序。钢丝作业设备主要有钢筋盘架、定长切断机、镦头机、分板机。预应力钢丝作业具体工序如下：

① 钢丝开盘，将直径约 2m 的成捆钢丝束放置在钢丝盘或放线架内；

② 钢丝定长切断，螺旋肋钢丝直径小、硬度低，因此可采用通用的钢筋定长切断机；

③ 穿挡板及挂板、镦头，将定长切断的一组钢丝（Ⅱ 型枕配筋 8ϕ7mm 或 10ϕ6.25mm 为一根轨枕的一组钢丝）穿入 4 块挂板（张拉端和固定端各 2 块）和 10 块挡板（挡在每根轨枕的端部），挂板用 45 号钢经热处理制成，挂板上钻有 ϕ7.8mm（用于 ϕ7 钢丝）或 ϕ7mm（用于 ϕ6.25 钢丝）的孔，孔距与轨枕截面中预应力钢丝间距一致。一端钢丝先镦头，另一端待钢丝穿完所有挡板及挂板后再进行镦头。同一组（8 根或 10 根）钢丝长度下料误差不应超过钢丝长度的 1.5/10000 或不大于 2mm。钢丝穿板成束后，按顺序排列整齐。钢丝镦头直径不得小于 1.5 倍钢丝直径，镦头高度不得小于钢丝直径。

钢丝组入模，将穿入端挡板及挂板并已镦头的钢丝组经分板后移入轨枕模型内。模

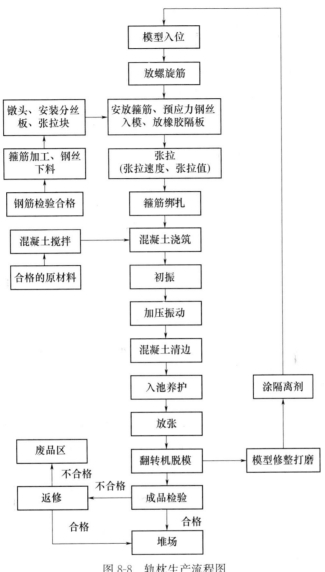

图 8-8　轨枕生产流程图

型的固定端装有挡板，用于挡住挂板，模型的张拉端则是将挂板放入与张拉杆连接的张拉盒内。千斤顶带着张拉杆及张拉盒移动时，钢丝即被张拉。入模时挂板、挡板均要放在正确位置，不得出现有钢丝错位、斜搭和别轴现象，以保证预应力钢丝张拉时受力均匀。

2. 预应力钢丝的张拉

（1）张拉的技术要求

预应力钢丝编组入模后即可进行张拉。钢丝的张拉在轨枕模型的张拉端进行。将轨枕模型张拉端的螺杆与张拉千斤顶的活塞杆通过连接套筒连接，即可进行张拉。

（2）张拉设备

钢丝的张拉设备包括张拉千斤顶、压力表、拉力或压力传感器和高压油泵站，张拉

235

设备要能实现自动控制、自动显示和自动记录。

张拉千斤顶的额定张拉力最好选择等于钢筋总张拉力的 1.5～2.0 倍，张拉千斤顶的行程最好选择不小于钢筋张拉时计算拉伸长度的 2.5 倍。轨枕生产中的张拉千斤顶可采用拉杆式或穿心式，主要技术参数是：最大拉力 800kN；工作行程≥200mm。

为使用方便，常将两台张拉千斤顶安装在一个小车上。小车能纵向、横向移动，千斤顶的高度可借助小车上的竖向丝杆调节托板的高低控制，以适应不同轨枕模型张拉杆不同的高低位置。

3. 混凝土的搅拌、浇筑及成型

所有轨枕厂均采用强制式搅拌机、电子秤称量、自动配料。材料计量误差允许范围为：水泥±1%，粗、细骨料±2%，水、外加剂溶液±1%。搅拌时间应符合所有搅拌机的规定，保证搅拌均匀。因为每一模型（10 根 II 型枕）的混凝土量是一定的，约为 1.1～1.2m³，选取搅拌机容量 1.5～2.0m³ 为宜。轨枕采用偏干硬的低流动性混凝土，因此采用带行星转动的立轴搅拌机比较合适。

混凝土浇筑采用浇筑车，它可以沿纵向辊道两侧的轨道走行，操作工站在浇筑车上手动或电动控制气缸来开关斗门，边走行边往模型里浇筑混凝土；也有采用不移动的浇筑斗，使轨枕模型在辊道上移动来实现混凝土向模型内浇筑。

早先的轨枕混凝土是干硬性的，一般测不出坍落度。目前轨枕生产要求采用挡板，漏浆情况有所改善，预留孔又采用了橡胶成孔器，消除了塌孔问题；为提高轨枕表面质量，已逐步改用偏干硬的低流动性混凝土。测轨枕混凝土拌和物的工作性能一般用跳桌，测得的增实因数宜为 1.05～1.40。

混凝土轨枕成型作业应在能确保混凝土密实和轨枕底部花纹符合图纸要求的成型设施上进行。由于轨枕模型长达 10 多米，振动成型分两个阶段，第一阶段是模型在振动台上振动 2～2.5min，称普通振动，主要作用是将混凝土振动密实并泛浆，同时进行平灰，使同一模型的 10 根轨枕内的混凝土量达到一致；第二阶段是模型继续在振动台上振动同时将压花盖板放在模型顶上即压住轨枕底面混凝土，持续时间 1.0～1.5min，直至轨枕底部压出花纹并达到规定的深度，轨枕底部花纹的作用是增加轨枕与道床的磨阻力，防止轨枕在铁道线路上爬行。

4. 混凝土轨枕的养护

轨枕采用自然养护时，在振动成型后立即进行，应直接用保湿材料覆盖混凝土。枕芯混凝土温度与轨枕表面混凝土温度之差不大于 15℃。开始养护的环境温度应为 5～35℃。

轨枕采用湿热养护措施，以加速混凝土的硬化，缩短达到放张脱模强度的时间。我国轨枕生产采用的湿热养护措施是常压蒸汽养护，即利用蒸汽的湿热作用在常压养护池内加热混凝土，使轨枕混凝土按照规定的养护制度，在 9～12h 达到轨枕放张脱模所要求的抗压强度 45MPa。

预应力混凝土轨枕技术标准中对蒸汽养护有以下规定：静停时间不应小于 2h，升温速度不应大于 15℃/h，蒸汽养护（池内）温度不应高于 60℃，并应有一定的停气降温时间，降温速度不应大于 15℃/h，出池时轨枕表面与池外环境温差不应大于 15℃。为了使降温均匀，要采取冷水喷淋和抽风机排热气等措施。在一些气候干燥地区，轨枕脱模后再进行 3~7d 的保湿养护。上述规定是为了轨枕表面不致出现裂缝，并保证轨枕混凝土后期强度有很好的增长，以提高混凝土轨枕的耐久性。

养护过程温度监测应能覆盖同批（同线、同池）轨枕。当生产厂有证据验证养护周期全过程中枕芯混凝土温度和养护环境温度的关系时，可用养护环境温度进行控制，但在连续生产过程中每月要做一次能够代表该批次轨枕的芯部温度的测量。轨枕脱模后，应继续湿润养护 3d 以上，环境温度低于 5℃时，应采取保温养护。

蒸汽养护时间的确定应满足：混凝土试件放张脱模时的强度≥45MPa，蒸养后再标准养护到 28d 的强度≥60MPa。混凝土轨枕是依靠预应力钢筋和混凝土自身锚固形成的先张法构件，混凝土放张强度不能太低，一是为了提高混凝土与钢筋的握裹力，二是避免轨枕产生纵向裂缝。

5. 脱模与堆放

混凝土轨枕经蒸汽养护，混凝土强度达到规定的放张脱模强度后，方可进行轨枕的脱模。脱模工序包括：放张预应力；翻转脱模；切断轨枕间连着的预应力钢筋；轨枕装车堆码成垛。同时将钢模型清理干净，并在模型内喷涂脱模剂，准备再次使用。

（1）放张预应力

采用放张千斤顶（或液压扳手）自动缓慢地放张张拉力，然后再将模型两端的预应力钢筋切断。其放张速度要求是：流水机组≤80kN/s。因此，要求采用自动放张设备，首先将预应力钢筋整体缓慢放张，再将模型两端钢筋切断，同时取出挂板，再通过脱模横移装置将模型移到脱模机上进行脱模。

（2）轨枕翻转脱模

翻转脱模是由专用的脱模机完成。由于放张使混凝土轨枕与模型间产生位移，大大降低了轨枕与模型的黏结力，当模型在脱模机上翻转接近 180°时，由钢丝连接着的两排各 5 根轨枕就能顺利地从模型内脱出，而掉到成品输送辊道上；脱模机的另一作用是使轨枕由制造过程中的倒放改变为正放。

（3）轨枕间预应力钢筋的切断

轨枕间预应力钢筋或钢丝的切断是采用无锯齿的摩擦锯。摩擦锯的工作原理是利用高速旋转的锯片，对钢筋或钢丝进行局部摩擦加热，使达到熔化状态而被切断。这种工艺的要点是锯片要有足够的圆周线速度才能做到把钢丝锯断。一般圆周线速度不应小于 4000m/min。目前轨枕工厂使用的摩擦锯，锯片直径一般为 700~750mm，电动机转速为 2900r/min，功率为 40~55kW，进锯方式为机械牵引。锯片采用 Q235 钢材制成，属于易损件，其使用寿命一般为 2000 次，加强轨枕间水泥残浆的清理，避免锯片锯切混凝土，是减少锯片磨损、延长使用寿命的关键。

（4）轨枕的堆放

当轨枕成品从车间端头即纵向进入露天成品库时，采用码垛机先将轨枕放到成品车上码成垛，运入成品库堆放。码垛机有两种形式：一种是在起重小车的基础上增加可摆动并能伸缩的刚性导向架；另一种是刚性导向架固定于起重小车上。两种码垛机均能堆码 8 层，每层 4 根轨枕。轨枕在成品库中堆码要求不超过 10 层，各层轨枕间用 40mm×40mm 的方垫木垫于轨枕挡肩外 40mm 处，并使上下轨枕之间垫木在一条直线上，保证轨枕受力均匀。

（5）清理钢模、喷涂脱模剂

钢模使用前，应清理混凝土残渣和喷涂脱模剂，以使轨枕有较好的外观质量。喷涂用的脱模剂，使用工业皂较多，按 1∶5 加水，加热溶解，然后装入可增压的罐内，由管道引出至喷头处；当模型在辊道移动时，稀释液自喷头呈雾状喷出，使钢模内表面各涂覆一层皂液，因此时钢模从养护池取出不久，尚有一定温度，故工业皂液的水分很快蒸发，肥皂即吸附在模型内表面上。皂液的引出管是双层套管结构，内管内流的是皂液，外套与内管间的夹层内通的是蒸汽，这样可以防止皂液降温后肥皂凝固堵塞管路、节门和喷头。

四、轨枕生产线实例

图 8-9 所示为西安某轨枕制品厂工艺布置图。该厂生产线的主要工序选用张拉设备、强制式混凝土搅拌机、养护窑、专用吊车及吊具等。其特点如下：

① 设计能力为年产 120 万根轨枕，规格型号主要是Ⅱ型和Ⅲ型。

② 采用机组流水法生产工艺，选用两条生产线，分别选用 1×4 和 2×5 模具。

③ 采用先张法张拉预应力筋。

④ 采用 4 个振动单元组成的长尺寸组合式机械激振式振动台进行混凝土成型。

⑤ 采用强制式混凝土搅拌和移动式摆渡车对物料进行浇筑，坯体带模在养护坑进行蒸汽养护。

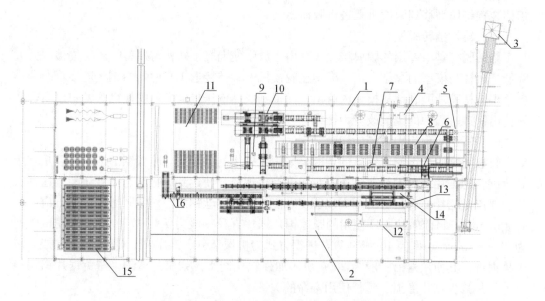

图 8-9　西安某轨枕制品厂工艺布置图

1—选用 1×4 模具的生产线；2—选用 2×5 模具的生产线；3—搅拌楼；
4—钢筋切断、穿板、镦头；5—张拉机；6—浇筑成型；7—静停；8—蒸养池；
9—放张区；10—脱模区；11—轨枕冷却降温区；12—钢筋切断、穿板、镦头；
13—张拉；14—布料振动成型；15—2×5 模养护池；16—轨枕码垛台位

第五节　先张法预应力空心方桩生产工艺

一、预制桩概述

随着我国城市化建设进程的快速发展，兴建了大量的多高层工业建筑、公共建筑及居住建筑等。为了解决地基基础承载力不足的问题，特别是解决在软土地基上不均匀沉降的控制问题，已普遍地采用各种类型的桩基作为建筑（构筑）物的基础形式，取得了良好的效果。在诸多桩基型式中，不外乎有预制成型桩、振动灌注桩、钻孔灌注桩等，它们已广泛应用于不同的工程类型和不同的地质状况，可满足不同的控制要求。而各类预制成型、现场沉入的预制桩更是以其生产速度快、质量较稳定、施工速度较快、检测手段较简便等优点而应用在各类工程中。

目前建筑市场上应用的预制桩有预应力管桩、预应力实心方桩、普通预制空心方桩、预应力离心空心方桩等。

1. 预应力管桩

预应力管桩有如下优点：①制作工艺先进，机械化流水线生产，外形尺寸误差较小；②桩身混凝土等级高，为 C60、C80，桩身能提供的承载力大，经济性好；③采用蒸汽养护坑及蒸压釜等设备进行养护，达到设计混凝土强度等级所需时间短；④管桩为预应力构件、高心成型，具有自重轻，吊装、运输、堆放方便等优点；⑤两端采用端头板，桩与桩连接时焊缝深，焊缝质量保证率高，成桩完整性好。

其缺点有以下几个方面：①管桩为外圆形结构，运输中不易绑扎、固定；②由于管桩柱身存在一定的椭圆度，采用抱压施工时易出现柱身抱碎事故；③管桩在软土地基施工后，在基坑开挖时，容易出现桩位倾斜；④管柱基础的承台较方桩大，基础成本较高等；⑤管桩表面积比同规格离心方桩小，提供的单桩地基承载力较离心方桩低，在同等柱荷载情况下，承台也较离心方桩浪费，故管桩的使用效率比高心方桩低。

2. 预应力实心方桩

① 相同外观尺寸的实心方桩自重大，因其为非预应力构件，抗弯性能差，在吊装、运输、施工转运等过程中易出现桩身裂缝甚至断裂。

② 工艺制作方面，实心方桩采用常规方法支模，振捣成型，因此桩的外形几何尺寸不规则，存在误差较大的现象。在施工过程中，静压桩夹具易夹伤、夹破桩身，破损率较高。

③ 实心方桩振捣成型，混凝土强度等级一般为 C30、C40，桩身结构承较力较低。

④ 实心方桩非流水线生产，产品质量离散性较大，质量存在不稳定的因素，且其成型后采用自然养护，达到设计混凝土强度的时间较长，生产周期长。

⑤ 桩身材料用量偏大，经济性较差。

3. 普通预制空心方桩

① 虽然其自重轻，但属于非预应力构件，同样其抗弯性能差，在吊装、运输、施工转运等过程中也易出现桩身裂缝甚至断裂。

② 采用振捣成型，混凝土强度等级低，桩身承载力更低，外形几何尺寸有不规则

现象，施工中易被夹破，桩身破损率较高。

③ 桩身用钢量大，经济性差。

4. 预应力离心空心方桩

① 单桩承载力高，由于挤压作用，单桩承载力要比同样直径的沉管灌注桩或钻孔灌注桩高。

② 设计选用范围广，单桩承载力达到 600～5000kN，在中小直径桩型中具有一定优势，在同一建筑物基础中，可根据柱荷载的大小采用不同直径的方桩，充分发挥每根桩的承载能力，使桩长趋于一致，保持桩基沉降均匀。

③ 对持力层起伏变化大的地质条件适应性强，因为桩节长短不一，通常每节 5～15m、搭配灵活，接长方便，在施工现场可随时根据地质条件的变化调整接桩长度，节省用桩量，由于方桩相同规格单节桩身制作长度比管桩长，使得施工深度更深。

④ 外观尺寸规整，比管桩更易于堆放、运输和吊装，且接桩快捷，方桩节长一般在 13m 以内，桩身又有预压应力，起吊时用特制的吊钩钩住桩的两端就可以方便地吊起来，桩节拼接一般采用端头板电焊接来连接，方桩的外形更容易开发出非焊接的快速连接头，能真正做到全天候施工，施工更快捷，可避免在高地下水位中出现焊接桩头开裂现象。

⑤ 离心空心方桩的抗震性能优越，预应力方桩的抗弯强度与同直径的预应力管桩比较，约是其 1.5 倍，方桩的理论计算抗剪力是同等管桩的 2～3 倍，是管桩的 4.5 倍，这说明空心方桩的抗震性能非常优越，很值得在多震的区域及高层建筑、大面积地下室的建筑物基础中推广使用，同时施工速度快，工效高，工期短。

⑥预应力方桩可以获得更大的抗弯强度，在贯入过程中破损率更低，空心方桩继承并发扬了原有混凝土方桩施工破损率低的特点，高强混凝土配上方形的头部，比管桩有更好的耐冲击性能和小得多的桩头破损率；方形比圆形有更大的焊接周长，充分保证每节桩之间的有效焊接强度，大大减小了管桩在施工中出现接头脱焊或位移现象，使成桩质量更优。

⑦现场整洁，工地机械化施工程度高，不会发生钻孔灌注桩满地流的脏污情况，也不会出现人工挖孔桩工地到处抽水和堆土运土的忙乱现象，同时采用专门的模具离心成型，成桩质量较可靠。

综上所述，预应力混凝土空心方桩，结合了实心方桩和空心方桩的优点，同时在其生产工艺中引入了高速离心这一概念，使桩身混凝土的密实度得到了极大的提高，结构耐久性也得到了提高。采用预应力混凝土空心方桩具有节约材料、提高承载力、工艺先进、技术成熟、生产质量稳定的特点，符合国家可持续发展、节能节材的方向，有逐渐取代预应力空心管桩的趋势，是一种具有较大市场潜力和发展前景的新型桩型。

二、预应力空心方桩用原材料

离心方桩根据混凝土强度等级和离心方桩截面内径分为：预应力高强混凝土离心方桩（代号 HLFZ）、预应力混凝土离心方桩（代号 LFZ）、预应力混凝土薄壁离心方桩（代号 TLFZ）三种类型。按离心方桩的桩身结构抗弯性能，将预应力高强混凝土离心方桩和预应力混凝土离心方桩分为 A 型、AB 型和 B 型。

空心方桩规格按外边长 250mm、300mm、350mm、400mm、450mm、500mm、550mm、600mm、650mm 和 700mm 分为 10 种规格。离心方桩单节桩长为 5～15m，离心方桩的长度包括桩身、接头和桩尖，不包括附件配件。

通常情况下，预应力空心方桩用原材料如下：

1. 水泥

水混宜采用强度等级不低于 42.5 的硅酸盐水泥、普通硅酸盐水泥、矿渣硅酸盐水泥、粉煤灰硅酸盐水泥，其质量应分别符合《普通硅酸盐水泥》（GB 175—2007）的规定。为保证提高混凝土强度、减少高强减水剂和提高混凝土耐久性，水泥矿物组成中，$C_3S+C_2S \geqslant 70\%$，$C_3A < 6\%$。

2. 骨料

细骨料宜采用硬质洁净的天然中粗砂或人工砂，细度模数为 2.3～3.4；当选用人工砂时，细度模数不宜高于 3.8，砂中 SO_2 含量 $\geqslant 90\%$，当混凝土强度等级为 C60 时，含泥量应小于 2%，不得使用未经淡化的海沙，若采用淡化的海沙，混凝土中的氯离子含量不得高于 0.06%。粗骨料应采用碎石或破碎的卵石，连续级配，平均粒径为 12mm，其最大粒径 $\leqslant 25mm$，且不得超过钢筋净距的 3/4，碎石的岩体抗压强度宜大于所配混凝土强度的 1.5 倍，风化石等软弱颗粒含量应小于 3%，针片状颗粒含量应小于 10%，碎石必须经过筛洗，当混凝土强度等级为 C80 时含混量应小于 0.5%；当混凝土强度等级为 C60 时含泥量应小于 1%。

为防止混凝土的碱-骨料反应，还应对水泥的含碱量和骨料的质地进行控制。细骨料和粗骨料质量应分别符合《建设用砂》（GB/T 14684—2011）和《建设用卵石、碎石》（GB/T 14685—2011）的规定。

3. 水

混凝土拌和水不得含有影响水泥正常凝结和硬化的有害杂质和油质，其质量应符合《混凝土用水标准》（JGJ 63—2006）的规定。另外，不得使用海水。

4. 减水剂

减水剂的质量应符合《混凝土外加剂》（GB 8076—2008）的规定，减水率大于 15%；应经过试验验证，能适应蒸压养护，不得使用含有氯盐或有害物的外加剂。

5. 矿物掺合料

可选用硅砂粉、火电厂干排粉煤灰、磨细粒化高炉矿渣、硅灰等矿物掺合料，矿物掺合料不得对空心方桩产生有害影响，使用前必须对其有关性能和质量进行试验验证。

6. 钢材

预应力主筋采用直径大于 7.1mm 的凹螺纹型低松弛预应力混凝土用钢筋，延性级别为 35，断后伸长率 $\geqslant 7\%$，抗拉强度 >1420MPa，屈服强度 >1275MPa，其质量应符合《预应力混凝土用钢棒》（GB/T 5223.3—2017）的规定；螺旋筋采用牌号为 Q195、Q215、Q235，直径为 4～6mm 的低碳冷拔钢丝、低碳钢热扎圆盘条，其质量应分别符合《混凝土结构工程施工质量验收规范》（GB 50204—2015）和《低碳钢热轧圆盘条》（GB/T 701—2008）的规定；端部锚固钢筋、架立圈宜采用低碳钢热轧圆盘条或钢筋混凝土用热轧带肋钢筋；端头板、桩套箍的材质选用 Q235 的碳素结构钢，其质量应符合《碳素结构钢》（GB/T 700—2006）的规定。

三、预应力空心方桩生产的工艺流程

预应力空心方桩生产工艺流程如图 8-10 所示。

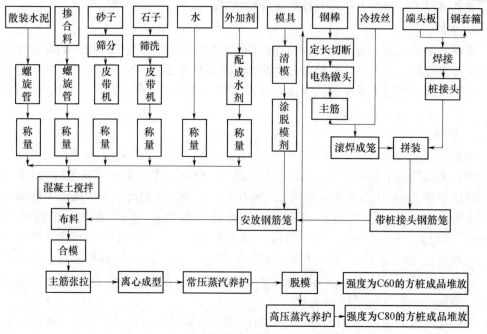

图 8-10　预应力空心方桩生产工艺流程图

离心方桩生产工艺与离心电杆生产工艺相似，与现有的管桩生产工艺基本相同，具体生产工艺如下：

1. 钢筋骨架制作

（1）预应力主筋加工

钢筋应清除油污，不得有局部弯曲，端面应平整，不得有飞边，不同厂家、不同型号规格的钢筋不得混合使用。

预应力主筋需要精确定长、切断、镦头；单根空心方桩同束钢筋中，下料长度的相对差值不得大于 $L/5000$（L 为桩长，以 mm 计）。

主筋镦头宜采用热锁工艺，钢筋镦头强度不得低于钢筋标准强度的 90%。

预应力主筋沿空心方桩断面四边分布均匀配置，最小配筋率不低于 0.35%，并不得少于 8 根，主筋净距不应小于 30mm。

（2）钢筋骨架制作

方形钢筋骨架采用专门的方形钢筋骨架滚焊机自动焊接成型，预应力主筋和箍筋焊接点的强度损失不得大于钢筋标准强度的 5%。

箍筋的直径应根据空心方桩的规格来确定，边长 450mm 以下，箍筋的直径不应小于 4mm；边长为 500~650mm，箍筋的直径不应小于 5mm；边长为 700mm，箍筋直径不应小于 6mm，空心方桩箍筋间距最大不应超过 120mm，空心方桩两端在 1000~1500mm 长度范围内箍筋加密，间距为 40~60mm。

钢筋骨架成型后，各部分尺寸应符合如下要求：预应力主筋间距偏差不得超过±5mm；箍筋的间距偏差不得超过±10mm。

（3）钢筋骨架吊运、运输

钢筋骨架吊运时要求平直，避免变形。钢筋骨架堆放时，严禁从高处抛下，并不得将钢筋骨架在地面上拖拉，以免钢筋骨架变形或损坏，同时应按不同规格分别整齐堆放。

2. 桩接头制作

方桩的接头由端头板与钢套箍组成。端头板外形是方形，且预应力主筋的沉孔沿端头板的四边、角均匀分布。端头板四周焊接厚度为1.5～2mm的薄钢板制作成的方形桩钢套箍。

桩接头应严格按照设计图制作。端头板与钢套箍焊接的焊缝在内侧，所有焊缝应牢固饱满，不得带有夹渣等焊接缺陷；如需设置锚固筋，则锚固筋应按设计图纸要求选用并均匀垂直分布，端头焊缝周边饱满牢固。

端头板的宽度不得小于空心方桩规定的壁厚，端头板的宽度应满足张拉时的受力要求和焊接要求。

端头板制作要求：主筋孔和螺纹孔的相对位置必须准确，钢板厚度、材质与坡口必须符合设计要求。

3. 混凝土制备

（1）混凝土配合比设计

预应力高强混凝土离心方桩用混凝土强度设计等级不低于C80，预应力混凝土离心方桩和预应力混凝土薄壁离心方桩用混凝土强度设计等级不低于C60，新拌混凝土的坍落度应为低坍落度，一般控制在30～60mm。

离心混凝土配合比的设计参见《普通混凝土配合比设计规范》（JGJ 55—2011），经试配确定。

（2）原材料计量

根据设计好的混凝土配合比，将砂、石、水泥、水、外加剂和掺合料等应经计量精度高、性能稳定可靠的电子控制设备进行精确计量再加入搅拌机，原材料计量允许偏差：水泥、掺合料水与外加剂≤1%，粗、细骨料≤2%。

（3）混凝土搅拌

混凝土搅拌必须采用强制式搅拌机，混凝土搅拌最短时间应符合《混凝土结构工程施工质量验收规范》（GB 50204—2015）的规定，混合料的搅拌应充分均匀，掺加掺合料时的搅拌时间应适当延长，混凝土搅拌制度应经试验确定。

严格按照配料单及测定的砂、石含水率进行调整配料。在制备混合料时，几种物料的投料顺序、搅拌时间按规程操作，混合料力求搅拌均匀。

混凝土搅拌完毕，因设备原因或停电不能出料，当时间超过30min，则该盘混凝土不得使用；对掺加磨细掺合料的新拌混凝土，其控制时间可经试验后调整。混凝土搅拌机容量不能过小，避免浇一根大桩需搅拌几次，造成分段浇筑。搅拌后的混凝土的质量控制应符合《混凝土质量控制标准》（GB 50164—2011）的规定。

4. 成型工艺

（1）模具准备

将上、下半模具清理干净，去除上一个生产脱模时残留下的硬化水泥浆，然后在其上面均匀涂刷脱模剂；同时张拉板、锚固板也应逐个清理干净，并在其接触部位上涂上机油。准备好张拉螺栓，其长度应与张拉板、锚固板的厚度相匹配，防止螺栓过长或过短；禁止使用螺纹损坏的螺栓。张拉螺栓应对称均匀上紧，防止桩端倾斜和保证安全。

（2）安放钢筋骨架

将制作好的钢筋骨架、桩接头放置于经过清模并涂有脱模剂的离心方桩的钢模具内，并与预应力钢筋锚固板、张拉板、张拉杆等连接。

钢筋骨架入模须放正，钢套箍入模时两端应放置平顺，不得发生凹陷或翘起现象，做到钢套箍与钢模紧贴，以防漏浆。

（3）布料

安放好钢筋骨架后，宜采用布料机进行新拌混凝土布料。按每根离心方桩的用量要求，将新拌混凝土沿模具均匀填满下半模，宜先布两端部位，后布中间部位，保证两端有足够的新拌混凝土。在张拉一端尽可能多布一些新拌混凝土。布料时，桩模温度不宜超过 45℃。

（4）合模

将离心方桩上半钢模吊至下半钢模上方，并用事先准备好的螺栓将上、下两半钢模固定，以确保模具在高速离心作业过程中不松动和混凝土不跑浆。合模时应保证上、下半钢模合缝口处干净无杂物，并采取必要的防止漏浆措施，上半钢模要对准轻放，不要碰撞钢套箍。

（5）预应力张拉

空心方桩的张拉力根据计算后确定，并宜采用应力和伸长值双重控制来确保张拉力的控制。采用千斤顶式的张拉机对合模后的离心方桩钢筋骨架进行整体张拉，张拉至张拉控制应力后用大螺母将张拉杆固定在钢模具上。当生产过程中发生下列情况之一时，应重新校验张拉设备：张拉时，预应力钢筋连续断裂等异常情况；千斤顶漏油；压力表指针不能退回零点；千斤顶更换压力表。

（6）离心成型

将上述张拉锚固后的带模离心方桩吊至离心机上方，按低速、低中速、中速、高速的离心制度逐级加速，离心时间一般为 10～18min。

低速为新拌混凝土混合料通过钢模板的翻转，使其恢复良好的流动性；低中速为布料阶段，使新拌混凝土料均匀分布于模板内壁；中速是过渡阶段，使之继续均匀布料及克服离心力突增，减少内外分层，提高空心方桩的密实性和抗渗性；高速离心为重要的密实阶段。各企业具体的离心制度（转速与时间）应根据空心方桩的长度、规格等经试验确定，以获得新拌混凝土沿离心方桩模具四周均匀密实，同时方桩内形成一圆形内腔。

离心成型中，应确保钢模板和离心机平稳、正常运转，不得有跳动、窜动等异常现象。

离心结束后，将张拉端抬高，倾倒离心过程中产生的废浆水。

5. 常压蒸汽养护

将离心成型后的带模离心方桩吊至常压蒸汽养护坑（窑）内进行常压蒸汽养护。常压蒸汽养护分为静停、升温、恒温、降温四个阶段。静停时间一般控制在 1～2h。然后缓慢升温，升温速度控制在 20～25℃/h，最终恒温温度一般控制在（70±5）℃，常压下养护 4～8h，使混凝土达到脱模强度，一般达到 40MPa 以上，最后缓慢降温。对掺加掺合料的空心方桩的养护制度在试验基础上另行调整。

对于制作预应力混凝土方桩中的常压蒸汽养护制度，这四个阶段都是必要的，不能省略其中任何一个阶段，静停和较慢的升、降温阶段对混凝土性能提升有好处，避免或减少混凝土微观缺陷，对最终强度发展有利；对于用强度等级为 52.5 以上的硅酸盐水泥、普通硅酸盐水泥作为全部的胶凝材料时，常压蒸汽养护的恒温温度以 60℃为宜，最好不超过 70℃；对于在水泥中掺有 20%～30% 的粉煤灰，或 30%～35% 磨细石英砂的复合胶凝材料所配制的混凝土，其常压蒸汽养护的恒温温度应提高到 70～85℃（可根据所掺材料的品种、数量和恒温时间而定）。因为水泥用量减少了 20%～30%，水化热也相应减少了 20%～30%，只有提高恒温温度才能保证脱模强度大于 40MPa。

6. 脱模

将经常压蒸汽养护后的带模离心方桩吊至专用脱模台位上，用风动扳手卸去张拉螺栓及合模螺栓，给桩体施加预应力，然后吊走上半模，翻动下半模，卸去预应力张拉大螺杆。对于混凝土设计强度等级为 C60 的离心方桩，将脱模后的离心方桩直接吊运至成品堆场码堆，并进行自然养护，达到出厂强度后即可出厂。

7. 高压蒸汽蒸养

设计混凝土强度等级为 C80 以上的离心方桩，需将脱模后的离心方桩再送进高压釜进行高温高压蒸汽养护（二次养护），它使在常压蒸汽养护时所生成的水化硅酸钙很大程度地转化为可使混凝土强度明显提高的托勃莫来石晶体，压蒸汽养护特别是使掺加磨细石英砂、干排粉煤灰降低成本成为可能。高压蒸汽蒸养最高温度为 180～200℃，饱和蒸汽压力为 1.0MPa，养护时间为 8～12h，使混凝土强度达到 80MPa 以上。经高压蒸汽蒸养后的方桩可以直接出厂。

8. 堆放与运输

堆放场地坚实平整。产品堆放时，最下层宜按《预应力混凝土空心方桩》（JG/T 197—2018）要求的两支点位置放在垫木上，垫木支承点在同一水平面上，并用合格木模固定，以防滚滑。堆放产品应标明合格印章及制造厂、产品商标、空心方桩标记、规格、生产日期或编号等内容，产品应按规格、长度分别堆放，尤其不能将长桩置于短桩的上方，堆放层数不宜超过表 8-8 中的规定。产品装卸、起吊应轻放轻起，严禁抛掷、碰撞、滚落。

表 8-8　空心方桩堆放层数

边长（mm）	350～600	650	700
堆放层数（层）	≤6	≤5	≤4

四、先张法预应力空心方桩生产线实例

图 8-11 所示为西安空心方桩制品厂工艺布置图。该厂生产线的主要工序选用张拉设备、强制式混凝土搅拌机、离心成型设备、专用吊车和吊具等。其特点如下：

① 设计能力为年产 140 万 m 先张法预应力空心方桩，选用三条生产线，规格型号为 PHS-550-350-100-12-AB 等。

② 先张法预应力混凝土空心方桩侧摩阻力提高 27％以上，抗震性能更强，抗裂弯矩提高 30％以上，刚度提高 48％以上。

③ 高强度混凝土和方形的头部在角部混凝土厚实，使得先张法预应力混凝土空心方桩在施工中破损率低。

④ 蒸压养护恒压时蒸汽压力控制在 0.9～1.0MPa，相应温度在 180℃左右。

⑤ 易于堆放和运输，大大减少安全隐患。

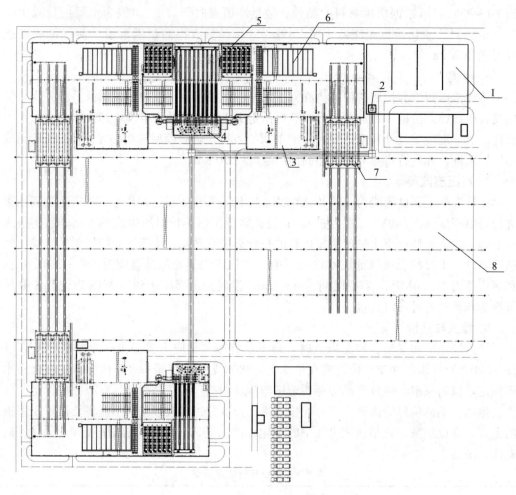

图 8-11　西安空心方桩制品厂工艺布置图

1—砂石库；2—搅拌楼；3—钢筋加工区；4—混凝土布料区；5—离心成型；
6—养护池蒸汽养护；7—反应釜压蒸养护；8—制品堆场

复习思考题

1. 混凝土制品的基本工艺过程是什么？其中的主要工艺工序分别有何作用？

2. 混凝土制品的生产组织方法有哪些？各自有何特点？什么是流水节拍和工序同期化？

3. 加气混凝土的基本工艺流程是什么？生产加气混凝土砌块有哪些主要工序？各工序的作用是什么？

4. 试述地铁盾构管片工艺过程及原理。

5. 试述轨枕的生产工艺流程及主要工序的工艺参数。

6. 先张法预应力空心方桩的生产工艺流程是什么？预应力混凝土方桩是如何获得高强度的？

参考文献

［1］侯伟，李坦平，吴锦杨．混凝土工艺学［M］．北京：化学工业出版社，2018.

［2］李国新，宋学锋．混凝土工艺学［M］．北京：中国电力出版社，2013.

［3］戴会生．混凝土搅拌站［M］．北京：中国建材工业出版社，2014.

［4］耿加会，余春荣，刘志杰．商品混凝土生产与应用技术［M］．北京：中国建材工业出版
社，2015.

［5］文梓芸，钱春香，杨长辉．混凝土工程与技术［M］．武汉：武汉理工大学出版社，2004.

［6］李彦昌，王海波，杨荣俊．预拌混凝土质量控制［M］．北京：化学工业出版社，2016.

［7］薛斌．复合型混凝土养护剂的制备及性能研究［D］．西安：长安大学，2014.

［8］李彦昌，王海波，杨荣俊．预拌混凝土质量控制［M］．北京：化学工业出版社，2020.

［9］韩少龙．有机凝胶内养护对水泥砂浆性能的影响研究［D］．济南：山东大学，2018.

［10］张震．减缩剂和内养护对低水灰比水泥石自收缩的影响及其协同作用［D］．重庆：重庆大
学，2017.

［11］胡玉庆．内养护与氧化镁膨胀剂复合对混凝土性能的影响［D］．济南：山东大学，2018.

［12］杜荣军．混凝土工程模板与支架技术［M］．北京：机械工业出版社，2004.

［13］王鹏禹，姬脉兴．混凝土模板［M］．北京：中国水利水电出版社，2016.

［14］林寿，杨嗣信．新型模板技术·高效钢筋应用技术·钢筋连接技术·高性能混凝土应用技术
［M］．北京：中国建筑工业出版社，2009.

［15］马保国．新型泵送混凝土技术及施工［M］．北京：化学工业出版社，2006.

［16］李彦昌，王海波，杨荣俊．预拌混凝土质量控制［M］．北京：化学工业出版社，2020.

［17］乐莹．预拌混凝土生产管理实用技术［M］．南京：东南大学出版社，2014.

［18］陈立军，张春玉，赵洪凯．混凝土及其制品工艺学［M］．北京：中国建材工业出版社，2012.

［19］曹育梅．混凝土工工艺与实习［M］．北京：中国劳动社会保障出版社，2000.